U0257019

西安交通大学社会学一流学科建设经费资助
西安交通大学中央高校基本业务费专项资金资助

ENVIRONMENTAL SOCIOLOGY
IN CHINA Ⅳ

中国环境社会学

（第四辑）

边燕杰　卢春天　主编

社会科学文献出版社
SOCIAL SCIENCES ACADEMIC PRESS (CHINA)

序 言

经过 20 多年的发展，中国环境社会学在学科建设、人才培养、教材编写、本土研究等方面取得了长足的发展，并且逐步形成了制度化的学术交流平台。第一届中国环境社会学研讨会于 2006 年 11 月由中国人民大学社会学系承办，第二届于 2009 年 4 月由河海大学社会学系承办，第三届于 2012 年 6 月由中央民族大学社会学系承办，第四届于 2014 年 10 月由中国海洋大学法政学院承办，第五届于 2016 年 12 月由厦门大学公共事务学院社会学与社会工作系承办，第六届将于 2018 年 10 月由西安交通大学社会学系和实证社会科学研究所承办。

迄今为止，《中国环境社会学》辑刊已经出版了三辑。第一辑由中央民族大学社会学系负责编辑出版，收录了 2007～2011 年在国内外刊物上公开发表的对环境社会学学科发展有一定影响力的论文；第二辑由中国海洋大学法政学院负责编辑出版，收录了 2012～2013 年在国内公开发表的与环境社会学相关的论文；第三辑由厦门大学公共事务学院社会学与社会工作系负责编辑出版，收录了 2014～2015 年在国内公开发表的相关论文。受中国社会学会环境社会学专业委员会委托，《中国环境社会学》（第四辑）由西安交通大学社会学系和实证社会科学研究所负责编辑出版，收录了 2016～2017 年在国内公开发表的相关论文。附录收集了国内各相关高校和科研机构在文集选编期内答辩通过的、有关环境社会学研究的部分博士和硕士学位论文信息。

经过反复研讨，编委会确立了《中国环境社会学》（第四辑）论文遴选的基本原则：一是要体现环境社会学学科的原创性，所以不少非常好的综述类论文没有入选；二是要具有学科的交叉性，这次选取的论文，其作者并不局限于社会学学者，还有经济学学者，但是研究的议题属于环境社会学；三是文章要有创新性，这不仅体现在方法上的创新，而且有研究内容或者理论的创新；四是考虑发表文章所在刊物的层次。基于这些原则，编委会最后确定了16篇论文，主要分为四个单元：第一单元是理论研究与学科建设，从理论层面探讨学科的发展和挑战；第二单元是环境意识与环境行为，从多维的角度研究公众环境行为及其意识的影响因素；第三单元是环境抗争与环境运动，探索环境抗争和环境运动的动因、方式、策略；第四单元是环境治理与绿色发展，主要围绕如何通过环境治理实现社会绿色发展。

由于自身的能力和一些客观的原因，同期发表的很多优秀学术论文没有收录进来，在此恳请相关学者多加谅解。一篇优秀的学术论文能否被认可主要取决于同行的评价，而不在于是否被收录到某一论文集。从这个意义上讲，希望本期辑刊的出版能够对推进中国环境社会学同行的学术交流有所帮助。

根据出版社的格式要求和前面三辑《中国环境社会学》形成的惯例，在不改动内容的前提下，我们对所收录论文进行了格式重排和内容校对。西安交通大学社会学系博士生刘萌，硕士生刘馥榕、李一飞、马怡晨协助进行了格式调整、内容校对，我们在此表示感谢！

《中国环境社会学》（第四辑）是西安交通大学中央高校基本科研业务费专项资金资助项目"环境社会学视角下的绿色发展研究"（项目编号：SK2018048）和国家社科基金项目（项目编号：13BSH027）的阶段性研究成果，并受到了西安交通大学实证社会科学研究所的出版资助。

《中国环境社会学》（第四辑）是对过去两年来中国环境社会学研究成果的系统回顾，力求展现环境社会学的研究议题、理论、方法和途径，从而为年轻学者提供研究导向。该书已经被列为西安交通大学环境社会学研究生课程的参考教材，以推动研究生教学的发展。鉴于此，本辑刊既可作为各高校和科研机构环境社会学方向研究生课程的教材，又可供从事环境社会学研究的专业人才和业余爱好者参考。

最后，谨向所有支持和帮助《中国环境社会学》（第四辑）出版工作的学界同人致以最诚挚的谢意！

编　者

2018 年 7 月 30 日

目 录

contents

第一单元
理论研究与学科建设

环境社会学：事实、理论与价值[*]

洪大用[**]

摘　要：环境社会学研究的主要事实应该是具有社会影响的、激起社会反应的环境事实和具有环境影响的社会事实，应注意区分局部的事实与整体的事实、静态的事实与动态的事实、统计的事实与感知的事实、客观的事实与建构的事实。环境社会学理论建设要充分体现社会学的视角，要有清晰的反思意识，不断扩展社会学的想象力。在对待环境与社会关系的演化趋向、经济发展与环境保护的关系、保护环境和社会公平之间的关系以及对与环境相关的重要社会主体进行分析、对待理论导向的研究和政策导向的研究等方面，环境社会学者应该有正确的价值立场。

关键词：环境社会学　社会事实　社会学的想象力　理论建设

本文先从近年来中国环境社会学的发展讲起，然后重点讨论三个问题：一是如何理解环境社会学所关注的事实；二是把握环境社会学理论建构的一种趋向；三是直面环境社会学研究中的"价值"问题。

一　中国环境社会学的快速发展和隐忧

在整个中国社会学大发展的背景下，近年来的中国环境社会学也在快速发展。我曾经以20世纪90年代中期为界，把中国环境社会学的发展分为

* 原文最初为与浙江大学社会学系师生进行学术交流所准备的材料，后在中央民族大学世界民族学人类学研究中心做学术讲演时进行了详细阐述，该次演讲主持人为包智明教授，演讲时间为2015年12月16日15：00~17：00。刘炳林整理了讲座录音，笔者进行了修订，后文章发表于《思想战线》2017年第1期。

** 洪大用，中国人民大学社会学系教授，中国社会学会环境社会学专业委员会会长。

之前和之后两个大的阶段。在 20 世纪 90 年代中期以前，中国环境社会学研究非常不系统，学科意识也不强，介绍的理论也不多。我记得最早接触的文章是北大卢淑华老师在《社会学研究》上发的一篇文章，还有麻国庆教授的一篇文章，他们都是从社会学、人类学角度对环境问题进行的研究，但是似乎并没有明确的环境社会学的学科意识。真正将环境社会学作为一门学科引入进来，然后以这个学科的视角来开展系统研究，还是在 20 世纪 90 年代中期之后。顾金土等人在 2011 年发表的一篇综述性文章中提到："2000 年以前，我国学者发表了 15 篇（环境社会学方向）学术论文；2000 年之后（约 2000～2010 年），共计发表 155 篇，其中前 5 年发表 34 篇，后 5 年发表 121 篇"（顾金土、邓玲等，2011），从中也可以看到中国环境社会学发展的趋势。

2015 年中国社会学会编辑《中国社会学年鉴》时，请我写一个关于中国环境社会学的评述，覆盖时间段正好是从 2011 年到 2014 年。我请我的学生龚文娟做了一个文献检索，主要以"环境社会学"和"环境与社会"为检索词，检索范围覆盖中国学术期刊网络出版总库、中国优秀硕士学位论文全文数据库、中国博士学位论文全文数据库、国家图书馆、当当网所收录的论文和专著。剔除重复和明显不符合环境社会学学科定义的文献，最后汇总出期刊论文 333 篇、硕士学位论文 122 篇、博士学位论文 26 篇、专著 38 部，共计 519 篇（部）学术研究成果（见表 1）。很明显，最近几年中国环境社会学的发展已经进入快车道，科学研究和人才培养的整体态势都不错。这里面博士学位论文就有 26 篇。相形之下，在 20 世纪 90 年代，社会学界以环境社会学为主题做博士学位论文的非常少。

表 1　2011～2014 年中国环境社会学研究内容分布

归类		篇（部）数	占比（%）
理论与方法		46	8.9
经验研究	专项环境问题	117	22.5
	环境意识/环境关心	39	7.5
	环境行为/环境抗争	84	16.3
	环境风险/健康	41	7.9
	环境信息传播/环境组织	35	6.7
政策研究		119	22.9

续表

归类	篇（部）数	占比（%）
研究综述	38	7.3
合计	519	100

但是，深入地看，中国环境社会学研究在快速发展的过程中也有隐忧。在这个表格中，我们将519篇成果按照理论与方法、经验研究、政策研究、研究综述四大块进行划分①。这样一来，"理论与方法"部分所占比重很明显是偏低的，甚至可以说是很低的，只占总文献的8.9%，这对学科长期发展的支撑是不够的。"政策研究"与"经验研究"加起来，占比达到83.8%，其中主要集中在"政策研究"和专项环境问题、环境行为/环境抗争研究等领域。大概可以说，基础理论研究与经验政策研究的失衡是当前中国环境社会学持续发展的最大隐忧，在经验研究方面对环境社会学所应覆盖的主要领域的关注，还不是很均衡。这也体现了中国环境社会学还是不够成熟的。当然，经验研究和政策研究很重要，特别是在训练研究生的时候是很有价值的，有利于学生练手和发表。但是，从长远来看，如果一个学科的基础理论很薄弱，对事关学科建设的基本问题认识不清晰，必然会影响这个学科发展的后劲。因此，本文主要围绕环境社会学的三个基本问题谈点认识，这就是事实、理论和价值。

二 如何理解环境社会学所关注的事实？

现代社会学的奠基人之一杜尔凯姆曾经指出，社会学就是研究社会事实的。社会事实大致可以理解为在社会层次上发生的，不依赖于个人而独立存在的，同时可以对个人施以外在制约作用的种种社会现象或行为方式。环境社会学作为社会学的一个分支学科，自然也是研究社会事实的。但是，这门学科的创始人之一，美国社会学家邓拉普（R. E. Dunlap）认为，杜尔凯姆所代表的社会学过于强调"社会事实"，实际上是强调"社会"的事实，而忽视了作为社会之基础的生物物理世界，也就是环境事实，由此导

---

① 当然，分类取向、分类标准也对所发现的事实有一定影响，但是做此划分还是经过了比较认真的甄别。

致社会学研究对环境维度的严重忽视以及在生态危机面前社会学者的集体失语。邓拉普主张将环境事实带回社会学研究当中，要系统地分析环境与社会的互动关系，并借此开创环境社会学这门学科①。我们现在可以看到，邓拉普等人的努力是有成效的，这种努力促使传统社会学更多地关注环境事实，并为环境社会学这门分支学科奠定了意识形态基础。

但是，深入地看，环境社会学在何种意义上关注环境事实，还是充满争议的话题。我们可以看到很多关于环境事实的研究和报道。例如，我们国家每年6月5日前后都会发布环境状况公报，报告大气、水、固废、噪声、自然生态等方面的状况。根据《2014年中国环境状况公报》，在大气环境方面，全国开展空气质量新标准监测的161个城市中，有16个城市空气质量年均值达标，145个城市空气质量超标。全国有470个城市（区、县）开展了降水监测，酸雨城市比例为29.8%，酸雨频率平均为17.4%。在水环境方面，全国423条主要河流、62座重点湖泊（水库）的968个国控地表水监测断面（点位）开展了水质监测，Ⅰ、Ⅱ、Ⅲ、Ⅳ、Ⅴ、劣Ⅴ类水质断面分别占3.4%、30.4%、29.3%、20.9%、6.8%、9.2%，主要污染指标为化学需氧量、总磷和五日生化需氧量。在4896个地下水监测点位中，水质为优良级的监测点比例为10.8%，良好级的监测点比例为25.9%，较好级的监测点比例为1.8%，较差级的监测点比例为45.4%，极差级的监测点比例为16.1%。在生态环境方面，全国生态环境质量总体"一般"。2461个县域中，"优""良""一般""较差"和"差"的县域分别有558个、1051个、641个、196个和15个。生态环境质量为"优"和"良"的县域占国土面积的46.7%，"一般"的县域占23.0%，"较差"和"差"的县域占30.3%。

很明显，以上这些环境事实是经过自然科学家的研究和监测发现的，在此意义上，它们也是经过社会建构的环境事实。作为社会学者，要关注这些环境事实，其实主要是一个相信不相信、赞同不赞同的问题，因为你不可能具备识别和分析诸如雾霾、水污染之类的环境事实的专业知识。在这一点上，作为专业人士的环境社会学家，其实跟普通公众没有多大差别。问题的关键在于，以邓拉普为代表的环境社会学家，基于经验的感知和对

① 在一开始，邓拉普使用"Environmental Sociology"是有重建整个社会学的意图的，但后来他也默认了环境社会学只是社会学的一门分支学科的事实。

科学共同体的信任，主张应当相信日益恶化的环境状况是真实的，这种观点可以叫作实在论。与之相对的观点，则多少回避了日益恶化的环境状况是否真实这样的问题，而更多地强调这样一种状况的社会建构过程，这种观点可以叫作建构论。建构论与实在论之争，是环境社会学的一个主要争论，涉及学科本体的认知问题。针对这种争论，邓拉普批评建构论已经走得太远，走向了不可知论的误区和对现实持有的犬儒态度。

作为一名普通公众，我相信环境状况的恶化是真实的；作为一名环境社会学研究者，我也相信其是真实的。在此意义上讲，我是一个实在论者。但是，作为社会学者，我确实无法准确判断环境事实的真实程度，我更有可能关注的是特定的环境状况如何被认为是问题，在多广的范围内和多大程度上被认为是问题，其对社会又造成什么样的影响，并激起什么样的社会反应。比如，你说空气被污染，我在知识和技术上不好判断，但是我有经验感知，而且社会学的方法可以让我了解到究竟有多少人认为空气污染是个严重问题，都是哪些人认为是问题，各社会主体都做出了什么样的反应，如个人戴口罩、买空气净化器、抗争，以及政府出台政策治理空气污染，等等。我认为环境社会学应当着重关注这些方面的"事实"。这些其实是社会事实的一部分，但是它们是由特定的环境状况而引发的。所以说，环境社会学自然要关注环境事实，但实际上只能是关注环境因素的社会影响和社会反应。或者说，我们所关注的只是那些可以观察到社会影响和反应的环境事实。

从另一个方面讲，环境社会学也试图关注具有环境影响的社会事实，试图从社会、文化和行为角度去探寻特定环境状况形成的原因。假如说我们承认水污染是一个真实的问题，那么水污染的物理化学过程我们是很难说清的，但是我们可以调查污水排放的社会主体，分析社会主体排放污水的行为逻辑及其背后的文化、制度和结构性影响因素等。事实上，有不少基于环境与社会互动的预设所开展的理论研究和经验研究，都试图在特定的环境问题与若干社会事实之间建立关联，乃至因果关系。国家或地区的工业化、城镇化水平，环境保护制度化水平及其效率，GDP 总量和人均GDP 水平及在世界体系中的位置，文化与价值观等，都是常常被用来与特定环境问题关联的。目前有一个趋势就是将特定环境问题指标化、数值化，同时定量测量若干社会事实，运用回归模型揭示彼此之间的关联程度，并发展出理论解释。这样的研究契合主流社会学的研究套路，但是在操作化和理论解释方面都还有很大的困难与不足。

如此来看，环境社会学究竟研究什么？是研究环境自身的运动变化吗？我认为不是。但是，如果抛开环境事实，环境社会学研究与其他的社会学研究又有什么区别呢？我本人的研究体会是，环境社会学在分析社会现象时，确实应当注意到环境与社会是密切相关、彼此互动的。说这个是预设也好、公理也好，大概都是可以的。在此基础上，环境社会学研究的主要事实应该是环境系统与社会系统的交叉复合部分，即具有社会影响的、激起社会反应的环境事实和具有环境影响的社会事实。归根结底，它们还是社会事实，是环境影响在社会的投射和影响环境的社会因素。环境社会学研究的主要目的是从社会学的角度，把这方面的事实说清楚，把事实之间的关联解释清楚，以便更好地促进环境与社会之间的协调。

在此意义上，我曾经把环境社会学定义为研究环境问题之社会原因、社会影响和社会反应的一门分支学科。这样，环境社会学所关涉的基本事实就包括了社会主体对环境问题的认知和环境相关行为、环境问题对社会主体和社会系统运行所造成的影响、社会主体因应环境问题而做出的技术制度安排（与实践）和文化价值的转变等四个大的层次。就我个人而言，这些年的研究主要集中在第一、第二层次，最重要的贡献之一就是对测量公众环境关心水平的 NEP（new ecological paradigm）量表进行了检验和修订，提出了中国版的环境关心量表（CNEP），并比较系统地揭示了中国城乡公众对环境状况的认知与行为差异。特别是，我分别于 2003 年、2010 年和 2013 年承担了人大社会学系"中国综合社会调查"（CGSS）项目环境模块的设计工作，所收集的数据为量化地呈现中国公众环境关心和行为的社会基础、历时性变化（如表 2）以及相应的国际比较研究提供了支持。现在，这些数据都已按照程序向国内外研究者开放。同时，我也关注了环境问题社会影响的差异性分配问题，也就是环境公正议题。比如，即使像空气污染这样一个具有普遍性影响的环境问题，它所带来的社会影响实际上也是存在差异分配的，并不完全像社会学家贝克所说"饥饿是分等级的，空气污染是民主的"。在北京浓霾蔽日的时候，有的人可以到外地躲避，还有一些人选择长期在海南等地居住。即使留在北京，有的人购置了很多设备，防护措施严密，而另一些人则没有条件，直接暴露在污染的空气中，遭受损害的可能性更大。

表2　城乡居民对于不同类型环境问题严重性的认知

环境问题类型	认为居住地区该问题"严重"的比例（%）			
	CGSS 2013 数据			CGSS 2003 数据
	城镇	乡村	总体	城镇
空气污染	53.0	25.7	44.8	51.7
水污染	46.7	34.1	42.7	47.7
噪声污染	45.1	22.5	39.1	50.1
工业垃圾污染	42.1	26.5	37.8	42.8
生活垃圾污染	47.5	32.3	42.4	51.3
绿地不足	40.9	17.6	34.9	51.5
森林植被破坏	35.8	19.1	30.1	46.1
耕地质量退化	42.6	33.7	39.1	55.7
淡水资源短缺	38.4	29.4	35.4	43.5
食品污染	59.0	25.7	49.8	47.1
荒漠化	32.6	16.0	28.2	43.2
野生动植物减少	42.8	31.9	39.2	58.0

9

　　除了正确把握环境事实与社会事实的以上关系，环境社会学还需要注意所研究事实的不同类型。这里主要是区分局部的事实与整体的事实、静态的事实与动态的事实、统计的事实与感知的事实、客观的事实与建构的事实。不同事实的选择不仅体现了研究视角、旨趣和风格，而且影响着研究结论。

（一）区分局部的事实与整体的事实

　　对于环境社会学所关涉的"环境"事实，很多时候被假定为一种整体性的环境危机，但是认识到整体与局部存在差异，有着多样化的"环境"事实，对开展环境社会学研究或许是更为有意义的。1962年卡逊发表《寂静的春天》以来，直到今天我们讲全球气候变化，现代工业社会面临的整体性环境风险被一再强调，环境社会学也是在这一过程中诞生的分支学科。当然，我们可以在理论上想象和建构这样一种整体性的环境风险。但是，我们在日常生活中所面对的往往是局部的、具体的、差异化的环境事实或者风险。比如说，全球气候变化是一种整体性事实，但是不同地区所面对的威胁以及所感受到的风险还是有差异的，这也影响到全球应对气候变化共识的形成。再比如，中国整体上是一个缺水的国家，但是一些地方的水源却是充足的。所以说，关注整体性环境事实，在人类社会与环境系统之间讨论问题很重要。但是，要深入了解不同地区、不同人群对环境的认知和行为反应，也许更应该关注彼此差异的局部性环境事实。与此同时，在整体环境衰退的情况下，也确实有局部环境改善的可能和案例，关注这种可能和案例，对环境社会学研究同样具有重要意义，甚至可以给予研究者以希望，给予施政者以借鉴。我在2015年夏天去浙江安吉调研，对安吉的生态环境改善印象相当深刻，那个地方社会与自然的和谐程度很高，我很振奋，并且很想弄清做到这样的路径和机制，这是下一步要开展的工作。我认为，在环境社会学研究中，无论是考察环境衰退、分析环境衰退的社会影响，还是研究环境衰退的社会反应，都要结合整体的和局部的事实。

（二）区分静态的事实与动态的事实

实际上，事实本身都是不断发展变化的，着眼于这种不断发展变化的过程对于环境社会学研究很重要。我们今天所面对的环境问题都是有一个发展过程的，环境问题自身在发展，环境与社会互动的关系也在发展。我们注重从动态的角度把握事实，一是可以更加全面地认识和描述环境问题，二是能够看到社会应对环境问题的动态努力，三是可以对环境问题的未来发展有一个比较合理的预期，四是可以辩证地认识环境问题的社会影响。有时候正是环境危机催生了社会经济结构的转型，引导了新的发展方向，煤炭代替木材、电力代替煤炭，乃至今天追求更加洁净的能源，都是社会系统因应环境问题的选择，这种选择带来了生产生活的巨大变革。另外，如果我们选择了观察与分析静态事实的角度，我们的视野就会受到限制，对于环境问题、环境治理以及环境与社会关系演变方向的分析与判断可能就会失当。比如说，如果忽略我国大气污染及其治理的过程和绩效，我们很可能就会因为当前大家关注的雾霾问题而对环境政策和发展道路做出有失偏颇的评价；如果忽略环境问题发展演变的历史，我们对工业社会以来的环境问题的判断也有可能失准。实际上，每个时代或社会发展的不同阶段，都有其所面临的环境问题，也都有相应的防范和应对环境风险的社会安排，环境问题自身不是什么"新鲜事"。所以，我很强调将历史的视角带回社会学研究，包括带回环境社会学研究中。我们需要重视环境史的整理和分析，对环境史的认识越清晰，我们的研究就越科学。在这方面，我非常钦佩日本学者舩桥晴俊的努力，最初他组织编写了日本的环境年鉴，后来扩展到世界其他国家，以编年史的方式记录了工业化以来各国环境事件、环境政策、环境研究等，呈现一幅环境与社会互动的动态长卷，这项工作对于环境社会学学科建设和科学研究工作是相当有意义的。

（三）区分统计的事实与感知的事实

任何学科的研究都需要呈现资料，资料及其呈现方式的选择对于研究结果有很大影响。环境社会学研究可资利用的资料有很多，一方面有各种来源的统计资料，另一方面也有反映社会主体认知和感受的描述性资料，这些资料代表着不同方面的社会事实。当我们需要描述环境状况时，我们很自然地会想到去引用一些权威的统计报告，比如说《中国环境统计年报》《中国环境状况公报》《世界银行报告》等，我们会选择一些空气污染、水污染、固废污染、环境治理投入等指标，报告环境质量状况和改善环境的努力程度。但是这些统计数据所呈现的事实，与日常生活中人们所感知的事实是不同层面的，两者之间甚至是不一致的。统计指标所揭示的环境问题也许很严重，但是并不为公众所感知，而统计数据认为不是很严重的问题，甚至是在不断改善的问题，公众主观感知到的却可能非常严重。比如说，关于雾霾问题，应该说统计数据可以揭示长时段空气质量向好的趋势，但是公众主观感觉却是空气质量严重恶化。又比如，统计数据呈现了全球气候变化的长期趋势及其严重性，但是老实说，中国目前有多少公众认为气候变化是一个严重问题。考虑到人们直接感知到的事实对其态度、行为和价值观念有着更为直接的影响，环境社会学者似乎更应注重这种事实的发掘、分析和呈现，也就是更加注重以人为中心，关注人们日常生活的感受，而不能只是简单地依据统计的事实进行分析。特别是在环境风险分析中，公众感知的事实需要予以特别重视，而不能偏信专家统计出的事实。比如，某地建设一个重化工企业，专家使用各种数据证明企业对周边环境无害，还会增加收入、就业机会，但是老百姓就是认为企业会造成污染。我们就不能轻易忽视或者否定老百姓的意见，说他们无理取闹、没有知识，这样简单处理往往就会加剧社会冲突。现在一些地方的群体性突发事件中就存在这方面的问题。我们既要重视统计的事实，又要尊重并分析公众感知的事实，找寻更加科学合理的沟通办法和解决问题的方式。

（四）区分客观的事实与建构的事实

从一个极端的立场讲，所有的事实都是经由一定的社会过程、由相关主体参与建构的，科学发现也不例外。但是，事实又确有客观的一面，可以为人们直接感知。比如，水被污染了、空气质量不好、到处都是垃圾等，这是客观的事实。但是，水是如何被污染的，空气质量是如何变差的，往往就需要利用专业知识进行分析。作为环境社会学者，对于此等详细事实的揭示难以做出太多的贡献。不过，究竟哪个环境问题变得重要，哪个环境问题进入了政策议程，环境问题对谁有影响、有什么样的影响，环境治理的成效如何，对诸如此类的议题进行分析，环境社会学可以做出应有的贡献。因为这里面涉及多主体的社会互动过程，而关于社会结构与社会过程的分析则是社会学的长处。从事环境社会学研究，固然要认真对待客观存在的环境事实和社会事实，但是也要充分重视环境事实、社会事实的建构过程。以一种建构的视角解析事实呈现的过程、揭示事实的性质，并不一定就是解构，就是否认事实的客观性，实际上也有利于强化某种事实的存在和传播。比如，当我们清楚了解了远在南极的臭氧层空洞是如何引起关注的，我们就可以强化和利用某些建构技术，使得那些超出人们日常感知的而又客观存在的环境问题进入公众视野，起公众关注，进而促进问题的防范和解决。

三　把握环境社会学理论建构的一种趋向

清晰地认知环境社会学的研究对象固然很重要，但是要深化环境社会学研究，需要重视理论建构，而理论建构需要结合社会系统的运动变化不断扩展社会学的想象力。这就是我接下来要讲的第二个话题：把握环境社会学理论建构的一种趋向。

我们以环境问题的社会原因分析为例。关于环境问题产生的社会原因有很多理论分析的视角，我在这里试图梳理一种发展脉络，当然也存在着其他的分析进路。有些学者从社会主体的角度来看，认为国家、企业家和大家（公众）是导致环境衰退的三个重要主体。就"国家"而言，像政治经济学派的学者就认为，资本主义国家和资本家的合谋加剧了环境破坏。有些针对发展中国家的研究也表明，发展中国家大规模的政府开发导致了环境破坏。还有人认为，国家对于社会反应滞后，没有有效地推动制度变革，这也是导致环境问题日益恶化的一个原因。就"企业家"而言，因为大量的污染是从企业出来的，所以企业家自然是重要的责任主体，而关于企业行为的研究就是环境社会学的一个重点。就"大家"而言，主要涉公众责任。如果每个人都能自觉约束自身行为并积极推动环境保护，那么这个社会肯定是一个环境友好的社会。如果大家都认为自己没有责任，都是别人的责任，那这个社会只能是互害性的、环境不友好的社会。我在这里主要以环境社会学围绕企业行为而开展的理论研究为例，揭示其中存在的一种扩展社会学想象力的路径。

毫无疑问，企业活动与环境污染密切相关，企业产品类型、技术水平、管理方式及其背后的环境意识等决定了企业的污染水平，这种污染水平是可以客观监测的。当我们监测到企业污染，不管是污水、废气还是垃圾，我们首先想到的是这个企业真不像话，它怎么会污染环境呢，管理企业的企业家真是没有良心，不讲道德。这样一种看法是从道德层面质问或者批评企业家。在理论上甚至可以指出企业奉行的是企业中心主义或者人类中心主义，相应的解决之道就是要求企业养成生态中心主义价值观，恪守环境道德。像台湾学者所说的那样，要在传统的"五伦"之外强化人与环境的伦理关系。这种看法固然有其合理性，但是如果仅仅停留于此，就体现不出社会学的视角。

社会学的视角是什么？当然有很多种视角。我看社会学最基本的一个视角就是把人、把企业都放在社会环境当中去看待，每个人、每个企业都是在现实的社会条件下生存和发展的，个人行为和企业行为都是与社会环境互动的行为。由此角度来看，企业排污问题就是企业在与社会环境互动中的一种理性行为，这样一种解释也叫作理性选择理论。企业排污不排污，不是一个伦理道德问题，而是在与社会环境互动的过程中遵循着利益最大化原则。当企业家发现排污获得的收益高于不排污，那肯定就会排污。其实，理性选择理论受经济学的很大影响。经济学把企业排污行为概括为"内部成本外部化"：本来企业在生产过程中产生的污染是要自己消化的，消化就要计入成本，成本提升，它的利润就下降了，竞争力也会下降，所以企业就将污染外排，成本由社会来承担，企业追求自身利益的最大化。相应的，这样一种理论视角下的解决企业污染问题的方案就是加强对企业行为的制度约束，促使其把环境成本内部化，比如说排污收费等经济制度以及关停并转罚等行政处罚制度。但是，在实践当中这些制度的有效性往往不足，现在还在探索污染的第三方治理等新的制度安排，国务院、北京市都颁布了相关文件。

顺着理性选择的思路，我们还可以发挥一下社会学的想象力。我们分

13

析企业行为，是否假定了企业是孤立的或者独立的行动者？事实上，事情并非如此简单。企业往往是与其他主体密切关联的。这种关联是影响企业行为的重要因素，甚至是更深层的因素。环境社会学中的政治经济学理论，就对此进行了更深入的分析。这种理论认为，企业不只是一个独立的面对市场的，努力把自己的成本最小化、利润最大化的行动主体，企业与政府之间存在着某种合谋，企业行动是一种联合行动。尤其是在资本主义制度下，政治家需要选票，需要选票就承诺就业、承诺经济增长，而承诺经济增长靠谁？就要靠大量的企业家去投资、去创新。所以说，政府鼓励企业发展，这样企业的污染行为在一定程度上就会被政府所容忍乃至包庇。只有在污染很严重的时候，影响到了老百姓的投票，政府才会选择对企业行为进行适当的约束。史奈伯格是西方环境社会学研究中政治经济学理论的代表人物，其理论的核心就是阐释权力与资本、政府与企业的合谋，这种合谋使得政府与企业的利益不断达到新的平衡，而解决污染问题只是随机的，根本不可能彻底解决。他所使用的"苦役踏车"概念，揭示的正是资本主义条件下持续地、周期性地创造稀缺和不断扩大生产的内在机制，这样一种不断扩大的生产必然需要不断扩大的消费，大量生产、大量消费、大量污染也就成为资本主义条件下环境问题的基本逻辑。虽然史奈伯格的理论主要针对西方资本主义国家中的企业行为，但是该派的学者也曾尝试运用政治经济学视角分析发展中国家企业与政府、经济与政治的关系。国内一些学者的研究实际上也采用了这种视角，或者说与之不谋而合。比如，包智明教授也曾在文章中讨论了基层政府作为经纪人的谋利取向，而南京大学张玉林教授在讨论中国农村环境破坏的时候，直接就用了"政经一体化"的概念，指出一些基层政府的行为与企业类似，甚至是一些企业的出资人、保护者，GDP的增加对于政府而言是利益最大化的，可以增加财政收入、创造就业和增加个人升迁机会等，所以政府与企业密切合作，权力和资本紧密勾连，抑制了公众的声音，牺牲了不能言说的环境（张玉林，2006）。

从分析层次上看，政治经济学视角明显更加深入，其结论对于现实具有很强的批判性。但是，理论研究并不能就此终结。如果说把企业放进社会中研究体现了社会学的基本视角，那么，我们还应该看到企业所在的"社会"是不断变化发展的。相应的，企业也不断调整自己以适应社会，无论是主动还是被动，不管是愿意还是不愿意，这是所谓的"大势所趋"。在这个意义上讲，西方环境社会学中的生态现代化理论就正好揭示了这一点，或者说是在考虑到这一点的基础上提出来的，进一步拓展了社会学的想象力。

生态现代化理论最初的提出者在德国，后来以荷兰环境社会学家阿瑟·莫尔为代表的一批学者对此理论发扬光大，并不断地在全球范围内推介传播，产生了非常广泛的影响。作为一名社会学者，他的博士学位论文却是关于一个企业的。他所研究的化工行业，一般被认为是现代工业的一个代表，而且是环境污染大户的代表。但是，莫尔在其所研究的化工企业观察到，企业自身正在"绿化"，从技术开发、程序改进、规章制度建设乃至经营理念等，都能看出企业在生产的过程中努力减少排放、保护环境，使自己变成一个干净、绿色的化工企业。莫尔认为，这样的企业行为具有标志性的意义，其他企业也可以发生类似的变化，然后整个行业都可以发生变化，并且可以带动一个地区、一个国家乃至全球发生变化。莫尔据此提出，近代以来的现代化进程是可以自我调整的，未来的环境改革充满希望，工业化和环境保护可以兼容，经济增长和环境保护可以"双赢"，没有必要反对现代化，没有必要呼吁"去工业化"，这大概就是生态现代化理论的核心观点。

回过头来看，生态现代化理论为什么会观察到社会环境中的企业行为发生如此巨变呢？这就是前面讲到的"大势所趋"：在大的社会转型进程中，企业不这样做都不行了。为什么？莫尔指出了五个主要方面的社会趋势。第一，科学技术自身以及人们对待科学技术的态度已经发生变化。原来很多人认为现代技术是破坏环境的，尤其是大规模、复杂的技术，所以在 20 世纪 70 年代曾经流行过"小的是美好的"，小型、简单的适用性技术被看作一种可以替代现代技术的选择。这本质上是一种"去现代化"和反对技术进步的主张。但是，20 世纪 80 年代以后，随着科学技术的进一步发展，它的两面性越来越突出，大家认识到技术不光是环境破坏的力量，也可以是环境保护的重要力量，尤其是像信息技术这样的先进技术，对于经济增长和环境保护都具有重要意义。大家越来越赞成充分发挥这类技术在环境保护中的作用，同时促进经济持续增长。第二，人们越来越意识到市场机制和经济主体在环境保护中的作用。市场已经不只是破坏环境的力量，简单的行政管制并不一定真正发挥作用，而完善的市场机制和环境正在成为促进环境保护的重要力量，尤其是在大量生产之后，市场环境发生重大变化，原来是卖方市场，现在是买方市场。形成买方市场以后，消费者的消费偏好就会对生产有很大影响。特别是当人们从小就学到要环保、要绿色，那他不买那些不环保的东西，不买那些不绿色的东西，就会发出强劲的市场信号，迫使供给侧进行改革。第三，民族国家的地位与角色发生了变化。所谓"经济靠市场、环保靠政府"已经行不通了，国家并不是像想象中的那样有力、有效，单纯指望国家依靠行政手段解决环境问题是不现实的，国家也有难以承受之重。环境治理需要由国家独治转向多主体参与的社会共治，其中公众和企业都是重要的治理主体，这样企业也就被赋予了更多的社会期待。第四，公众社会运动的性质、地位和作用方式都发生了变化。原来公众抗争不仅据有所谓的道德制高点，而且被认为是环境保护的重要力量，很多的社会运动总是与政府、企业处于对立状态，跑这个企业堵门，跑那个政府门前抗议。实践表明，仅仅堵门、抗议是没有用的，关键要找到出路。公众需要合作，包括与政府和企业的合作，这样就给予了企业更多的激励和支持。第五，莫尔指出，形势比人强，世道大变了，人们的意识形态也变了。在经济发展到一定阶段，环境保护的意义已经被越来越多的人所承认，甚至已经成为一种基本的价值观。那种完全忽视环境，或者将经济利益与环境利益从根本上对立起来的做法，不再被认为是正当合理的了（莫尔、索南菲尔德，2011：6~8）。国家、政客、企业家都不敢这样，如果这样，或者丢掉选票，或者丢掉钞票，是犯傻的行为。问题的关键在于各个社会主体都想探求一条出路，让大家钱照赚、财照发，而且能保护环境。总之，如此多方面的社会巨变，意味着企业所面对并生存于其中的整个社会环境发生了很大的变化。在这样一个变化的环境中，企业只有找准自己的角色定位，调整自己的行为，才能适应和发展。而解释企业和社会这样一种变化的趋势，就催生了生态现代化理论。

顺着这样的线索，到了生态现代化理论这一步，我们还有没有继续发挥社会学的想象力、进行新的理论建构的空间呢？答案自然是肯定的，想象力无穷，理论探索也不会止尽。实际上，我本人针对中国环境状况的持续恶化，曾经提出一个"社会转型论"（洪大用，2011：第4章），也可以说是对特定时空中社会环境变化的一种描述和解释，旨在探寻这样一种社会转型过程如何引发了包括企业、政府和公众等社会主体的行为与价值观的变化，而这些变化又如何影响了中国社会与环境之间的互动。可以说，社会环境的变化是有时空特点的。莫尔讲生态现代化是基于西方发达国家社会转型的实践，严格来讲，是基于西欧发达国家社会转型的实践。这样，聚焦于一个发展中大国的现代化转型，也就是中国社会转型，一定会有新的理论发现。我提出的观点只是一个尝试，主要考察的是中国社会结构、社会体制和价值观念转型与不断恶化的环境状况之间的互动关系及其未来出路。我采取了一种辩证的立场，指出中国社会的特殊转型进程确实加大了环境压力，甚至导致了环境衰退，但是这样一种社会转型过程也孕育了缓解环境问题的机制和方向，一个政府、市场和公众等多个主体合作共治环境的局面正在浮现、形成乃至定型，并由此开辟出中国环境治理的特色之路。

把社会转型的时空维度考虑进来，我们还可以看到生态现代化理论的不足。我和我的团队曾经对生态现代化理论做了一些研究，出版了专门著作。生态现代化理论的实践依据主要是在德国、荷兰，放大一点，是在西欧，即使再放大一些，也主要是在西欧和北美。很明显，这些地区只是世界的一部分，当然是发达的一部分，他们是现代化的先行者。基于这种地区实践而提出的理论是否具有全球普适性呢，或者说是否可以解释和预测全球社会与环境变化的趋势呢？我看这里有着很广阔的思考空间。一方面，各个地区发展阶段不同，发展模式不同，社会经济体制与文化传统不同，人口与环境基础也有差别，是否可能出现生态现代化，或者将以何种形式实现生态现代化，这些还需要深入研究；另一方面，当今世界全球化进程在深入推进，全球社会已经形成，全球社会密切联系、彼此依存，但并不是均衡发展的。西欧和北美的生态现代化并不意味着全球性的生态现代化。西欧和北美的生态现代化是以世界上其他地区的现代化和非现代化为基础和前提的。比如说，在加拿大，纸浆生产减少了，人们慢慢地不毁坏森林了，但是在印度尼西亚、巴西这些热带雨林地区的森林砍伐行为却越来越多，因为大量的纸浆厂转移到那里去了。又如，金融危机时，美国的金融经济、虚拟经济和实体经济是脱节的，美国大量的企业和制造业都外移到其他国家和地区了。现在美国要重新复兴制造业，当然这种制造不可能是简单地回归到原来的传统产业。也就是说，西方发达国家先发展了，进入了所谓生态现代化的阶段，但是其基本的生活需求和价值观都没变化，把污染产业外移到全球其他地方，而全球其他地方的环境恶化支撑了这些国家的环境改善（或者说生态现代化）。这些现象是互相关联、互为一体的。现在人们经常讲后工业化、后工业社会，我个人认为对这些概念的使用始终是要谨慎的，需要考虑到是对谁而言的。对于西方发达国家和地区而言，可能是后工业化了、后现代了，但是在全球社会中，工业化还是进行时，中国目前是工业化进程中最大的国家。等到中国工业化完成了，世界上其他地方又必然出现新型的工业化中心，比如印度、南非等国家。因为人类社会进入现代以来，其基本的工业需要如建筑、交通、能源、日常生活等，都需要依赖工业体系来满足，没有这个工业体系是不行的。那么，这个工业体系不在中国，就可能是在东南亚；不在东南亚，就可能在澳洲；不在澳洲就可能在南美、非洲……总之，这个世界是需要工业生产中心的。所以，我认为工业化进程一开始就是全球性的。在全球范围上讲，工业化也许长期不会结束，至少在目前，它还处在扩散阶段。

当把时空因素考虑进来时，我们发现生态现代化理论还有不断改进的空间。我曾经提出了一种发展的方向，那就是：随着全球性生态环境危机的日益演化，世界各国各地区都开始认真对待环境问题，并谋求经济增长与环境保护的"双赢"。在此意义上，可以说世界上越来越多的国家和地区在探索生态现代化的实践。但是，各国各地区所采取的模式可能是各不相同、各具特色的，不一定都沿袭西方的模式与道路。这样，生态现代化的西欧经验就会遇到挑战和质询，而生态现代化理论也就必然迈向全球共构阶段。

事实上，我们在考虑时空因素时，已经关联到全球社会的概念。全球社会的浮现也可以成为我们拓展企业行为分析的新空间。当今时代的企业不是孤立的企业，不是特定环境中的企业，而是居于全球网络中的企业。全球化的社会环境正在对企业行为产生越来越大的影响。当然，不同企业卷入全球化进程的程度有所差异，但是已经有越来越多的企业是跨国企业。我们现在研究任何一个地区、任何一个行业、任何一个企业，乃至研究公众价值观与行为，都应该考虑到其与全球社会的可能联系，一定要有全球的想象，一定要有全球联系、全球网络、全球社会的概念，要在这些概念中去分析问题。在这样一种视野中分析，相信会有一些更深层次的发现，甚至可以揭示全球化进程对各社会主体，包括对企业的复杂影响，以及其对全球生态环境变迁的复杂影响。在此方向上，世界体系理论是一个可资借鉴的理论资源，当然也是可能的理论创新方向。

我在这部分所强调的核心意思是，环境社会学者在面对社会现象时，需要重视理论建构，而理论建构需要不断扩展的想象力，需要清晰的反思意识，需要弄清楚别人是在什么层次上提出的理论问题，需要识别和把握自己理论分析的层次，然后建构自己的理论。我在这里主要是以有关企业环境行为的理论发展为例，做出一种角度的梳理。我相信在分析国家、大众等主体的行为时，也会有不断扩展的许多方面。

四　直面环境社会学研究的"价值"问题

最后我再谈谈对于环境社会学研究中"价值"问题的认识。社会科学工作者，乃至所有科学工作者，都回避不了价值选择问题。秉持何种价值取向，不仅关涉研究主题的确定、研究材料的选择，而且影响到研究结论。作为科学工作者，不可能回避价值倾向，所以最好的方式是申明价值主张。我以为环境社会学研究中牵涉到的主要价值取向包括以下五个方面的选择和主张。

（一）对待环境与社会关系的演化是悲观取向还是乐观取向

在环境社会学研究中，对于环境与社会关系的前景持悲观取向还是乐观取向，这是一个最基本的问题。我经常会被人问："你怎么看待环境与社会演化的未来？"这个问题在20世纪70年代就被提出来了。像罗马俱乐部的报告强调的是"增长的极限"，认为当下的工业社会按照现行的增长方式、增长速度，很快会走向它的极点，未来的社会将会崩溃，回到原点。而与之相对的另一种观点强调"没有极限的增长"，认为所谓"极限"只是人自身的极限，环境自身不可能存在极限。在环境社会学的诸种理论中，譬如说人类生态学理论、政治经济学理论以及风险社会理论，大体上都体现了一种相对悲观的价值取向，而生态现代化理论则明显强调了一种乐观取向。

对于环境与社会关系的未来，我想首先不要一概而论，而是具体问题具体分析。实际上，整体性的环境威胁可能有其客观存在的一面，但是多少有着建构的成分。日常生活中所经验的环境常常是局部的、具体的。在这种经验当中，确实有些地方的环境与社会关系高度紧张，前景不容乐观。但是，也有一些地方的环境与社会关系具有可调节性，未来前景是看好的，甚至现在就已经是和谐共生的了。我最近走了一些地方，包括福建长汀、浙江安吉，我的观察让我觉得有些改变还是有可能的。前几年我也一直在讲，生态文明建设整体上非常难，而且注定是一个全球性的过程。仅仅中国建设生态文明而别的国家不建，即使我们建起来也持续不了。但是，你要看到在局部地区，生态文明建设确实是有可能先行的。所以，我主张具体问题要具体分析。其次，如果必须做出选择，我还是希望采取乐观主义的态度，因为乐观意味着希望，意味着采取具体行动是有意义的，甚至意味着人的存在是有意义的。大家都知道，人的生命是有限的，生下来注定将来是要死亡的。但是，小孩出生时，你去恭喜人家，说些恭喜祝贺的话，主人会高高兴兴；而如果你悲观地说"这孩子迟早是要死的"，会让主人愤怒，大家也都不高兴。我们这个社会也是这样，你天天说它有危机，没有前途，一片黑暗，其实大家也不乐意听到这种声音。所以，生态现代化理论出来以后，政府喜欢，企业家喜欢，老百姓也喜欢，就是因为它给人一线曙光，充满希望，指出我们的发展没错，我们的现代化还可以往前发展，生态理性是可以培育并融合到经济社会发展当中的。它指出这条路径的可能性和现实性，比简单的悲观无为就要好得多。

当然，也有一些理论不认为自己是悲观的，反而认为自己是激进的，是主张彻底变革的。比如说，政治经济学理论就对资本主义体制提出尖锐的批判，主张彻底变革资本主义体制，认为小打小闹是解决不了问题的。我倒认为这种主张有可能导致事实上的悲观和无奈，甚至为放弃局部的、渐进的努力找到了借口。我总觉得，希望无所谓有，无所谓无，只要付诸努力，希望就是有的。比起简单的悲观，我更强调积极的乐观、行动中的乐观和建设性的批判。未来取决于当下的行动。

（二）如何看待经济发展与环境保护的关系

这是一个非常现实的问题，也是非常棘手的问题。我们经常会被问到，是经济发展优先，还是环境保护优先？对于这样的问题，我觉得不能简单设问、笼统而论。在最为基础、最为本质的意义上，如果必须做出回答，我还是倾向于认为经济发展优先于环境保护，因为经济活动事关人们的生计，在生计难以维持的情况下，如何进行环境保护？中国作为一个发展中国家，在发展实践中经常会遭遇到是要温饱还是要环保的问题。有时，蓝天白云固然好，但是为了蓝天白云而牺牲生产、牺牲就业、牺牲收入，最终牺牲了最基本的生活，这也是难以行得通的。当然，可持续的生计要以可持续的环境为基础，在一些特定的时空条件下，没有适当的环境基础，生计系统就要崩溃，这个时候环境保护还是具有优先位置的。为了可持续的生计，必须保证环境是可持续的。

进一步来说，从经济发展与环境保护互动的长期历史看，每一种经济发展类型都会造成相应的环境破坏，但是同时也发展出了相应的保护环境的社会安排。在游牧时代，没有牧草了，人们就会迁到新的有牧草的地方去，或者轮牧；在农耕时代，土地退化了，人们就要实行轮耕或者休耕。在能源方面，当木材资源短缺了，煤炭就被用作替代能源，而在发现煤炭污染严重时，就导致了电气等新型能源的开发和使用。现在的问题是，我们一只脚迈进了工业经济时代，另一只脚还没有进来，我们还没有发展出完善的保护环境的制度安排。这不是要工业经济还是要环境保护的问题，而是要两只脚平衡配套的问题。经济发展与环境保护是相辅相成的，经济活动破坏了环境，也为保护环境创造了新的机会和资源；反过来，环境保护也会倒逼经济体系转型升级，实现经济发展方式的转变，这也是有经验可循的。所以，不能简单地把经济发展与环境保护看作对立的关系、非此即彼的关系。在这方面，也需要具体问题具体分析。

中国古人讲，鱼和熊掌不可兼得，但我们真是希望有兼得的方案。作为环境社会学研究者，我们确实希望能够探索到具体时空条件下经济发展与环境保护实现"双赢"的路径，我们需要坚持为此而努力。一些研究表明，这种努力在实践上也是有可能的。我们来看一组数据，图1反映的是中美人均GDP和二氧化硫排放总量的变化趋势。从中可以看出，美国大概是

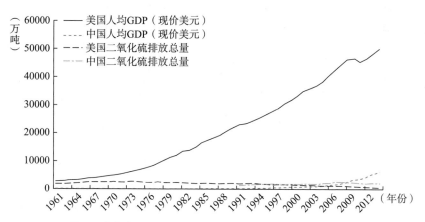

图1 中美人均GDP和二氧化硫排放总量变化趋势对比

数据来源：世界银行数据库，http://data. worldbank. org. cn/；美国环保署网站，http://www. epa. gov/ttn/chief/trends/；历年《中国环境状况公报》，http://jcs. mep. gov. cn/hjzl/zkgb/。

在 1973 年人均 GDP 为 6461.74 美元的时候，二氧化硫的排放达到了 2880.7 万吨，这是高点，然后就下来了。中国达到高点的时候是 2006 年，人均 GDP 为 2069.34 美元，二氧化硫的排放达到 2588.8 万吨，然后也在往下降。两相比较很有意思，就是说后发展的国家通过技术的进步或者利用后发优势，可以提前实现环境污染这样一个库兹涅茨曲线顶点的到来。从一个方面来讲，只要我们措施得当，我们在发展过程中是可以缓和环境压力的。

（三）如何看待保护环境和社会公平之间的关系

这个问题实际上涉及是效率取向还是公平取向的选择，或者说是关注整体还是关注不同群体的选择，这些选择往往都是很难做出的。举个最简单的例子，全球气候变化议题。现在全球各国都在关注全球气候变化议题，反复地沟通、博弈以谋求应对之道。全球气候变化之所以受关注，因为它不光关系到地球上 70 多亿人的整体安全，甚至包括地球上所有动物、植物的安全也受到影响，最终有可能关系到整个星球的安全问题。所以要求大家行动起来，团结一致，采取积极有效的措施应对气候变化，稳定气候变化的趋势。确实，面对这样的整体威胁，世界各国、各个社会和所有人都有责任做出努力。但是，在努力的过程中，公平问题也是不容忽视的。比如说，发达国家在发展过程中的历史排放占据了太多的环境空间，现在却要以环境空间所剩无几为由来限制发展中国家的发展，迫使发展中国家承担与其自身权利不相称的义务，这样是否公平呢？基于不公平的合作是否有可能呢？即使可能，是否可持续呢？我不认为不公平的合作可以持续。所以，没有公平也就不能实现环境保护的目标，最终也就没有效率。

其实，在国内层面也一样。整体而言，我国发展进程中面临的环境危机十分严峻，对全体国民都构成了威胁，但是不同地区、不同群体从这种恶化环境的过程中的"获益"是有差别的，其受环境恶化的具体影响也是有差别的，其所能承担的环境保护能力也是有差异的。因此，在应对中国环境问题时，我们需要关注社会不同群体、不同地区乃至代际之间的公平问题。当然，在开发利用环境方面，也要重视社会公平。比如说要治理京津冀地区的空气污染，一方面需要强调协同一致，通力合作；另一方面也要考虑社会公平。要知道，北京人收入较高，简单地要求周边的人做出牺牲以保证北京的空气质量，这也是有失公平的，周边很多老百姓也许还在等着开工挣钱、盖房娶媳妇过小日子呢。所以说，京津冀协同发展，不只是为了解决环境问题这样一个目标，而是基于共享发展成果的全面协同合作。

作为环境社会学者，我们固然关注环境问题的解决，固然关心社会整体的安全，但是我们的学科视角要求我们更多地关注环境问题产生、影响和解决过程中的社会公平问题，从分析的视角去看待不同族群的地位、利益与文化差异，特别是要关注环境不公平与社会不公平的叠加给弱势人群所造成的严重损害。这样一种价值取向与自然科学的研究取向是有很大差异的，也是我们环境社会学者应当自觉的。

（四）在对与环境相关的重要社会主体进行分析时，是否应避免脸谱化的倾向

通常在分析环境问题的社会原因、社会影响和社会反应时，一些人都会关注到政府、市场、市民社会等重要主体，而且受一些西方学者的影响，常常对每个主体的作用有着刻板印象，习惯于脸谱化的分析。比如说对市民社会的过分美化以及强调市民社会与市场、国家之间的对立；比如说过分美化或者丑化市场的作用，宣扬市场万能论或者市场失灵论；比如说过分期待或者过分看低国家的作用，宣扬削弱国家或者是强化国家的管制。我觉得这样一些简单化的、脸谱化的分析是不恰当的，甚至是错误的。在这一方面，我们同样要具体问题具体分析，要看到各主体"变脸"的一面，要注意考察各主体作用的动态变化，要结合具体的社会情境考察各主体的角色与作用。

事实上，人在变，社会也在变。不同社会的发展阶段、不同社会的体制背景以及不同的历史文化传统，都会塑造不同的国家、市场、市民社会以及它们之间的关系，我们不能对其有刻板、抽象的理解和期待。中国历史上的国家形态与现在的国家形态有很大差异，中国国家形态与西方发达国家的也有差异。中国改革开放前后，国家的作用也不同，特别是国家对于环境保护的态度有很大转变。在20世纪70年代以前，我们的国家不承认有环境问题，当时认为环境问题都是资本主义的毛病，而现在我们的国家首先提出了建设生态文明，你能说这个国家的作用没有变化吗？市场也在发生变化，从区域性的、地方性的市场变成全国性市场、全球市场，从在资源配置中起补充作用甚至边缘作用的市场变成起决定作用的市场，从一个没有很好规制的市场变成一个日益完善的市场，从卖方市场变成买方市场，其社会作用和对环境的影响也有很大不同。市民社会也是不断发展变化的，早期的行业协会、地下帮会与现代意义上的社团是有区别的，现代的所谓"社团革命"在不同国家和地区的表现、影响也大有不同，其在不同国家环境保护中的作用也千差万别。所以，我们要历史地、具体地考察所谓国家、市场和市民社会。

进一步看，在现代社会运行过程中，国家、市场和市民社会之间的角色也存在着反串现象。比如说，现在经常讲社会治理，传统上所谓的社会治理就是国家在治理社会，但是现在市场、市民社会都参与社会治理，而且发挥着重要的作用，"国家"的很多事要靠非国家的角色来帮着办。同样，市场的运行也越来越不是完全自发自律的，很多时候，市民社会和国家也反串着市场的角色，发挥着参与经济事务、促进经济增长的作用，"市场"的很多事情要靠非市场的角色帮着办。而市民社会参与国家治理和市场活动的现象也并不鲜见，国家、市场有时也反串着市民社会的角色。所以，在此意义上讲，国家也好，市场也好，市民社会也好，其边界往往不是那么清晰了，似乎越来越表现出你中有我、我中有你。因此，简单化地、孤立地分析各个主体，可能是脱离实际的。

仅就各个主体对于环境的影响而言，其实都不是单方面的。在很多时候，它们都有着双重面孔，无论是国家、市场还是市民社会，都是如此。你说市场是破坏环境的力量吗？其实，市场机制也可以用于促进环境保护，目前的很多环境经济政策都是基于此设计执行的。你说国家是环境保护者，要强化国家的绝对权威和管制作用吗？且不说专制型"环境国家"可能会造成其他方面的社会损失，仅就环境保护而言，已经有不少研究表明，国家有组织的开发活动是破坏环境的重要因素。你说市民社会是环境的卫士吗？一些时候，不成熟的所谓的市民社会实际上是谋取私利的、妨碍环境保护和社会整体利益的。我们要特别注意辩证地分析各个主体的角色表现。

特别是在全球化时代，各个国家和地区的国家、市场、市民社会之间的关系都在经历着深刻变化，超越民族国家的市场、全球社会的兴起，使得各重要主体之间的关系更加复杂化。我们需要深入研究这种新变化，尤其要关注全球化背景下民族国家在环境保护中的作用。有些人讲全球化、全球治理，就主张削弱民族国家的作用，尤其是从20世纪90年代以来，美国学者萨拉蒙指出20世纪的社团革命具有跟19世纪民族国家诞生同样重要的意义，市民社会将在社会治理中发挥重要作用。弱化民族国家以及国家治理作用的声音主要来自西方，国内也有一些呼应者，"人权高于主权"的口号则是这种声音的一种体现。如果我们亦步亦趋地照搬这种观点，不仅违背我们的国家利益，违背广大人民的利益，而且脱离中国的环境治理实践。可以说，我们现在处在加强国家建设和调整国家角色的双重进程中，我们不能简单地讲弱化国家的作用。实践表明，在当今全球化时代，我们的国家仍是环境治理的重要的、有效的主体。

（五）如何对待理论导向的研究和政策导向的研究

环境社会学是一门学科，很明显，开展环境社会学研究需要重视理论导向的学术研究。我在一开始就讲到了，目前环境社会学的基础理论研究非常薄弱，难以支撑这门学科的持续发展，对建设中国特色的环境社会学也不利。所以我们学术共同体需要共同努力，加强这方面的研究，打好学科发展的基础。但是，理论研究不能脱离实践，需要有指向实践的关怀。完全脱离实践的所谓"纯粹学问"是否存在也许可以质疑，但是我觉得不应提倡。我想，大家对环境社会学感兴趣，并不仅仅是一种知识的兴趣，而是有着对环境问题的担忧和促进环境治理的关怀。实际上，实践可以激发理论的灵感，实践也是检验、创新理论的基础。政治经济学理论也好，生态现代化理论也好，都是对于经验的一种概括。中国环境衰退、环境治理的经验，为环境社会学的理论概括和建设提供了丰富的土壤，非常具有发掘提炼的价值。不过，国内外的一些学者往往只是把中国经验作为验证或者否定西方理论的依据。可以说，这也是迟发展的学科在发展过程中必然经历的阶段，但是我们需要尽快努力超越这个阶段，这就需要研究者的理论自觉。

不久前，我到福建长汀、浙江安吉和河北定州等地调研，既了解到一些非常具有理论价值的最佳实践（best practice），也看到了经济发展过程中环境状况的持续改善。比如说，几十年的水土流失，曾经使长汀这个地方基本上看不到树木了，山上光秃秃的。但是，在当地政府主导的一系列与生态修复有关的社会改革下，长汀最近一二十年的变化非常大，生态环境明显改善。在安吉这个地方，我看到当地不仅把生态保护得很好，而且实现了"绿水青山就是金山银山"的目标，经济社会发展很好，人与自然很和谐，给我的印象十分深刻。如果说长汀是一个不太发达地区改善生态成功的案例，那么安吉实际上走过了先工业污染后环境治理的道路，在治理污染的过程中获得了新生。这两个地区的案例，其出现本身对于环境治理和生态文明建设就具有重要的理论意义，意味着区域性生态文明建设取得成功是有可能的。而深入研究下去，揭示这种成功背后的社会机理和学理，辨别其特殊性和一般性，就可以进行很好的理论建构，促进环境社会学的知识积累，并给予其他地区的实践以启示和指导。河北定州则是另一种类型的地区，这是一个仍处于快速工业化过程中的地区，但同时又面临着环境政策日益严格的约束，也处在推进生态文明建设的压力之下。深入研究这种类型的实践，对于检验生态现代化理论，或者提出新的理论构想，应该是具有重要意义的。

培育理论自觉，注重理论研究，把理论与实践结合起来，这是我所主张的。与此同时，我并不反对政策导向的研究，甚至主张要大力加强这方面的研究，提升研究水平。不过，有一些倾向是值得注意的。例如，一是学术性不足，政策研究变成一般性的观点表达，甚至是个人价值观的宣泄，这对于实际政策的设计和改进是没有多大好处的，甚至是有害的。二是简单地甚至一味地批评中国环境政策，始终以批判者自居，不能科学评估中国环境政策的效果，看不到中国环境治理的成绩，这是缺乏建设性的，也缺乏基本的历史的视角。历史地看，中国环境政策在不断发展完善，环境治理的效果也是明显存在的。设想一下，如果说我们从20世纪70年代到现在都没有通过环境政策实施环境治理的话，我们现在所面对的环境问题会是什么状况，毫无疑问是更为糟糕的。如果横向比较的话，我们国家的环境治理绩效并不比其他一些发展中国家差。三是在政策研究中简单地借鉴移植的现象比较多。实际上，公共政策所针对的问题，以及公共政策所存在的社会发展阶段、体制制度环境和历史文化传统都是有差异的。因此，简单的公共政策移植往往会出现水土不服的问题。我们进行政策导向的研究，必须立足于我们的实际情况。四是参与性的、行动导向的政策研究还有很大不足。我们的一些政策研究往往是自说自话，研究者本身参与环境保护的经验很少，与实际工作部门的有效沟通也不足，对于政策倡议也很少有试验的经验支撑。这样，政策建议的指向性、操作性往往都不足。所以说，我们要注意避免政策导向的研究中的种种不良倾向，特别是要端正研究者的观念和态度，使政策研究和设计更加完善，不断提升政策研究水平。

环境社会学研究过程中牵涉研究者价值倾向的方面还有很多，我这里主要指出了五个方面。我想每个研究者都不可能是价值无涉的，我们对自己开展研究的立场、观点和方法要有清醒的自觉，这既是促进学术研究的需要，也是保证研究者之间理性对话的需要。

　　以上我结合自己的研究实践，围绕环境社会学研究当中如何认识研究对象、如何开展理论建构、坚持一些什么样的价值主张等三个问题，谈一些粗浅的个人认识与体会，敬请大家批评指正。我想，如果我们就这些方面的问题能有更多的共识，那么我们也许会更好更快地推动中国环境社会学的发展。

参考文献

阿瑟·莫尔、戴维·索南菲尔德，2011，《世界范围的生态现代化：观点和关键争论》，张鲲译，商务印书馆。

顾金土、邓玲等，2011，《中国环境社会学十年回眸》，《河海大学学报》（哲学社会科学版）第 2 期。

洪大用，2001，《社会变迁与环境问题——当代中国环境问题的社会学阐释》，首都师范大学出版社，第 4 章。

张玉林，2006，《政经一体化开发机制与中国农村的环境冲突》，《探索与争鸣》第 5 期。

对环境社会学范式的反思[*]

林　兵[**]

摘　要：有关环境社会学的范式研究，对于把握其学科的边界是十分必要的。通过考察环境社会学的创始人及先驱者们对"研究主题"的阐述，有助于我们从中理解学科范式的基本特征，即关系（行动）主义与制度主义。中国环境社会学的研究，既应当注重在多元化的研究领域中保持学科自身的范式特征，又不能忽视对宏观制度层面的探究。

关键词：范式　环境身份　制度分析关系主义

1978 年，两位美国学者邓拉普（R. E. Dunlap）与卡顿（W. R. Catton）在《美国社会学家》杂志第 13 卷上发表文章《环境社会学：一种新范式》，这标志着环境社会学学科的创立。事实上，环境社会学发展到今天，也只有 40 年的学科发展历史，但是发展却十分迅速，在许多领域如以经验研究及应用研究为主要特征的"环境问题的社会学"，以及以理论研究见长的"环境社会学"，都有着较为广泛和深入的探讨。

但是，对于环境社会学学科范式的探讨，即环境社会学的学科边界问题，至今学界的探究还不够深入。国外一些学者主要关注学科的"研究主题"等问题，已有的关于学科范式的探讨还有待取得认同。无疑，学科范式的明晰将决定我们对于一个学科的方法论的理解，也意味着一个学科的成熟程度。

---

[*] 本文受到国家社科基金项目"低碳经济背景下的环境社会学本土化研究"（项目编号：11BSH030）、吉林大学基本科研业务费"我国生态文明制度建设研究"（项目编号：2014ZZ020）的资助。原文发表于《福建论坛》（人文社会科学版）2017 年第 8 期。

[**] 林兵，吉林大学哲学社会学院教授，博士生导师。

一 对环境社会学范式的考察

"范式"在一般的意义上，表征着一个学科成熟的边界与标志。美国学者 T. S. 库恩（T. S. Kuhn）在其《科学革命的结构》一书中，对范式概念做了基本的表述，将其理解为科学家共同体的共有信念。或者说，范式是一段时期内某一学科的科学家共同体一致认同的学术研究的方法论规则（托马斯·库恩，2003：43）。而对于环境社会学学科范式是什么的思考，我们可以通过一些学者的阐释与研究窥见一斑。

邓拉普与卡顿（1979）在其早期的经典性的论文中，就曾经为环境社会学学科界定了一个基本的"研究主题"，这一主题涉及的内容较为宽泛，主要包括野生动物与娱乐管理问题；人工环境问题；组织、行业及政府对于环境问题的反应；人类对自然危险与灾害的反应；技术风险与风险评估；能源和其他资源短缺的影响；社会不平等与环境风险问题；环境主义、公众态度和环境运动；对环境态度与范式改变的经验调查；人类的承载力与超越的问题；与环境有关的大规模社会变迁问题；人口增长、富裕与温室气体的产生问题等领域。在这篇经典性的论文中，两位学者主要探讨了两方面的问题。一方面，探讨了"环境社会学"与"环境问题的社会学"这两种表述方式之间的区别与理论意义。对于后者，一些早期的美国社会学家进入环境问题研究是在传统社会学领域，其出发点就是社会学视野的，例如闲暇行为、应用社会学及社会运动等。随着环境社会学学科的发展，之后的环境社会学主要是聚焦于荒野娱乐（国家公园和国家森林）、资源管理及环境主义。另一方面，探讨了环境社会学学科的研究领域问题，认为该学科还没有形成一致的研究内容，而呈现一种多样化与重叠性的研究样态，缺少一个长时态的经验主义传统。大多数领域的工作是概念化与推测性的，与经验研究的结合度还不够完善。

总体上看，这些研究主题涉及的领域比较宽泛，大多数研究体现的都是环境与社会的关系问题。但有些研究主题还是有着一定的跨界之疑的，如"野生动物与娱乐管理"近于环境管理领域，"人类对自然危险与灾害的反应"与灾害社会学内容相交叉，"社会不平等与环境风险问题""环境主义""公众态度和环境运动"等也是环境政治学涉足的领域。只有"对环境态度与范式改变的经验调查""与环境有关的大规模社会变迁问题"等与社会学内容相近一些，是专业社会学学者的研究风格。

应当说，这个早期的"研究主题"给出了一个较为宽泛的领域，有些领域属于学科跨界性质的研究，或者说具有一种以交叉性研究为主的特征。此外，虽然学科的范式并不是很明晰，但是基本上也形成了两大研究主题，即以环境与社会的互动关系为研究主题的"环境社会学"，如研究工业社会与人类居住的"物理环境"的关系问题，以及与环境问题有关的"环境问题的环境社会学"，如探讨环境运动、公众对于环境问题的态度、环境政策的制定等。

此外，两位学者也提出了一种"新生态范式"（"人类例外图式"）的方法论原则，力求突破古典社会学理论的方法论传统，即迪尔凯姆（E. Durkheim）主张的"一种社会现象只能通过其他社会现象去解释"的方法论原则。他们认为，这一方法论原则为社会学的理论研究划定了人类中心主义的理论边界，从而过于夸大人类文化的自主性。即反对任何社会学研究中的生物学化的理论倾向，忽略了自然界的承载力问题，由此也在一定程度上限定了社会学对于人类赖以生存的自然界的理论关切。或者说，他们的观点阐释了社会学对于环境问题及"生态限定"问题研究的重要性，强调不应当认为人类仅受到文化和社会因素的影响，而忽略自然界对人类社会的潜在影响。从学科范式视角看，他们虽然强调了社会学研究的方法论特征，但这也只是指出了人类社会在自然界中的生态位置问题。

美国学者巴特尔（F. H. Buttle）进一步拓展和讨论了环境社会学的研究主题，他的阐述主要是建基于一种制度分析的方式。一方面，他认为环境社会学应当关注"后工业社会"的性质与经济制度，探讨生产方式的变革对环境危机的影响关系。此外，还应当关注经济危机与国家层面研究的"政治经济学"，尤其是探讨工业资本主义国家的经济衰退与环境恶化的关系问题。另一方面，也要注重家庭制度的物质基础与文化的相互作用的研究，即"新的家庭经济学"。同时，他着重强调了比较历史研究的重要性，分析人类社会与"物理环境"相互作用的历史变迁过程（巴特尔，1987）。相较于邓拉普与卡顿的研究主题，巴特尔的范式分析更加注重与经济、社会发展密切关联领域的研究，如关注社会结构的变化、经济制度的演化等与环境问题的关系等。或者说，巴特尔主要推进和丰富了"环境社会学"这一主题方向的内容。而卡顿（2007）也指出，环境社会学的研究主题正愈加集中于环境问题的产生原因、影响环境问题的社会因素，以及解决环境问题的对策等方面的内容（Dunlap，2007）。

此外，加拿大学者约翰·汉尼根（J. Hannigan）在其《环境社会学》一书中援引邓拉普等学者的研究，也介绍了九种相互竞争的"范式"，如人类生态学、政治经济学、社会建构主义、生态现代化理论、风险社会理论、环境正义理论、批判真实主义、行动者－网络理论和政治生态学。但书中并没有对"范式"的概念加以明确定义，我们也可以将其理解为不同的研究视角或解释框架。这九种所谓的"范式"实则体现的是当下环境社会学研究的多元化特征。而所谓"竞争性"，意味着这些不同的解释框架之间存在着一定的方法论的冲突，如真实主义与建构主义、生态现代化理论与风险社会理论等（汉尼根，2009：12）。巴特尔也提出，农村社会学应当与环境社会学开展交叉领域的理论研究，尤其是对一些重大的战略性理论与范式，以便将一些不兼容的理论和范式重新进行整合（Battel，2010）。

环境社会学的创始人及先驱者提出了"范式"概念，尽管并未进行较为深入的探讨，但我们还是可以从其对"研究主题"及"范式"的阐述中看出一些学科范式特征的端倪。从原初的两大主题到后来的九大"范式"，可以看出环境社会学的研究正呈现研究视角的多元化及方法论的竞争性，以及对"新生态范式"的质疑。

首先，从研究主题看，形成了"环境社会学"与"环境问题的社会学"两大主题，且这种区分随着学科自身的发展，其边界变得愈加模糊。

其次，研究视角的多元化，意味着多种不同学科的研究视角进入环境社会学的学术视野，呈现一种较强的学科跨界研究的特征，但同时也易导致环境社会学面临着学科边界模糊的问题。

再次，方法论的"竞争性"表明，一些不同的研究视角或解释框架之间存在着一定的方法论冲突。如真实主义与建构主义的冲突，表现为以美国学者为主的"经验主义"和以欧陆学者为主的"社会建构主义"之间存在着关于环境问题的事实性和建构性的理论争论问题；而生态现代化理论与风险社会理论、"生产的传动机制"（a treadmill of production）理论之间也存在着对科学技术发展的积极作用及技术风险的认知差异。而从具体的研究方法看，也没有提出明确而具体的研究方法。这主要是研究领域的泛化所导致的，难以形成逻辑一致的具体研究方法。

最后，对"新生态范式"的质疑在于：所谓的"生态限定"，实则表达的是一种自然科学层面的陈述，且其表述方式也过于抽象。但其实质在于怎样理解环境社会学视野中的"环境"概念，它究竟是指"物理环境"还是"建构的环境"（built environments）。一方面，如果是指"物理环境"（自然的环境，natural environments），这种理解与"生态限定"的内涵是一致的。那么，这种研究的社会学价值还是在于社会性本身，而不是社会与"物理环境"的关系。毋宁说，社会与"物理环境"的关系是作为研究背景而存在的。另一方面，如果界定为"建构的环境"，则是一个内涵不易把握的概念，其研究的价值在于对"建构"含义的理解。一般而言，"建构的环境"指人化的环境，这种环境一般是指特定的环境，如自然保护区（包括国家公园、国家森林）等。这种理解重在强调保护（人化的）生态环境系统，而其研究的社会性特征弱于前一种理解。如此看来，"物理环境"的理解更具有其学术价值的合理性。

通过前面的分析可以看到，环境社会学目前还面临着研究视角的多元化、跨学特征，以及方法论的竞争性等问题，仍然没有形成一个比较规范的范式范畴。但我们还是可以从两个方面加以理解，即关系（行动）主义和制度主义，这两个方面有助于凸显社会学的学科特征。一方面，关系主义意味着环境社会学的研究应当立足于人与社会的关系，透过这一关系去把握社会与环境的关系。所以，关系主义凸显的是学科的社会性特征，而不是"人"与"物理环境"的关系，这超出了环境社会学的解释范畴。应当说，关系主义是环境社会学最为本质的特征。而行动主义强调的是社会行动，行动的最终目的是生态环境保护，通过集体行动来实现其目的，如环境主义、公众态度和环境运动等。行动主义具有较强的特定的社会属性特征。另一方面，制度主义是从制度分析的视角探讨社会与环境的关系。其中"制度"的含义较为宽泛，涉及结构、变迁及政策等因素，如社会结构及变迁、经济发展、政府相关政策等，这一视角是一种宏观层面的研究。需要指出的是，在这两方面的特征中，每一种特征既有理论研究的维度又有经验研究的维度，理论研究大多承载着解释框架的作用，而经验研究则直面现实的环境问题，且愈加成为环境社会学的显学。

二　国外环境社会学的拓展性研究

近些年来我们注意到，环境问题出现了一些新的特征，主要表现为全球的气候变化与大气污染问题呈上升之势，自然灾害加剧频繁，此外海洋污染、公害转移及核能污染等问题也日渐凸显出来。从环境风险的角度看，"人"与"物理环境"的关系变得愈加脆弱与不稳定。于是，围绕着"环境问题"这一庞大的研究视野，近年来国外学者进行了广泛的多领域的研究，且实证研究占据主流地位。我们依据关系（行动）主义与制度主义这两个基本特征，来考察一下国外环境社会学的研究状况。

在关系主义的范畴中，社会认同、社会运动等研究体现了这一特征。具体来说，在"环境认同"与"环境身份"的研究中，社会学学者的研究强调将环境身份置于身份的多重性、层级性的社会结构中，力求凸显身份的类型化及结构性特征。显然，这一研究具有一定的环境伦理的理论色彩，通过对环境认同与环境身份的自我认识，力求解释"人"对"物理环境"的关切程度。美国学者斯代特（J. Stet）等提出了具有社会学意义的环境身份概念。他指出，环境身份是人与自然环境相关联时，赋予"自我"的一系列意义。环境身份与职业身份、性别身份一样也是一种身份类型，并具体提出了"11 项 EID 测量"方法（Stet & Biga，2003）。克莱顿（S. Clayton）也提出一个依据 24 个问题进行环境身份测量的方法，即"24 项环境身份测量"（Clayton，2003：52 ~ 53）。而且，环境身份研究也开始与环境行为、环境运动的研究结合起来。如邓拉普提出了"环境运动身份"的概念，用于指代个体参与环境运动的意愿及对环境运动的情感联系程度（Dunlap & Mccright，2008）。肯普顿（W. Kempton）等人也认为，有关环境身份的身份、认知及情感联系等指标对环境行为具有一定的解释功能（W. Kempton & D. C. Holland，2003：317 ~ 342）。

在制度主义的范畴中，由于涉及的研究领域十分宽泛，我们可以看到较多与之相关的研究，且多以经验研究为主。

首先，随着全球气候变暖问题的日益凸显，对于气候变化问题的研究显得愈加重要，这是一个由多方面研究领域构成的系统性的研究。既要理解气候变化对社会性的生产、生活造成的影响，又要反省社会的生产与生活对气候变化的作用，如对于气候变化风险的研究就是采用这种视角。

在环境政策研究方面，吉罗德等人研究了消费选择问题。他们认为，在减少温室气体排放方面，尤其是在缺乏有效的国际气候政策的条件下，在减缓全球气候压力的潜在因素中，消费选择的改变无疑是更有效的办法（Girod，van Vuuren & Hertwich，2014）。巴尔克利等学者探讨了气候公正问题，主张气候公正不能只是国际政治中的话题，也应该在城镇中得到实证研究的论证。他们通过对班加罗尔、香港、柏林、费城等五个城市气候的研究，揭示了对气候变化措施的实践折射出了气候正义的观念问题（Bulke-ley, Edwards & Fuller, 2014）。在气候变化的风险研究方面，经验研究的特征显得更为突出。奈尔斯等学者在对美国加利福尼亚州162户农户调查的基础上，检验了关于气候政策风险的假设，强调在研究气候风险反应时，应将其他社会经济政策、风险行为与农业行为的参与纳入未来的研究工作（Meredith T. Niles, Mark Lubell & Van R. Haden, 2013）。此外，还有一些学者如贝尔等，通过对拉丁美洲一些城市的化石燃料的使用对一些行业的影响的研究，分析了重度空气污染对该地区居民健康的影响问题（Michelle L. Bell, et al., 2005）。

其次，在自然灾害风险研究方面，一些学者主要侧重于社区与自然风险这两个方面。格雷戈瑞专注于社区的研究视角，通过对一些复杂因素和公共感知的干预性行为的研究，认为民政部门在对灾害信息的合并处理上，应当加强对社区的积极引导，这将有利于自然灾害治理工作的开展（Gregory, 1995）。佩顿（D. Paton）、萨加拉（S. Sagala）等学者通过对新西兰、马来西亚等国的社区文化研究，探讨了国家和灾害风险（地震、火山灾害等）的模型研究问题，进而有针对性地提出了公共危险策略的教育性问题，认为这将有助于人们在面对自然灾害风险时，增加社区的准备工作（Paton et al., 2010）。

再次，在核能研究方面，主要是关注核能的开发与利用对环境与社会所产生的影响，同时也从环境与社会的关系视角来评价核能开发带来的风险，以避免产生不必要的环境污染、环境损失及社会风险等问题。斯特凡等人通过对德国核电站的研究，指出由于核事故问题对社会产生的严重影响，德国应当加强研究逐步淘汰建设核电站的可能性分析，并建立相关的法律制度问题（Lechtenböhmer & Samadi, 2013）。斯里尼瓦桑等人研究了福岛核电站的核泄漏事件，提出在能源选择组合的背景下，需要可信的透明分析来保障核能的社会利益及如何应对其风险问题（Srinivasan & Rethinaraj, 2013）。

最后，在海洋与河流污染研究方面，各个海洋国家逐渐将海洋污染风险的研究提上日程。爱新克（K. Essink）等学者通过对荷兰瓦登海东部的观测研究，指出海洋污染引起的人口和自然环境之间的变化具有同步性特征，海洋污染物的排放是影响其变化的重要因素之一（Essink & Beukema, 1986）。

科卡索（Günay Kocasoy，1989）通过对土耳其滨海的游客的调查发现，每当高温季节由于游客的大量增加，污染物的排放造成了严重的海洋污染，进而影响人们的身体健康。

总体上看，近年来国外环境社会学的研究取得了一定的进展。一方面，在实践意义上，能够积极地应对环境问题的新变化、新特点，不断拓展其研究领域，保持了学术前沿与环境问题现实的同步性。另一方面，在理论研究上，对建构新理论的关注度呈下降趋势，而主要是在经验研究方面走向更加实证化与应用化方向。虽然也存在着一些站在宏观制度角度的理论分析，如探讨经济制度、社会制度与环境问题（如生态危机）等方面的研究，如福斯特（J. B. Foster，2002）关于生态危机与资本主义的论述，施奈伯格（A. Schnaiberg，1980）关于"生产的传动机制"层面的思考等。但其理论的解释力难以评定。

具体来看，一是加强了环境与社会的关系性研究，无论是在关系主义研究中还是在制度主义研究中，既深入地探讨了自然环境的变化与人类社会（生产、生活）的关系，也指出了这种关系的影响是双向性的。二是进一步分析了环境与社会的互动关系的同步性与脆弱性问题，指出了各种形态的环境风险的可能性在持续增加。三是加强了环境社会学研究的实践价值，如进行与社区、环境政策相关的研究等。

同时也应当看到，尽管我们从关系主义与制度主义的视角梳理了国外环境社会学的研究现状，但是这种梳理还不是很完善。从学科范式角度看，还有些问题值得我们思考。一方面，在上述梳理的研究中，专业的环境社会学学者还不多见，虽然他们的研究与社会性直接相关。另一方面，还有一些有关环境问题的研究也涉及社会生活的一些领域，但由于其社会性不易把握，导致其是否可归入环境社会学学科还难以定论。例如，兰格维尔德等人对气候变化影响城市污水处理的研究（Langeveld，Schilperoort & Weijers，2013）；辛普森等人对国家和地方在面临自然灾害的脆弱性时，应采取何种有效的政策的研究（Simpson & Human，2008）；马奎斯研究核电厂的放射性对周围环境的影响等问题（Marques，2014）。

这意味着环境社会学学科的范式尚处于一种不成熟的状态，仍面临着要解决好其解释框架与范式的统一性问题。如果一个学科对于范式的定位尚不清晰，不论其研究领域如何宽泛，其学科自身的学术价值就值得质疑。近年来美国环境社会学在社会学学科中的影响力呈下降趋势，这就可说明这一问题。关系主义与制度主义的理解，在一定意义上有助于我们把握环境社会学学科的基本特征。这一理解应当立足于迪尔凯姆的"用社会事实去解释社会事实"，这有助于确保环境社会学的研究领域不至于过于开放式地发散。

但这却引出了另一个问题，即在环境与社会的关系研究中，对于"社会"概念该如何把握。对此社会性是否是唯一的标准，这一标准是否会导致"泛社会性"的问题？我们过去的探讨只是关注"环境"概念，今天的研究却应当反思如何理解"社会"的含义。

三　可能的借鉴

总体上看，对于中国环境社会学的研究而言，如果我们关注从事于环境社会学学者的研究来看，在关系主义的视野中，具有代表性的研究如"环境关心的测量"（洪大用，2006）、"环境身份"（林兵、刘立波，2014）、"环境抗争的中国经验"（张玉林，2010）等，这些研究的社会学学科特征较为显著。而在制度主义的视野中，如前所述，其研究领域较为宽泛，但主要集中在海洋与河流污染（陈阿江，2000；王书明，2009；唐国建，2010）、气候变化（洪大用，2011）、环境风险（龚文娟，2014）等领域，这些研究具有一定的交叉性特征，且制度主义视野中的研究多以经验研究为主。但需要指出的是，目前我们对于"范式"研究的关注度不够，也少于宏观层面的探讨。

如果从借鉴的意义来看，一是要关注中国环境问题的新特点，如气候变化与空气污染问题、海洋及河流污染问题等，实质上都是一种复合型的环境问题，其产生往往是多因素影响的结果。这意味着单一的研究视角其解释力有限，还应当加强宏观制度层面的研究。虽然其表述形式上有些抽象，但从解释框架的意义上看，对目前研究领域的多元化状态会起到一定的规范与限定作用，即对经验研究领域有一定的制约作用。但是如何在宏观制度层面研究中，坚持社会学的方法论特征还有待明晰。二是对学科领域的拓展性研究要把握其边界问题。相较于邓拉普与卡顿早期对"研究主题"宽泛的界定，中国环境社会学的研究领域相对集中，尤其体现在制度主义的研究视野，这主要是因为中国环境问题的成因与制度性因素相关性较高。这使得其拓展性研究要注意不能无的放矢，既要立足于中国环境问题的现实性，也要遵循社会学的方法论原则。三是中国环境社会学应当有自己的理论解释框架，毕竟中国的环境问题在国情、影响因素及类型等方面有其独特性。简而言之，针对中国环境问题的事实，应当立足于经验研究，在此基础上去建构本土化的理论解释框架。

参考文献

F. H. 巴特尔，1987，《社会学和环境问题：人类生态学发展的道路》，《国际社会科学杂志》第 3 期。

托马斯·库恩，2003，《科学革命的结构》，北京大学出版社。

约翰·汉尼根，2009，《环境社会学》（第二版），洪大用等译，中国人民大学出版社。

Bastien Girod, Detlef Peter van Vuuren and Edgar G. Hertwich. 2014. "Climate policy through changing consumption choices: Options and obstacles for reducing greenhouse gas emissions". *Global Environmental Change* 25 (1): 5 – 15.

David M. Simpson and R. Josh Human. 2008. "Large – scale vulnerability assessments for natural hazards". *Natural Hazards* 47 (2): 143 – 155.

Douglas Paton, et al. 2010. "Making sense of natural hazard mitigation: Personal, social and cultural influences". *Environmental Hazards* 9 (2): 183 – 196.

F. H. Battel. 2010. "Environmental and Resource Sociology: Theoretical Issues and Opportunities for Synthesis". *Rural Sociology* 61 (1): 56 – 76.

Geoff Gregory. 1995. "Persuading the public to make better use of natural hazards information". *Prometheus* 13 (1): 61 – 71.

Günay Kocasoy. 1989. "The relationship between coastal tourism, sea pollution and public health: A case study from Turkey". *The Environmentalist* 9 (4): 245 – 251.

Harriet Bulkeley, Gareth A. S. Edwards and Sara Fuller. 2014. "Contesting climate justice in the city: Examining politics and practice in urban climate change experiments". *Global Environmental Change* 25 (2): 31 – 40.

Jan E. Stet and Chris F. Biga. 2003. "Bringing Identity Theory into Environmental Sociology". *Sociological Theory* 21 (4): 398 – 423.

J. G. Langeveld, R. P. S. Schilperoort and S. R. Weijers. 2013. "Climate change and urban wastewater infrastructure: There is more to explore". *Journal of Hydrology* 476 (2): 112 – 119.

J. G. Marques. 2014. "Environmental characteristics of the current Generation Ⅲ nuclear power plants". *Wiley Interdisciplinary Reviews Energy & Environment* 3 (2): 195 – 212.

K. Essink and J. J. Beukema. 1986. "Long – term changes in intertidal flat macrozoobenthos as an indicator of stress by organic pollution". *Hydrobiologia* 142 (1): 209 – 215.

Meredith T. Niles, Mark Lubell and Van R. Haden. 2013. "Perceptions and responses to climate policy risks among California farmers". *Global Environmental Change* 23 (6): 1752 – 1760.

Michelle L. Bell, et al. 2005. "The avoidable health effects of air pollution in three Latin American cities: Santiago, São Paulo, and Mexico City". *Environmental Research* 100 (3): 431 – 440.

Riley E. Dunlap. 2007. "Environmental Sociology". *21st Century Sociology: A Reference Handbook* 2: 329 – 340.

Riley E. Dunlap and Aaron M. Mccright. 2008. "Social Movement Identity: Validating a Measure of Identification with the Environmental Movement". *Social Science Quarterly* 89 (5): 1045 – 1065.

Riley E. Dunlap and William R. Catton. 1979. "Environmental Sociology". *Annual Review of Sociology* 5: 243 – 274.

S. Clayton. 2003. "Environmental identity: A Conceptual and An Operational Definition". In S. Clayton, S. Opotow, eds. *Identity and the Nature Environment: The Psychological Significance of Nature.* Massachusetts: MIT Press.

Stefan Lechtenböhmer and Sascha Samadi. 2013. "Blown by the wind. Replacing nuclear power in German electricity generation". *Environmental Science and Policy* 25 (1): 234 – 241.

T. N. Srinivasan, T. S. Gopi Rethinaraj. 2013. "Fukushima and thereafter: Reassessment of risks of nuclear power". *Energy Policy* 52 (1): 726 – 736.

W. Kempton and D. C. Holland. 2003. "Identity and Sustained Environmental Practice". In S. Clayton, S. Opotow, eds. *Identity and the natural environment: The psychological significance of nature.* Massachusetts: MIT Press.

"环境—社会"关系与中国
风格的社会学理论
——郑杭生生态环境思想探微[*]

童志峰[**]

摘　要： 在郑杭生具有中国风格的宏大社会学理论体系中，"环境—社会"关系始终处于整个理论框架的核心位置。通过对郑杭生社会学理论的重新检视，他的生态思想日渐清晰。首先，在西方主流学者排斥生态环境因素的背景下，郑杭生基于本土实践，创造性地提出了社会良性运行说的社会学定义，把生态因素纳入中国社会学研究的范畴。其次，郑杭生明确指出，生态环境因素是社会运行的重要条件，并对社会运行与环境的相互关系做出了提纲挈领的阐发。最后，在社会互构论的构建中，郑杭生从旧式现代性和新型现代性的理论视角，回答了国际生态环境危机和我国生态环境恶化的制度性根源。

关键词： 生态环境　郑杭生　社会运行　新型现代性

作为杰出的社会学家、社会理论家，郑杭生在其学术生涯中，持续发展了社会运行论、社会转型论、学科本土论、社会互构论和实践结构论（简称"五论"）等影响深远的具有中国特色的社会学理论。"五论"紧扣时代脉搏，与中国社会发展"同呼吸，共命运"；"五论"立足于本土实践，胸怀全球视野，"顶天立地"，是真正中国化的社会学理论。"五论"不但在

---

* 本文受到 2014 年国家社科基金一般项目"社会力量参与环境政策制定过程研究"（项目编号：14BSH133）、2015 年国家社科基金重点项目"郑杭生与中国社会学理论自觉研究"（项目编号：15ASH001）的资助。原文发表于《社会学评论》2017 年第 3 期。

** 童志峰，浙江财经大学法学院副教授。

中国社会学元理论和本理论层面具有原创性，而且对包括环境社会学在内的应用社会学学科发展也具有重要指导意义。在郑杭生宏大的社会学理论体系中，"环境—社会"关系始终处于整个理论框架的重要位置，也是在对"环境—社会"关系的阐发中，他的生态环境思想逐渐显现出来。郑杭生的生态思想不仅为环境社会学学科奠定了理论基础，而且为社会学理论体系的重构开启了新的可能。本文以管窥豹，从"环境—社会"关系的视角，分别探讨郑杭生的社会学学术定义、社会运行论、社会互构论中的生态环境思想。

一 "环境—社会"关系与郑杭生的社会学定义

任何学科发展都是特定历史背景和文化脉络下的产物。改革开放后，社会学作为一门需要"赶快补课"① 的学科，从基本研究范畴到学科体系构建也不可避免受到了特定时代社会思潮的影响。

（一）郑杭生社会学定义提出的中外学术背景

一方面，在社会学的理论体系构建中，西方主流社会学界对于自然环境问题并不重视，甚至拒斥；另一方面，在中国社会学恢复时期，大多数中国社会学家对于环境问题也不甚关注。

1. 西方主流社会学界对"环境—社会"关系问题的争论

由于时代的局限与社会科学发展的规律，在涂尔干、韦伯和马克思等经典社会学家的著作中，我们很少能够读到他们关于自然环境与社会相互关系的论述。比如，实证主义社会学集大成者、强调"用社会事实解释社会事实"的法国社会学家涂尔干，在方法论上已经把非社会事实的自然环境因素排除在他的理论体系之外。德国社会学家韦伯奠定了现代性的理论基础，但在他庞大的思想体系中，生态环境问题始终处于边缘地位。比较而言，马克思是经典社会学家中对于生态环境问题最为关注，并对自然与

---

① 1978 年 12 月，党的十一届三中全会重新确立了实事求是的思想路线，党的工作重心也转移到社会主义现代化建设上来。中国哲学社会科学事业伴随中国社会主义现代化新的征程，也进入一个新的发展时期。1979 年 3 月 30 日，邓小平在党的理论工作务虚会上发表了《坚持四项基本原则》的讲话，在第三部分"思想理论工作的任务"中指出，"政治学、法学、社会学以及世界政治的研究，我们过去多年忽视了，现在也需要赶快补课"。

社会关系有过系统阐述的学者。他的生态思想主要体现在有关"代谢断层"①的论述。这一思想是马克思在对资本主义农业进行批判的过程中提出来的。但非常遗憾的是，马克思的生态思想长期以来未曾受到后学的关注与重视。由于经典社会学家对于生态环境因素的整体忽视，在西方社会学界，环境因素一直难以进入传统社会学研究的中心。20世纪20年代以来，社会学的学术重镇逐渐从欧洲转移到美国，但受到经典社会学理论和方法论的影响，自然环境因素始终未能进入社会学的核心论域。20世纪60年代，结构功能主义代表人物、美国著名社会学家帕森斯，在他的宏大的社会学理论体系中，也未把生态环境因素作为社会学理论的核心要素。

20世纪70年代以来，围绕环境与社会的关系问题，一些具有不同学术背景的学者进行了反思。尤其是1978年，邓拉普与卡顿在《美国社会学家》上发表了题为《环境社会学：一种新范式》的论文，明确把忽视了环境因素的传统社会学理论定位为"人类例外范式"②，并有针对性地提出了"新环境范式"。新环境范式假设："第一，社会生活是由许多相互依存的生物群落构成的，人类只是众多物种中的一种；第二，复杂的因果关系及自然之网中的复杂反馈，常常使有目的的社会行动产生预料不到的后果；第三，世界是有限度的，因此，经济增长、社会进步以及其他社会现象，都存在自然的和生物学上的潜在限制。"（洪大用，2001：44）

为把环境因素带回社会学理论分析的中心，邓拉普等环境社会学家们进行了不懈的努力。这样的努力取得了一定的效果，但是并没有根本改变传统社会学理论的发展逻辑，甚至那个时代最为著名的社会学家贝尔、李普塞特和奈斯比特都对"生态限制"等问题不置可否，并撰文批判（洪大用，2001：46）。20世纪80年代，刚刚萌芽的环境社会学的发展受到了挫折，出现了萎缩，具体表现为美国社会学学会环境社会学分会的成员有所减少，研究经费减少，研究成果难以在主流社会学杂志上发表等。20世纪90年代之后，西方的环境社会学开始积蓄力量，希望在主流社会学界赢得

---

① 关于马克思"代谢断层"的思想可以参见李友梅、翁定军（2011）。

② 人类例外范式（human exceptionalism paradigm，HEP）的假设：第一，人类不同于其他动物，它是独一无二的，因为它有文化；第二，文化的发展与变迁是无限的，文化的变迁相对于生物特征的变化更为迅速；第三，人群的差异是由有文化的社会引起的，并非从来就有，而且这种差异可以通过社会加以改变，甚至消除；第四，文化的积累意味着进步可以无限制继续下去，并使所有的社会问题最终得以解决。参见洪大用（2001：44）。

一席之位。但时至今日，"新环境范式"并没有获得西方主流社会学界的接纳，仍然是一个小众学科，"人类例外范式"仍然主导着西方主流社会学家的思考。

2. 国内社会学的恢复重建及中国社会学研究范畴的学术定位

1979年，中断了27年的社会学学科面临恢复重建的局面。一方面，老一辈的社会学家发挥了重要的作用。比如以费孝通为会长的中国社会学研究会于1979年3月15日成立，老一辈的社会学家与热心社会学事业的老同志成为研究会的顾问。中国社会学研究会先后在天津南开大学召开了几期社会学讲习班，由彼特·布劳、林南、伯格等外籍专家与费孝通、吴文藻等国内老一辈社会学家共同授课，培育了不少有志于社会学教学与研究的青年学者，讲习班成员目前大都已经成为中国社会学的中坚力量。在高校社会学系（专业）建设和教材建设上，老一辈社会学家也起到了推波助澜的作用。另一方面，中国社会学恢复重建过程中，一批西方社会学教材和理论著作也被翻译，这些社会思潮对我国社会学产生了重要的影响。其中，美国学者戴维·波普诺的《社会学》（刘云德译）和刘易斯·科塞的《社会学导论》（杨心恒等译）对年轻的中国社会学影响较大（郑杭生、李迎生，1999：209～249）。除了南开班邀请的一些西方主流社会学家外，恢复重建中的各个高校也邀请了诸多海外学者到中国授课，传播他们的社会学思想。整体而言，中国老一辈社会学家与海外社会学家的思想观点对重新启航的中国社会学都发挥了重要影响。

在社会学恢复之初，社会学的研究对象问题是中国社会学无法回避的重大问题。在20世纪80年代，关于社会学的研究对象，除郑杭生的社会运行说，影响比较大的是费孝通的社会系统说和杨心恒的社会行为说。由费孝通主持和指导的《社会学概论》（试讲本）指出，"社会学是从变动着的社会系统的整体出发，通过人们的社会关系和社会行为来研究社会的结构、功能、发生、发展规律的一门综合性的社会科学"（郑杭生，1994：13）。这个观点侧重以社会为研究对象，尤其强调社会学是研究社会整体及其规律性的学科。杨心恒认为"社会学是研究人们的社会性行为规律的科学"（转引自郑杭生，1994：13），侧重以个人及其社会行为为研究对象。此外，吴铎则直接指出社会学的研究对象是社会关系。整体而言，早期参与社会学定义争论的社会学家们对中国社会学恢复做出了杰出的贡献，社会学呈现百花齐放、百家争鸣的状态。但是非常遗憾的是，有可能受到西方主流社会学思潮的影响，大多数的中国社会学家们在其社会学理论体系中，并没有特别关注生态环境因素的重要性。

（二）关注环境因素的社会运行定义

郑杭生于1981年年底奔赴英国布里斯托大学进修社会学和现代西方哲学，1983年年底回国。受中国人民大学之托，他于1984年10月筹建了中国人民大学社会学研究所，1987年7月组建了社会学系（李强，2013：1）。1985年7月29日，他在《光明日报》发表了题为《论马克思主义社会学的两种形态》的文章。次年，他在《社会学研究》创刊号上发表了《社会学对象问题新探》，深化其观点。他明确指出："社会学是关于现代社会运行和社会发展的条件与机制，特别是关于社会良性运行和协调发展的条件与机制的综合性具体社会科学"（郑杭生，2004）。

20世纪80年代，在西方主流社会学家都排斥环境因素的背景下，作为一个受过西方严格社会学和哲学学术训练的学者，从英国留学归国的郑杭生并没有唯西方主流社会学理论是从，尤其没有受到贝尔、李普塞特等排斥环境因素的社会学家的理论干扰，而是在自己独立思考的基础上，借鉴本土资源，提出了包容环境因素的社会学定义和社会运行理论。郑杭生的这一理论判断，超越了西方社会学理论的传统格局，开创了中国特色社会学理论的新前景，也为中国环境社会学的发展奠定了坚实基础。

社会学的研究对象是中国社会学重建时期需要解决的核心问题。当时有影响力的社会学家几乎都参与了这场论证。社会运行论、社会行为论、社会系统论、社会关系论、社会制度论、社会群体论等观点百花争艳，其中社会运行论最具有独创性，并且能够包容环境因素在内的社会学理论。

所谓社会运行，是指社会有机体各部分运作、发挥作用的过程。郑杭生指出，他的社会学定义受到了严复的"群学"定义以及中国传统的"治""乱"思想的影响，但不同的是，他更注重从社会运行的良性、中性和恶性三种状态研究现代社会运行和发展的条件和机制。而这一思考是与现代中国社会实践发展密不可分的。比如，李强（2013：3）就曾指出，社会运行是郑教授"经过长期的理论思考，经过对社会学史的考察、对我国社会主义建设实践的研究，特别是对我国'文化大革命'陷入恶性循环的反思"提出的。在对社会运行思考过程中，郑杭生自然也注意到了"大跃进""文化大革命"时期生态环境日益恶化的情形。换言之，社会运行定义的提出，本身就蕴含着郑杭生对中国生态发展的严肃思考。而这一开创性的研究自然也得到了学术界的赞誉。比如，王万俊（2013：22）这样评论道："在传统的社会学文献中，社会运行一词的使用并不多见。社会运行之所以成为当代中国社会学领域中的一个重要术语，首先应归功于郑杭生开创性的研究工作"。李强（2013：3）曾指出，社会运行观点"在我国社会学界影响较大，目前已成为一个重要的社会学流派。"

从"环境—社会"关系视角分析，郑杭生把社会学研究对象定位为社会运行的新观点，客观上使得中国社会学在恢复之初就自觉地把生态环境因素纳入社会学的研究范畴，也为中国环境社会学的未来发展奠定了坚实的学理基础。在第四届东亚环境社会学国际学术研讨会开幕式致辞上，郑杭生也对社会学定义与环境因素的关系做出了如下评述。

> 中国环境社会学的快速发展有着良好的学术环境和社会环境。中国社会学界对于社会学的理解和定义并不排斥对于环境因素的关注和研究。我曾经把社会学定义为"研究现代社会良性运行和协调发展的条件与机制的综合性具体社会科学"，其中，地理环境和资源因素是社会运行的重要条件。（郑杭生，2013）

二 "环境—社会"关系与郑杭生的社会运行论

关于生态环境因素与社会运行论的关系，郑杭生在《"环境—社会"关系与社会运行》一文中做了系统的阐述。该文中，郑杭生明确反对西方社会学理论发展过程中出现的两种极端倾向："一种倾向是忽略环境与社会的关系，把社会学看作只是研究社会现象的科学，忽视了环境因素对社会现象的影响；另一种倾向则是过分强调环境因素对社会的影响，比如说地理环境决定论。这两种倾向实际上都不利于正确理解环境与社会的适当关系，甚至也不利于理解社会运行与发展的规律。"（郑杭生，2007）郑杭生是从两个角度来论述生态环境与社会运行的关系的：一是生态环境对社会运行的影响，二是社会运行对生态环境的影响。

（一）生态环境对社会运行的影响

20 世纪 80 年代中期以来，郑杭生先后发表和出版了《社会学对象问题新探》（1987）、《社会指标理论研究》（1989）、《社会运行导论——有中国特色的社会学基本理论的一种探索》（1993）等文章与著作，深入系统地探讨了社会运行的定义、类型、条件、机制等问题，逐步形成了他的社会运行理论。

在《社会运行导论——有中国特色的社会学基本理论的一种探索》一书中，他明确指出，社会运行的条件主要包括人口、自然环境、经济、文化、社会心理等物质精神条件以及对中国社会运行产生特殊影响的内外两个条件，即转型时期和转型效应与迟发展社会和迟发展效应。他强调，人口条件和自然条件是社会运行的基础条件（郑杭生、李强，1993：103~104）。而对自然条件的论述，全书专门列了两个章节，分别是"人类与其生存环境的协调发展""生态环境保护的有效途径：对环境资源价格的科学核算"，可见早在改革开放初期，郑杭生就认识到了人类只有与社会协调发展，社会良性运行才具有可能性。在如何保护生态环境方面，他已经注意到了市场机制的重要性。近年来，随着北京雾霾的显性化，越来越多的学者才开始认识到生态环境保护的价值，而郑杭生凭借对于现代中国社会发展实践的历史性思考，不但把自然环境因素确立为社会运行的基础性条件，而且提出了有针对性的解决思路。

生态环境对社会运行具有怎样的影响呢？在《"环境—社会"关系与社会运行》一文中，郑杭生进行了如下总结。

> 在社会运行的视野中，一方面，特定的环境状况是社会运行的基础条件，没有这样的条件就谈不上社会系统的运行与发展，更别说良性运行和协调发展。正如环境社会学家 Riley Dunlap 曾经指出的，环境对于社会系统的运行和发展具有重要的功能，比如说为社会生产和生活提供资源的功能，处理人类活动之废弃物的功能，为人类提供居住和活动空间的功能，实际上还应该包括满足人类审美等精神需求的功能。如果环境状况恶化，不能发挥这些功能，势必影响到社会的良性运行与协调发展。（郑杭生，2007）

这段话具有如下几层含义。第一，生态环境是社会运行的基础。比如，1952年12月的伦敦烟雾，有1万多人因此而死亡。再比如，1935年4月美国遭受历史上罕见的尘暴袭击，价值数百万美元的良田被毁坏。诸如此类的环境公害都是由人类对环境的长期破坏导致的。而如果一个国家或地区出现了持续的生态环境破坏，社会自然谈不上良性运行。如果在一个国家或地区，自然环境优美，能够不断为社会创造适宜的地理生活空间和环境，这一地区的经济价值也会提升，就具备了社会良性运动的重要基础。第二，生态环境对社会运行具有重要功能。卡顿和邓拉普教授曾指出了"环境的三种竞争性功能"，即供应站、居住地和废物库（汉尼根，2009：19）。郑杭生没有刻意强调功能的竞争性，而是从生态环境自身对社会运行的功能的视角进行阐发。他在这三个功能之外，特别指出环境还具有人类审美等精神功能。

（二）社会运行对生态环境的影响

1991年，洪大用在博士学位论文的基础上出版了《社会变迁与环境问题——当代中国环境问题的社会学阐释》一书。在书中，他运用社会转型、社会过程等视角分析了当代中国环境问题。基于社会转型视角，洪大用强调当代中国社会转型凸显了环境问题，加剧了环境问题，加剧了环境管理的难度，也为改进和加强环境保护提供了新的可能（洪大用，2001：85～86）。而在社会转型视角的选择上，洪大用（2001：85）特别强调，"运用社会转型的视角分析和研究当代中国环境问题，主要是受我的导师郑杭生先生的影响"。

在该书的代序中，郑杭生提出了"环境与社会运行"关系的重要命题，即环境与社会是双重互动关系，我们既要重视生态环境在社会运行中的基础性作用，又要注重社会运行对生态环境的影响。他对洪大用的著作给予了充分肯定与赞誉。

> 本书的另一个重要特点是继承和发展了我所提出的"社会运行论"和"社会转型论"的思想。……大用的研究正好是关注特定社会结构与过程对于环境状况的影响，可以说是侧重探讨了环境与社会关系的另外一面，这就丰富了社会运行论的内涵。……大用的著作，创造性地运用了社会转型论，深入地探讨了社会转型的独特方面，即政府与社会关系的演化及其对于环境保护的意义。（洪大用，2001：代序）

在《"环境—社会"关系与社会运行》一文中，郑杭生对于社会运行对环境状况的影响已经有了更为深入的认识。他指出："人类社会的价值观、社会组织与制度安排，以及人类的行为模式等，都对环境系统产生影响，这种影响既可能加剧环境衰退，也可能促进环境治理，关键在于人类社会的适当调整。"（郑杭生，2007）这一认识对理解、剖析现代环境问题产生的原因提供了重要的窗口。比如，消费主义作为一种价值观，也作为一种人类行为方式，对生态环境会产生怎样的影响？艾伦·杜宁（1997：8）不无忧虑地指出，"我们可能正处于一个困惑之中——一个可能没有满意答案的问题，对于那些已得到了的人，限制消费型的生活方式政治上是不可能的、道义上是毋庸置疑的，或者生态上是不充足的。向所有的人推广这种生活方式，只会加速这个生物圈的毁灭。"当然，从价值观视角进一步思考，如果人类及时展开社会调适，从现在就开始倡导绿色生活方式，适度而不是过度消费，更多回归"过犹不及"的儒家传统文化，真正融入文化共同体、命运共同体，生态问题也就迎刃而解。

面对社会中日益严重的环境问题、环境危机，郑杭生（2007）指出："我们这个社会中协调环境与社会关系的种种努力还非常不足，我们这个社会对于环境状况的恶化还缺乏必要的、有效的应对举措。事实上，缓解环境问题，遏制环境状况的持续恶化，主动权在人类自身。我们必须通过一系列的社会运行机制的调整和变革，来促进环境与社会关系的协调。"具体而言，他是从建设市场机制、政府机制与社会机制三个视角展开论述的。第一，"要进一步建立和完善环境成本内部化机制。我国环境衰退的一个重要原因就是环境成本过于外部化"（郑杭生，2007）。环境成本外部化一般是指，一个行为产生的收益由环境污染排放方享有，而成本却由社会承担了。当前中国的很多企业排污屡禁不止，在很大程度上是由于排污成本过低，企业敢于再三铤而走险，环境成本内部化不失为一种解决办法。第二，"要进一步明确政府在环境保护中的职责，加大环境保护投入的力度，完善环境保护的投入机制"（郑杭生，2007）。发挥政府在环境保护中的主导作用，一是在于履行环保责任，二是在于加大投入。第三，"要进一步完善环境宣传和教育机制；进一步提高全体社会成员的环境意识，促进公众自觉地调整自己的行为，自觉地参与到环境保护工作中来"（郑杭生，2007）。郑杭生关于环境危机解决路径的思考在国家环境政策实践中也得到了回应。比如，2015年实施的《中共中央　国务院关于加快推进生态文明建设的意见》明确提出"充分发挥市场配置资源的决定性作用和更好发挥政府作用"，并从提高全民生态文明意识、鼓励公众积极参与等方面系统阐述了"加快形成推进生态文明建设的良好社会风尚"。这些政策的基本思路中的很多提法与郑杭生长期倡导的生态环境理念基本一致。

三 "环境—社会"关系与郑杭生的社会互构论

任何一个理论的形成都有其特定的时代背景，一个经得起历史检验的理论一定是对那个时代最重要的问题进行有价值的、有创造性回应的理论。恰如学者所言，"'社会运行论'形成于80年代初，当时中国刚刚迈开改革开放的步伐，总结'文化大革命'期间社会生活混乱无序、恶性运行的历史教训，寻求经济社会健康有序良性发展，不仅是党和政府面对的重大历史任务，也是中国学术界急需回答的历史课题"（刘少杰，2006）。世纪之交，中国社会转型迈向纵深，世界格局发生深刻变化，以郑杭生为学术带头人的社会运行学派在社会学元理论上有了新突破，社会互构论大体形成于这个时期。郑杭生是这样阐述社会互构论的：

> "社会互构论以个人与社会的关系问题在社会学中的基本的和核心的地位为基础，通过对当代中国个人与社会的关系问题的具体研究，着力理解和探讨了我国社会转型加速期人们的生活方式、社会关系结构和组织模式的转换和变迁，揭示和阐述了这一总体过程和重大现象的本质。由于社会互构论所集中探讨的这一问题在社会学理论、应用和经验实证研究中的重要地位，这一理论既是对以往社会学研究的融汇和聚纳，更是在这种基础上的凝练和提升。这一理论广泛而深入地涉及了社会学研究过程的知识与经验、理论与实际、历史与现实、全球与本土、世界与中国、社会与自然、个人与社会等等关系问题。"（郑杭生，2004）

社会互构论的重要合作提出者杨敏指出，"'社会互构论'的底蕴来自现代性的'不安息'。现代性就是没有'现在'，是不停地流动、转变、演替的。一旦驰入现代性的里程，整个社会生活就贯穿和体现了这一质性，不断形成新的问题。正因如此，社会与自然、个人与社会的关系问题，成为'社会互构论'的一组论题"（杨敏，2006）。

显然，社会与自然的关系问题是社会互构论的核心议题。那么，郑杭生是如何展开对这一问题的论述的呢？恰如学者指出的，社会互构论运用了一组新的概念范式，即旧式现代性和新型现代性来展开论题（杨发祥，2006）。而这也是理解郑杭生社会互构论中的生态环境思想的重要入口。

（一）两种现代性理论：旧式现代性与新型现代性

在关于现代性的论述中，郑杭生、杨敏清晰地指出了西方的现代性蕴含着无法化解的内在矛盾。他们指出："考察现代以来的西方思想和理论，可以看到深藏其中的一股西方文明的暗流——与自然抗衡的意念。这种意念形成了关于个人和社会的根深蒂固的眼光：人和社会的自然性意味着缺憾，是导致罪恶和堕落的根源。"（郑杭生、杨敏，2005）他们这样揭示西方现代性的冲突：唯有在西方现代性过程中，人与社会和自然的对立得到了最充分的发挥。首先，社会与自然的对抗是启蒙思想家为现代性提供的一个奠基性思想。其次，西方的现代性结束了人和社会的自在运行过程，在社会和自然之间划下了一条永久的鸿沟。再次，社会与自然的对立关系的逻辑延伸是个人与社会的对立，这也是启蒙学者为现代性提供的思想基础。启蒙运动之后，西方社会与自然对立的现代性如脱缰野马，一发不可收拾，在 20 世纪酿成大祸。因此，20 世纪也被称为"战争世纪""风险世纪""绿色惩罚的世纪"。比如，在这个世纪的最后 20 年，生态退化和环境衰竭使得所有的国家、民族、阶级和阶层无一例外面临着来自绿色的威胁。虽然在 20 世纪 80 年代，一些西方的学者如哈贝马斯、贝尔等也意识到了这种现代性的困境并试图构建新的理论超越这种二元对立，但西方资本主义发展的内在逻辑决定了这种二元对立的思想如果不能被系统地清理，是无法超越的。西方社会依然深陷社会与自然、个人与社会二元对立的泥潭之中（郑杭生、杨敏，2005）。当然，西方学者中也不乏智者，环境社会学家施耐伯格在《环境：从剩余到匮乏》一书中就对资本主义的政治经济制度进行了批判，认为环境危机源于资本主义的内在矛盾。他提出了"生产永动机"视角。所谓生产永动机，即资本主义经济体系会无视生态承载极限，不断创造对新产品的消费需求，以持续追逐利润。可悲的是，一旦资本主义经济体系开始运转，就会不断地进行自我强化。在这种自我强化机制中，"政客们对资本密集型经济增长所导致的环境衰退的反应是通过制定政策进一步鼓励经济扩张"（汉尼根，2009：20）。

正是基于对西方社会及其现代性的深刻理解，郑杭生、杨敏进一步指出，只有跳出西方现代性的发展逻辑，从第三世界的本土现代性中寻找理论资源，才有可能超越西方现代性的二元对立（郑杭生、杨敏，2005）。至此，旧式现代性和新型现代性的意涵"跃然纸上"。

所谓旧式现代性，是以征服自然、控制资源为中心，社会与自然不协调，个人与社会不和谐，自然和社会付出双重代价的现代性。旧式现代性的负面后果主要表现为"绿色惩罚"、对资源控制权力的争夺、价值尺度的扭曲、伦理准则的变形，以及风险景象的日益普遍等。新型现代性则是指以人为本，人和自然双盛、人和社会"双赢"，两者关系协调和谐，并把自然代价和社会代价减少到最低限度的现代性（郑杭生、杨敏，2005）。新型现代性有如下三个方面的含义。第一，新型现代性是对西方现代性的优点和弊端的扬弃；第二，新型现代性的文明预设、人为工程在制定和设计上，应当促进现代性内在冲突（社会与自然的对抗、个人与社会的紧张关系）的化解；第三，新型现代性的实践应当使上述问题具体化为现代社会生活的主要特征（郑杭生、杨敏，2005）。显然，以掠夺资源为核心的西方现代性是一种旧式现代性。

新型现代性理论的提出，超越了西方现代性的二元对立，奠定了社会互构论的理论基石。社会互构论是社会运行论和社会转型论的延续与发展，也是在当代中国社会学理论体系中，对社会与自然关系进行过系统论述的宏大理论。回溯郑杭生的学术历程，可以清晰地看到，从社会学定义中对社会运行自然条件的关注到社会运行和社会转型论中对社会运行与生态环境关系的阐发，再到社会互构论中对社会与自然关系的元理论的思考，郑杭生的生态环境思想已经形成体系，并完美地融合到他的社会学理论体系中。如果延续郑杭生的新型现代性理论中的生态环境思想，我们完全可以这样理解，西方资本主义旧式现代性把自然看作社会的对立面，并对自然无节制地豪取掠夺，只会使得环境危机愈演愈烈，而"人和自然双盛""人与自然双赢"的新型现代性是指引世界走出环境危机的思想基石。社会互构论、新旧现代性理论，为理解生态环境问题提供了强大的理论武器，也为中国的环境社会学理论构建提出了新的课题。

（二）两种现代性理论的应用：对中国社会发展的理解

两种现代性理论不仅是在社会学元理论基础上的理论提炼，也是在社会学本理论上的经验概括。郑杭生认为，从初级发展到科学发展是我国改革开放30年来的基本轨迹，其中前20年是沿着初级发展的路径前行的。而发展初级性是一种与旧式现代性相联系的发展，体现为社会与自然的对立（郑杭生，2009）。

1. 初级发展与旧式现代性

郑杭生指出，20 世纪末是我国初级发展向科学发展转型的时间点。初级发展表现为旧式现代性的发展路径。无论是发展的目标、发展的手段、用于发展的资源、参与发展的主要方面的关系还是发展的结果都是初级的。比如，在"用于发展的资源是初级的"讨论中，他提出：

> "后 30 年我们用于发展的主要资源，一是土地，用它来实现城市化、现代化；二是廉价劳动力，用它来降低成本，增加对外出口的竞争力；三是自然资源的过度开采和使用，出现不少资源枯竭型的城市；四是生态环境的代价，空气污染、水污染、沙漠化等已经非常严重。土地、廉价劳动力、自然资源、生态环境，这些都是发展的初级资源，它们不是无限的，而是有限的。这样使用初级资源，向自然界过度索取，是不可持续的，终有一天将无以为继。"（郑杭生，2009）

郑杭生关于初级发展的论述，对理解中国经济社会发展具有重要的理论价值。一方面，肯定了中国经济社会发展的成就，但是也深刻地指出，这一成就是付出了巨大的代价的，比如自然资源和生态资源的过度使用。同时，发展是具有阶段性的，21 世纪之前的改革还处于旧式现代性的牢笼之中。另一方面，也提供了从旧式现代性的内在困境理解中国日益严重的生态危机的可能视角。

2. 警惕社会发展中的"类发展困境"

所谓类发展困境，是指总体发展顺境中的"发展困境"，具体而言，就是发展起来了，但不少方面的发展的实际结果与发展的预定目标正好相反。郑杭生指出，我国的"类发展困境"现象，突出地表现在生态环境的优化与恶化上。本来发展的目标是改善生态环境，但是发展的结果却呈现恰恰相反的趋势。"类发展困境"下的生态危机有多严重呢？他是这样描述的：

> "我们面临的大气污染、水污染、噪声污染、农药污染、生活垃圾污染、公共场所污染、工业垃圾污染、海域污染、绿化不足、森林植被破坏、荒漠化面积扩大、风沙灾害肆虐、野生动植物减少、耕地减少和质量下降等等生态环境问题，除少数大力投入的地区外，恶化的形势没有得到有效的遏制。中国生态环境状况的恶化，已经造成多方

51

面的消极后果，并成为制约现代化建设的最主要因素之一。"（郑杭生，2002）

3. 新型现代性与科学发展观

20世纪与21世纪的交替期间，旧式现代性已经进入明显的危机时期。中国也从初级发展阶段迈向科学发展阶段。2003年，科学发展观正式提出，并被写入党章。科学发展观是坚持以人为本，全面、协调、可持续的发展观，旨在促进经济社会协调发展和人的全面发展。其中，可持续就要求统筹人与自然和谐发展，处理好经济建设、人口增长与资源利用、生态环境保护的关系，推动整个社会走上生产发展、生活富裕、生态良好的文明发展道路。在郑杭生的理论体系中，科学发展实际上是新型现代性的另一种表述形式。他这样说道："科学发展和新型现代性两者是非常吻合的：两者都主张'以人为本'，都主张双赢互利，都主张协调和谐，都主张减缩代价；只是两者的表述不同，科学发展在表述上更注重对实践的指导；新型现代性则更注重学术的提炼和感悟。"（郑杭生，2009）

新型现代性、科学发展、协调发展显然在指导中国社会发展的经验研究方面也具有重要的理论价值。郑杭生曾把中国经验概括为中央经验、地方经验与基层经验三个层次。他在这些层面上都对环境与社会或者自然与社会的关系进行过研究与思考。比如，对于和谐社会基本内涵的理解上，也体现出了他的"人与自然和谐"的新型现代性思想。他指出"对于当代中国来说，和谐社会就是经济和社会、城市和乡村、东中西部不同区域、人和自然、国内发展和对外开放等关系良性互动和协调发展的社会。"（郑杭生，2005）又如，在对杭州临安农村生态建设实践研究中，他提出了"临安经验""临安模式"。他明确主张经济发展与环境保护是可以实现"双赢"的。他指出："临安经验"已经开始尝试将"农村社区经济发展的'富裕'诉求和环境保护的'美丽'诉求整合在一起，构建二者互生共赢、协同共进的双赢格局。"（郑杭生、张本效，2013）

四 总结

在《试谈扩展社会学的传统界限》一文中，费孝通指出，中国古代的"天人合一"的理念，即"天"和"人"是统一的、息息相关的，人的行为在"天"的基本原则中，天会随人的行做出各种反应。社会学中的"社会"和"自然"的关系与此类似，"人"和"自然"是合一的，作为人类存在方式的"社会"，也是"自然"的表现形式，"社会"和"自然"是合一的。但是，19世纪末20世纪初，西方文化中的人与自然对立、社会与自然对立的思想对中国思想界产生了巨大影响，表现在中国社会学领域，"则不太习惯于把人、社会、自然放到一个统一的系统中来看待，而是常常自觉不自觉地把人、社会视为两个独立的、完整的领域，忽视社会和自然之间的包容关系"（费孝通，2004）。作为国内较早把环境因素纳入社会体系的社会学家，郑杭生通过对西方社会学的批判和反思，以及对中国文化中的合理成分的汲取，对"环境—社会"关系进行了框架性的思考，这也使得他的社会运行论、社会互构论等理论超越了西方的"社会"与"自然"二元对立，拓展了传统社会学的视界。

郑杭生的生态环境思想具有重要的理论价值，尤其是对中国环境社会学和中国社会学理论构建具有指导意义。本文抛砖引玉，重点指出了郑杭生的三大贡献。一是在20世纪80年代社会学恢复建设期，郑杭生立足于本土，吸收中外优秀的社会学理论成果的基础上，从社会运行的视角界定社会学，使得生态环境因素得以被纳入中国主流社会学研究视野。二是郑杭生领衔的社会运行学派，明确把自然资源作为社会运行的基础性条件。同时，也对社会运行与生态环境之间的相互作用进行了框架构建。三是21世纪初，郑杭生、杨敏在社会互构论中对于旧式现代性和新型现代性理论的阐发，精确定位了全球生态危机的体制性根源，并运用两种现代性理论分析了中国从初级发展到科学发展的运行轨迹，揭示了我国当前生态环境危机的原因，并为我国生态发展指明了道路。

参考文献

艾伦·杜宁，1997，《多少算够——消费社会与地球的未来》，吉林人民出版社。

费孝通，2004，《试谈扩展社会学的传统界限》，《思想战线》第5期。

洪大用，2001，《社会变迁与环境问题——当代中国环境问题的社会学阐释》，首都师范大学出版社。

李强，2013，《郑杭生教授的学术发展（小传）》，载郑杭生主编《社会运行学派成长历程，郑杭生社会学思想述评文选》，中国人民大学出版社。

李友梅、翁定军编译，2001，《马克思关于"代谢断层"的理论》，《思想战线》第

2 期。

刘少杰，2006，《建构中国社会学理论的新形态》，《甘肃社会科学》第 3 期。

王万俊，2013，《中国特色社会学的开创性研究——郑杭生先生的社会学理论简析》，载郑杭生主编《社会运行学派成长历程，郑杭生社会学思想述评文选》，中国人民大学出版社。

杨发祥，2006，《中国特色社会学理论的建构历程及其内在关联》，《河北学刊》第 1 期。

杨敏，2006，《社会学的时代感、实践感与全球视野——郑杭生与"中国特色社会学理论"的兴起》，《甘肃社会科学》第 3 期。

约翰·汉尼根，2009，《环境社会学》，中国人民大学出版社。

郑杭生，1994，《社会学概论新修》，中国人民大学出版社。

郑杭生，2002，《警惕"类发展困境"——社会学视野下我国社会稳定面临的新形势》，《中国特色社会主义研究》第 3 期。

郑杭生，2004，《中国社会的巨大变化与中国社会学的坚实进展——以社会运行论、社会转型论、学科本土论和社会互构论为例》，《江苏社会科学》第 5 期。

郑杭生，2005，《和谐社会与新型现代性》，《学会》第 4 期。

郑杭生，2007，《"环境—社会"关系与社会运行》，《甘肃社会科学》第 1 期。

郑杭生，2009，《改革开放三十年——社会发展理论和社会转型理论》，《中国社会科学》第 2 期。

郑杭生，2013，《迎接亚洲的时代——第四届东亚环境社会学国际学术研讨会开幕式上的致辞》，北京郑杭生社会发展基金会网站，http://www.zhssf.org/a/jigoudongtai/2013/1121/655.html，2013 年 11 月 2 日。

郑杭生、李强等，1993，《社会运行导论——有中国特色的社会学基本理论的一种探索》，中国人民大学出版社。

郑杭生、李迎生，1999，《二十世纪中国的社会学》，党建读物出版社。

郑杭生、杨敏，2005，《两种类型的现代性与两种类型的社会学——现代性与社会学的全球之旅》，《福州大学学报》（社会科学版）第 1 期。

郑杭生、张本效，2013，《绿色家园 富丽山村的深刻内涵——农村生态建设实践的社会学研究》，《学习与实践》第 6 期。

迈向行动的环境社会学

——基于反思社会学的视角[*]

陈占江[**]

摘　要： 本文以反思社会学为视角，从"环境社会学为何"与"环境社会学何为"两个维度重新检视环境社会学的价值关怀、学科品格、研究伦理和方法论取向。分析发现，环境社会学是一门以环境正义为价值关怀、以实践性为基本品格的社会学分支学科，而本体论和认识论中主客二分的前提预设却从根本上阻挡、抑制着环境正义和实践品格的彰显，学科的内部合法性和外部合法性危机由此产生。因此，重构环境社会学的内部合法性和外部合法性的根本之路在于，从本体论和认识论双重维度探寻能够在经验层面实现学科旨趣、体现学科关怀、彰显学科品格的研究方法或路径。以正义和进步为价值基础、以互为主体性为前提预设的行动研究，为超越环境社会学的合法性危机提供了一种现实可能。

关键词： 环境社会学　反思社会学　合法性　行动研究

一　引言

1970 年，美国社会学家阿尔文·古尔德纳（A. Gouldner）出版了"警世醒言"式的著作《正在到来的西方社会学危机》（*The Coming Crisis of Western Sociology*）。该书指出，20 世纪 60 年代以降，包括美国在内的西方

---

　*　本文为教育部人文社会科学研究青年项目"环境健康风险的公众认知及其形塑机制研究"（项目编号：13YJC840004）的阶段性成果。原文发表于《社会学研究》2017 年第 3 期。
　**　陈占江，浙江师范大学法政学院副教授。

国家不断涌现的社会冲突和社会运动从根本上挑战和摒弃了深植于古典社会学中的"秩序"和"进步"的理论预设与知识承诺。与此同时，西方许多高校的社会学专业注册人数大幅度下降，社会学研究经费日益削减，社会学家的公众形象和社会声望大不如前。社会学内部的自我认同和学科共识、社会学外部的他者认同和学科形象均陷入了前所未有的危机。值社会学危机"正在到来"之际，美国、英国、德国、日本等发达国家在经济高速增长过程中所累积的环境问题也骤然全面、集中地爆发，这使得环境问题一跃成为社会学研究的重要议题。正是在这一背景下，环境社会学从社会学这一母体中脱胎而生。在历经70年代雄心勃勃的初创时期、80年代歧路彷徨的过渡时期之后，环境社会学似乎于80年代末特别是90年代后进入了柳暗花明的发展阶段（洪大用，1999）。国际性、区域性以及不同国家的环境社会学专业学术协会先后成立，环境社会学研究论文发表和著作出版的数量显著增长，教育教学在高校渐居一席之地，社会接受度和外部影响力有所提升。尽管如此，环境社会学依然处于主流社会学的边陲地位，多元范式的冲突、学科边界的模糊、方法论的危机等在根本上动摇着这门新兴学科的合法性基础（汉尼根，2009：12~13）。

作为一门分支学科，环境社会学不言而喻地带有社会学危机的一般特征。面对社会学危机，古尔德纳提出应建立一种"反思社会学"（reflexive sociology）作为因应之道。古氏之后，伯格（B. Berger）、布尔迪厄、吉登斯、贝克等学者对反思社会学进一步扩展。整体而言，反思社会学倡导对知识生产的具体主体、前提条件和全部过程进行批判性分析，旨在揭示研究主体与研究客体之间隐秘存在的权力机制，并在二者之间重建"互为主体性"的平等关系，以此激活与重构社会学的内部合法性与外部合法性。布尔迪厄甚至认为，作为一种自我指涉的批判性思维，反思社会学应当成为社会学认识论的根本性向度和社会学研究必不可少的先决条件（布尔迪厄、康华德，2015：91）。环境社会学自然亦不例外。在全球环境问题日趋严峻而环境社会学总体上不能及时有效地回应环境危机、介入环境治理的情势下，也许环境社会学比一般社会学所面临的合法性危机更加强烈。在这个意义上，以反思社会学为视角重新回答"环境社会学为何"与"环境社会学何为"这两个元问题显得尤为紧要和迫切。前一问题关涉环境社会学的研究对象、学科品格、知识旨趣和价值关怀；后一问题关心的则是环境社会学因循何种路径实现其知识旨趣、彰显其学科品格、体现其价值关怀。二者在内外两个向度构成了环境社会学的合法性源泉。本文通过回答上述两个问题，以期澄清环境社会学合法性危机的病理，并在此基础上探寻因应和超越之道。

二 规范性关怀与实践性品格

环境社会学是一门边界模糊、饱含争议的学科。从研究对象、方法论到学科定位、理论范式，环境社会学在激烈的内部分歧中衍生出不同的学术脉络、学科流派或话语体系。在持续不断的学术纷争中，环境社会学的价值关怀、学科品格等基础性问题却长期处于学科内部论辩的边缘和模糊地带，甚至被悬置不论。这不仅遮蔽了其潜在的合法性危机，而且有碍于学科合法性的建构或重构。因为一门学科的价值关怀和基本品格是决定其方法论立场和具体方法，并最终建构或形塑学科合法性的前提条件。基于此，对环境社会学的反思首先应从其价值关怀和学科品格出发。本文对二者的反思将因循历史和经验主义的途径（英克尔斯，1981：1～2）展开，在社会学和环境社会学的双重脉络中寻根溯源。

（一）环境正义：环境社会学的规范性关怀

众所周知，社会学诞生于西方现代性降临之际。18、19世纪发生的法国大革命、英国工业革命引发了欧洲社会的严重断裂和急剧转型。剧烈的社会变革所引发的政治、经济、社会和文化等总体性危机成了社会学的助产士。哈贝马斯（2004：4～5）据此认为，社会学是一门危机学，关注的首要问题是传统社会制度消亡和现代社会制度形成过程中所引发的失范或危机。重新创设一个公正与自由的社会秩序因此成为古典社会学的核心关怀。涂尔干认为，现代社会最重要的任务并不是财富的创造，而是推展正义，以减除因不平等带来的弊病。"如果社会能够尽己所能，努力——而且应该努力——去把外在的不平等状态消除掉，这不只是因为这项事业本身是高尚的，而且也因为它解决了岌岌可危的生存问题"（涂尔干，2000：339）。马克思以揭示资本主义现代性内生的不平等机制并唤起深受这一机制压迫的无产阶级觉醒和行动为知识旨趣和终身志业。马克斯·韦伯的著作则更多地关注理性化及其后果。他似乎不像涂尔干、马克思那样有着强烈的正义关怀，但其著作的字里行间仍渗透着对阶层封闭、社会冲突、政党竞争与科层制运作中存在的不公正的批判。尽管每位古典社会学家的政

57

治倾向、方法论取向各有差异，对于现代性问题的切入点、侧重点彼此不同，但几乎都将正义视为社会秩序、制度或行为的价值基础（王小章，2006：306~310；王建民，2011）。古典社会学的传统因 20 世纪初期欧洲两次世界大战而发生断裂，社会学的中心从欧洲转向美国。这一传统断裂和空间转移标志着古典社会学的终结和现代社会学的兴起（周晓虹，2002）。从古典转向现代之后，对于社会学的目的，对社会学自身应被视为对克服和纠正社会不公正的知识实践的承诺，或是由精英们来完成的正统的知识训练这些截然相反的基本见解，使社会学的内部分歧日趋加大（费根，2002）。古典社会学将社会正义作为价值关怀的传统一度被以帕森斯为代表的宏大叙事和以拉扎斯菲尔德（P. Lazarsfeld）为代表的抽象经验主义消解。在工具实证主义的强势话语下，"价值"作为"科学"的敌人经历了被遗忘和放逐。不难理解，诞生于这一语境中的环境社会学总是力图隐匿其价值关怀。然而，正是环境社会学承继了以正义为价值关怀的社会学传统（纪骏杰，1996）。

毫无疑问，研究议题的选择最终取决于研究者的价值取向，然而任何学科都"无法回避价值判断"（费根，2002）。20 世纪 60 年代以来，发达工业国家在创造经济奇迹的同时日益陷入了难以摆脱的环境危机。环境危机直接威胁到经济的永续发展与居民的生命健康，引发了公众对环境问题的高度关注，民众甚至以游行、示威、抗议和有组织的环境运动等方式表达不满。1962 年，美国学者蕾切尔·卡森（R. Carson）出版的《寂静的春天》一书将视角转向这场史无前例的"巨变"。1972 年，英国、意大利等国家的三十余名学者和实业家组成的罗马俱乐部发表研究报告《增长的极限》，表达了对永续发展的忧虑和对环境污染问题的关切（米都斯等，1983）。在此背景下，以卡顿和邓拉普为代表的美国学者开始批判传统社会学将"社会"与"自然"二元分割及其对环境问题的长期忽视，并开始有意识地建构一门环境社会学（environmental sociology）（Catton & Dunlap，1978）。环境破坏所引发的人与自然之间的不正义成为早期美国环境社会学的价值关怀。在环境社会学的发展过程中，环境问题所隐含的人与人之间的不正义引起越来越多的关注。这从美国以及欧洲、东亚诸国环境社会学的议题设置便可窥见一斑。

美国环境社会学的研究议题主要包括环境意识与环境行为、环境抗争与环境运动、科技风险与风险评估、生态衰退与资源危机、工业污染与废弃物处置等。在欧洲，受"绿党"这一政治力量崛起的影响，绝大部分早期的环境社会学著作围绕环境主义和环境运动展开，关注的核心问题是"环境问题何以产生与环境治理何以可能"。与美国、欧洲诸国一样，日本、韩国、中国等国环境社会学的兴起与其国内的生态环境危机有着必然联系。日本环境社会学围绕产业公害、交通公害、药害、食品公害、城市生活型公害、气候变暖、沙漠化、热带雨林破坏、核能源、废弃物与矿产资源枯竭公害等问题展开研究，形成了受益圈/受害圈理论、受害结构论、生活环境主义、社会两难论、公害输出论等理论（包智明，2010）。韩国环境社会学围绕工业污染、核污染、城市垃圾处理、环境冲突等问题展开了研究。中国环境问题的显著化时期发生在 20 世纪 80 年代以后，学者主要围绕城市/乡村污染、生态退化与移民、环境意识与环境行为、环境风险与健康、环境抗争与环境保护、气候变化与空气质量等议题进行了研究。

世界各国政治社会文化背景不尽相同，环境社会学的议题设置亦存在时空差异，但揭示内在于环境问题之中的社会不公平或重建环境正义都成了各国研究者的共同追求。美国环境社会学家迈克尔·贝尔（M. Bell）指出，社会学对环境问题研究最根本的贡献之一即指出了社会不公平的关键作用（贝尔，2010）。一方面，环境问题造成的影响在人类社会中不公平地分布着；另一方面，社会的不公平性深深地植根于环境问题的肇因之中。从某种意义上说，环境问题所蕴含的社会不公平这一客观事实已成为环境社会学理论建构的逻辑起点。在环境社会学不断发展的三十多年间，诸如人类生态学、政治经济学、社会建构论、批判真实主义、生态现代化论、风险社会论、环境正义论、行动者—网络理论等理论范式纷纷出笼。围绕环境社会学的三大核心议题，即环境问题的社会原因、社会影响以及社会反应行动（洪大用，2014），上述理论范式展开了富有竞争性的对话。应当看到，环境社会学不同理论范式之间所存在的差异是相互竞争的前提，而对话的基础则在于共享某一价值预设。事实上，在环境社会学理论演进的历史脉络中，环境正义作为一种价值观越来越得到强调和张扬。

在晚近的学科发展中，环境正义作为环境社会学的规范性关怀日益凸显。作为涵括环境公平和环境公正的概念，环境正义包括人与自然之间和人与人之间的正义，主张自然有免于被人类破坏的自由以及所有人免于遭受环境侵害的权利和自由，自然资源的开发、分配和利用应遵循平等公正的原则，环境破坏的责任与环境治理的义务相对称（纪骏杰，1996）。从学科的规范性关怀出发，环境社会学首先关注的是"谁"应该对环境问题负有更多责任。由"环境责任"又派生出两个问题："谁"更多地受到了环境问题的侵害，"谁"在某些环境政策中更多地受益（潘敏、卫俊，2007）。在环境问题的成因、环境危害与风险的分配、环境抗争/运动的发生、环境政策的实践等环境社会学核心议题的研究中，环境正义既是起点也是归宿。尤其在自然资源逐渐匮乏、环境风险日益增多、环境危害日趋深重、环境运动快速发展、区域性环境问题与全球性环境问题复杂交织的今天，环境正义更应成为环境社会学的规范性关怀。舍去这一关怀，环境社会学的研究者很可能沦为美国社会学家米尔斯（2001）所批判的"国王的幕僚""老板的雇工"或"脱离实际的思想家"。所谓的"价值中立"宣称，实则是一种"蓄意的虚构"（布尔迪厄、华康德，2015：51），为回避问题的根本、转移民众视线、制造社会伤害披上一层合法化外衣。需要强调的是，环境正义作为环境社会学的价值关怀是由研究问题的抉择所决定的，在索解问题的过程中应尽力避免包括正义在内的任何价值取向的渗透和卷入。

（二）实践性品格：环境社会学的学科特质

严格说来，一门真正的社会科学必须拥有明确的研究对象、终极的价值关怀、稳健的知识旨趣以及鲜明的学科品格，而一门学科的基本品格则是由该学科的研究对象、知识旨趣和价值关怀共同铸就的。作为确立一门学科的前提，环境社会学在研究对象上至今尚未形成统一的论断。环境社会学研究对象之争催生出两大主要流派：一种流派的观点认为，环境社会学是一门研究环境与社会间互动关系的学问；另一种流派的观点则认为，环境社会学是一门以社会学理论和方法研究环境问题的学科。

第一种观点最早的提出者是美国环境社会学的奠基者卡顿和邓拉普。他二人试图以"新生态范式"（new ecological paradigm）超越社会学的主流范式"人类例外范式"（human exceptionalism paradigm），主张将人类视为全球生态系统中相互依赖的众多物种之一，而非将之视为独立于自然之外的"社会物种"。卡顿和邓拉普旨在创立一门基于"新环境范式"的、以环境与社会互动为中心的环境社会学，甚至怀抱推动整个社会学"范式转换"的雄心宏愿。然而，自然属性的物理性变量与社会属性的人类能否以及如何发生互动始终悬而未决。更为紧要的是，以环境与社会之间的关系为研究对象模糊了环境社会学与环境经济学、环境政治学、环境伦理学等学科之间的界限，环境社会学的学科独立性无法形成（吕涛，2004）。第二种观点认为，环境社会学是一门以"环境问题"为中心议题、以社会学理论和方法论为基础的社会学分支学科（鸟越皓之，2009：10～11；吕涛，2004）。在日本学者饭岛伸子（1995：5）看来，所谓"环境问题"即"人类的、为了人类的、由于人类的"行为的结果所导致的自然的、物理的、化学的环境的变化或恶化，给人类自身带来了各种各样不良的影响。从这一概念界定来看，"环境问题"是人类行为所产生的"飞去来器效应"，"社会"既是环境问题的制造者亦是环境问题的受害者。第二种观点承继了传统社会学的"人类例外范式"，将"社会"置于环境社会学研究的中心地位。与第一种观点不同的是，第二种观点不仅明确了环境社会学的研究对象和学科定位，而且赋予了环境社会学将环境正义作为价值关怀的应然性和必然性。环境社会学成为一门处于诊断治疗（diagnosis）和病症预测（prognosis）张力地带的学科（吉登斯，2003：18）。

正如哈贝马斯（2015）指出的，每一门科学皆以各自的旨趣引导着知识生产。作为诊断学和治疗学的环境社会学亦莫能外。巴特尔的考察发现，环境社会学自20世纪70年代以来，在知识旨趣上实现了重要转变，从识别引发持续性环境衰退和破坏危机的某个关键因素，转向揭示促进环境改革或改进的最有效的机制（Buttel，2003）。这一重大转向标志着环境社会学的知识旨趣从纯粹的认知迈向了现实的实践。贝尔（2010：2）则径直宣称环境社会学的最终任务是寻求解决社会与生态冲突的方案。日本环境社会学会在其章程中将环境社会学的旨趣明确定位为"对问题的解决做出贡献"，试图将之建立为旨在解决环境问题的"行动的社会学"，而非仅仅对社会现象进行解释的"旁观者的社会学"（饭岛伸子，1999：2）。在学术与社会的互动中，西方与东亚的环境社会学的实践性品格越来越被张扬和强调。基于中国语境，洪大用（2014）认为环境社会学是一门实践性的科学，其最终目的应是更加科学、更加有效地推进或改善环境治理实践。陈阿江（2015）认为环境社会学存在两种取向：认知论与行动论。"认知论"强调对基础社会事实或规律的认识，关注"是什么"和"为什么"；而"行动论"的重心则是"怎么办"，即如何参与政策研究、制定、执行，以及教育、组织动员等，"行动论"关心的是知识的实践问题。从认识论的角度看，认知论与行动论是此岸与彼岸的关系。"人的思维是否具有客观的真理性，这并不是一个理论问题，而是一个实践问题，人应该在实践中证明自己思维的真理性即自己思维的现实性和力量，亦即自己思维的此岸性"（马克思、恩格斯，1995：16）。在这个意义上，认知论的最终指向是实践。

综上所述，环境社会学是一门具有正义关怀和实践性品格的学科。必须强调的是，本文所谓的"实践性"是指环境社会学应从具体的历史和现实出发，研究环境问题的复杂性、多样性、变动性抑或因果机制，其最终旨趣是推动环境状况的改善或环境问题的解决。这一旨趣内在于知识生产的科学逻辑和整个过程，独立于权力、资本、意识形态等因素之外，迥异于形形色色的实用主义。进一步来说，研究议题的特殊性决定了环境社会学不仅以揭示环境问题的发生机理、演变机制、危害表征、社会反应等为认知旨趣，而且隐含着在认知旨趣基础上寻求环境问题解决方案的实践意图。若无解决现实问题的实践旨趣，环境社会学无疑将沦为象牙塔内的学术游戏。当环境问题所蕴含的正义缺席，学术与社会亦无法形成良性互动，环境社会学的外部合法性也就无法铸就。应当看到，西方和东亚诸国的环境社会学在一定程度上已彰显实践性品格，但在崇奉经世致用的中国，这一学术品格却处于隐而不彰的状态。自19世纪末西学东渐始，中国社会学即被赋予鲜明的实践性品格。"群学何？用科学之律令，察民群之变端，以明既往，测未来也。肆言何？发专科之旨趣，究功用之所施，而示之以所以治之方也"（严复，1986：126）。中国社会学的最终旨趣是为现实社会寻求"治之方"，而兴于环境危机的中国环境社会学尚未将实践性熔铸于学科品格之中（洪大用，2017）。

三 伦理性困境与方法论危机

以环境正义为终极关怀、以实践性为学科品格的环境社会学在发展过程中始终面临着两大难题：一是在学科建制上完成对研究对象独特性、研究方法有效性的论证，并在学科共同体内达成共识；二是在相对封闭的学科共同体与开放多元的外部世界之间寻求实现环境正义的现实路径。前者是环境社会学内部合法性的基石，后者是环境社会学外部合法性的根基，二者之间具有高度的同构性。然而，环境社会学在本体论和方法论上所沿袭的笛卡尔式二分思维成为学科合法性危机终难避免的深渊。身体与心灵、知性与感性、主体与客体、自在与自为的二元对立在伦理向度上预设了研究主体与研究客体之间是一种单向度的权力/利益关系，在方法论上制造了实证主义与理解主义的二元分立。本体论和方法论中的二元分立将环境社会学置入伦理性困境和方法论危机之中。

（一）真善之间：环境社会学的伦理性困境

毋庸置疑，任何研究都是在一定的经济条件、社会环境和政治背景中进行的。相比于自然科学和一般社会科学，环境社会学研究受到的外部约束更为明显。除文献研究外，环境社会学研究的资料一般是通过介入研究客体的生活世界，以问卷、访谈、实验、观察等方法收集获得的。易言之，环境社会学研究一般是在研究主体与研究客体的现实互动中进行的。在互动过程中，研究主体与研究客体之间因经济收入、受教育程度、职业声望以及社会地位的差异形成了某种隐秘的权力关系。这种隐秘的权力关系外化为研究主体与研究客体之间所形成的表述与被表述的关系。在"话语即权力"的表述政治中，这种单向度的权力关系为利益转换提供了空间和可能。一方面，研究主体并非曼海姆（K. Mannheim）所设想的超然于阶级利益或群体利益的"自由漂浮的知识分子"，学术研究实际上是其获得和累积经济资本、社会资本、象征资本乃至权力资本的基本途径；另一方面，在"客观性"近乎成为主流意识形态的学术场域中，如何实现学术研究的客观性是研究者无法回避的问题。在客观性与现实利益之间，伦理问题横亘其中。

在包括环境社会学在内的社会学领域，研究主体与研究客体之间的伦理关系长期被有意无意地忽略了。自社会学诞生以降，实证主义与理解主义、主观主义与客观主义的二元纷争历久不衰。这些争论围绕"客观性何以可能"这一问题展开，而伦理问题却成为论争的盲区。应当说，真正将伦理问题拉回争议中心的是反思社会学。反思社会学主张对研究主体在知识场域与社会空间中所处的位置以及研究主体与研究客体之间的关系进行分析。透过这层分析，在触及隐匿于研究主体与研究客体之间的权力结构和研究主体自我正当化的策略时，对研究伦理有着更为深入的反思。由于主客体的二元对立，伦理规范与伦理实践并不具有现实逻辑的统一性。在规范层面，研究伦理要求研究者在追求研究内在科学性的同时应考虑研究的外部性，即研究是否会对研究客体造成伤害以及如何最大限度地避免伤害、惠及研究客体。研究主体与研究客体之间是一种平等互惠的关系而非单向度的支配与索取关系。在实践中，真正的平等互惠关系往往难以形成。

众所周知，研究主体与研究客体之间保持一种态度上的平等尊重的关系或许不难做到，但真正的平等尊重必须建立在知情同意和公平回报这两大伦理原则之上。所谓知情同意，即研究客体有权被告知研究者个人及其所在机构的基本信息、该研究的目的和研究成果的去向。知情同意原则要求研究客体不受身体或心理上的强制，其同意须建立在全面、公开的信息基础而非完全欺骗或选择性欺骗的结果之上。作为理性人，研究客体在知情的基础上是否同意接受研究者的调查必然涉及双方之间的某种"交换"，即研究客体从研究过程和研究结果中能够得到什么。如果这项研究不能给研究客体带来现实或预期的益处，则可能遭到拒绝。为了取得研究客体的配合，研究者根据研究经费的多寡给予对方一定的象征性报酬，或通过人情、面子、关系、权力等社会资源取得对方的配合。对于身处环境危机中的"难民"来说，他们真正关心的或许是研究者能否通过研究推动环境问题的解决，而非廉价的物质补偿或精神抚慰；在某种外部压力下所做出的配合很可能是虚与委蛇的应付，而非真诚的合作。

为了研究能够成功开展，隐匿研究者的真实身份或真正意图而进入研究客体生活世界的现象屡见不鲜。其原因在于知情同意与公平回报之间本身即存在一定的冲突。如果研究者遵循知情同意原则却无能力给予相应的公平回报，研究客体很可能拒绝接受调查，致使研究归于流产。研究无法进行，研究者即无法从研究成果中获得利益（比如发表论文、获得学位、晋升职称、赢得学术声望等）。为了实现某种可欲的现实利益，研究者有时会主动或被迫地选择放弃遵循知情同意和公平回报的伦理原则。研究主体从中获取利益，而研究客体非但没有得到相应回报，反而很可能被研究主体所"利用"（陈向明，2000：439）。如果说研究过程与研究成果分别是研究的"后台"和"前台"，我们看到研究前台的同时往往无法深入后台。这样，不仅仅是伦理问题被遮蔽，还会引发知识生产的合法性危机。

应当说，上述伦理困境是社会学和环境社会学所共同面临的。然而，相比于社会学，环境社会学所面临的伦理困境也许更加严峻和突出。社会学是一门对人类行为与社会系统进行科学研究的学问，而环境社会学则是研究环境问题之社会原因、社会影响和社会反应的一门分支学科（洪大用，2014，2017）。环境社会学研究对象的特殊性决定了环境正义在研究过程中不仅仅是一种价值关怀，更应是一种伦理规范。这就意味着，环境社会学者在求真意志的驱动下执着于客观事实呈现和客观规律揭示的同时，更应考量研究过程和研究结果能否给研究客体带来某种可欲和可致的"善"，即环境问题的解决或改善；否则，环境社会学的价值关怀和实践品格将无从体现。在此意义上，跨越真善之间的对立是环境社会学的价值关怀和实践品格的内在要求。然而，环境社会学本体论和认识论中的二元分立却使研究者陷入了真善之间的两难困境，尤其是研究主体与研究客体之间的不平等关系本身，亦对以环境正义为价值关怀的环境社会学构成了有力的反讽。在现实中，也许每位环境社会学者都可能有着与费孝通类似的经历，即遇到研究客体诘问研究主体所进行的研究能否改善他们的生存处境。为了化解这一困境，费孝通（1980）反对"为知识而知识，为学术而学术"的立场，主张经世致用的学术取向。即便如此，"经世致用"的学术取向如何具体落实到环境社会学的研究实践中，依然是一个有待讨论的方法论问题。

（二）名实之间：环境社会学的方法论危机

在19世纪中叶至20世纪初的西方社会科学建制化进程中，学科初创的首要任务就是从方法论的角度论证知识生产的合法性。在当时，客观性几乎成为合法性的同义语。古典社会学家的理论取向各不相同甚至相互对立，但对知识的客观性追求却同声相和（王小章，2006：32～35）。然而，在"客观性何以可能"，亦即以何方法实现知识的客观性这一问题上，社会学内部发生了深刻分歧。19世纪自然科学所取得的神话般的成就给人以强烈的暗示：一种普遍适用的方法可能而且必须统治整个科学领域，只有使用这种方法得出的结论才有资格被称为有效的真理。作为方法和世界观的"自然主义"要求统领所有生活和思想领域（韦伯，2014：246）。在这种时代氛围之下，"社会学之父"孔德将社会学研究方法纳入"自然主义"的范畴，试图为这门新生的学科寻找合法性依据。然而正如笛卡尔所认为的那样，自然与社会、物质与精神、物理世界与精神世界之间存在根本的差异。这种二元差异使得狄尔泰（W. Dilthey）、李凯尔特（H. Rickert）等新康德主义者确信社会科学不同于自然科学，在研究方法上应摆脱自然主义认识论模式的宰制。在方法论上，实证主义传统和理解主义传统形成了双峰并峙的格局。

历史经验表明，一个学科的真正确立不能只是依赖教条，其权威性亦非源自一人或一派，而是基于普遍接受的方法和真理（华勒斯坦等，1999：13）。研究对象的多元性、学科边界的模糊性、方法论的二元性在社会学内部制造出难以弥合的裂痕。然而，无可否认的是，不论是实证主义还是理解主义都以"客观性"为社会学的合法性基础。客观性具有双重含义：一是指与真理相联系的知识的客观性，二是保证它得以实现的方法或认知方式的客观性。知识生产的客观性准则要求研究主体、过程和结果完全排除主观的、情感的、价值的因素，按客体本来的面目加以真实的描述（吴小英，1999）。在研究过程中，实证主义抑或理解主义无不主张价值中立，反对研究主体将自我的主观情感、价值偏好、政治取向等渗透到研究过程之中。价值中立原则一个隐含的预设，即研究主体只要将"价值"悬置起来就可达至或保障研究结果的客观性。这一预设的逻辑错误在于，社会学研究是研究主体与研究客体双向互动的过程，研究客体是活生生的"社会人"，而非毫无反应的"自然物"。研究主体与研究客体的共同在场和现实互动不可避免地渗透着主观因素，所谓的"客观性"最终会沦为方法论层面的幻象。在此意义上，社会学方法论陷入了自身无法摆脱的危机。方法论危机的本质与其说在于宏观与微观、客观与主观、科学与人文等二元对立所制造的内部分裂，毋宁是研究方法在"自我宣称"的合法性与研究结果的有效性之间的悖反。

作为社会学的分支学科，环境社会学的方法论危机似乎是"与生俱来"的。以实证主义为方法论的调查研究和以理解主义为方法论的实地研究是环境社会学领域收集资料最为基本、最为常用的两种方法。对于测量公众或某一社群生态意识、环境关心、环境价值观的方法，问卷调查几乎是不二之选。在此议题上，西方学者创制的"生态态度和知识量表"（ecological attitudes and knowledge scale）、"环境关心量表"（environmental concern scale）、"新环境范式量表"（new environmental paradigm scale）等被广泛采用。在上述量表被广泛采用的过程中，围绕其测量效度的质疑声不绝于耳。查特吉（Chatterjee，2008）指出，量表在不同经济发展水平、政治文化背景的国家或地区不具有同一效度。量表的创制者试图通过改进项目构成、调整言语措辞以增强其普适性和有效性，这种努力仍未能缓解问卷调查的有效性危机。环境行为是环境社会学研究的另一个重要议题，在研究方法上大都选择了问卷调查，着重探讨自我报告的环境行为及其影响因素。问题在于，自我报告行为是研究客体对已实施行为的回顾，而研究客体有可能为了迎合某种社会期望或主流规范而做出与实际行为有所出入的回答（彭远春，2013）。问卷调查的有效性建立在研究客体自我报告时态度诚实这一基础之上，但这一前提预设忽略了人类"心理二重区域"普遍存在这一基本事实。人类的心理存在两个区域：一是可以对外公开的区域，二是不对外公开的、保密的区域。无疑，"心理二重区域"在一定程度上影响问卷调查的有效性（李强，2000）。

在环境政策与环境治理、环境抗争与环境运动、环境传播等"过程性"议题上，研究者一般倾向于进入田野，以参与观察和深度访谈等方法收集资料。相比于问卷调查，实地研究通常会更加深入、持久地介入研究客体的生活世界。其结果是实地研究必然会对研究客体的日常生活和社会行为产生不同程度的影响，而研究主体与研究客体的互动效应则不同程度地消解研究结果的客观性。一般而言，参与观察和深度访谈在研究主体与研究客体之间构建了一种"看"与"被看"、"问"与"被问"的单向度关系，研究主体扮演着发起者、控制者和评判者的三重角色（黄盈盈、潘绥铭，2009）。进而言之，观察和访谈是研究主体基于自身的知识结构、科学思维、生活体验甚至价值偏好对研究客体所做出的符合逻辑的资料收集过程。在此过程中，表述的道德正当性和行为的利益化取向在一定程度上影响研究客体"自我呈现"的真实性和完整性。尤其应注意的是，真正形塑日常生活和社会行为的"默会知识"（tacit knowledge）是一种只可意会不可言传的非逻辑化、非系统化、非清晰化的内隐性知识。默会知识隐秘而模糊的存在对研究主体构成了未被意识的限制。深植于研究主体心智结构之中的唯智主义偏见（intellectualist bias）诱使其把世界看作一个旁观的场景（spectacle）、一系列有待解释的意指符号（significations），集体无意识地以理论逻辑肢解、阉割或嫁接研究客体的实践逻辑（布尔迪厄、华康德，2015：40）。因此，研究主体在捕捉、把握和诠释研究客体赋予行动和话语的"意义"时，事实、表述与诠释之间存在着某种程度的背离或紧张。

上文讨论的环境社会学方法论危机均系沿袭社会学研究而产生，这种"沿袭"在很大程度上体现了环境社会学缺乏应有的学科自觉。环境社会学所研究的对象——环境问题——包括三个层面：物质世界的真实状态、技术测量所呈现的状态以及社会感知的状态（陈阿江，2016）。这种有别于社会事实的环境问题显然无法通过传统的社会学方法予以客观有效地描述和揭示。描述物质世界的真实状态和技术测量所呈现的状态需要借助自然科学的手段或方法，而描述社会感知的状态则需要跨越主客体的二元对立。在某种意义上，环境社会学围绕环境问题所展开的真实主义与建构主义之争即折射出了学科方法论所面临的危机。

四　行动研究与学科合法性重构

毋庸讳言，环境社会学在处于"不成熟"状态的同时又深陷伦理性困境和方法论危机，而伦理性困境和方法论危机则分别在外部合法性和内部合法性两个向度上蕴含着学科的合法性危机。不无遗憾的是，深深困扰环境社会学的合法性危机始终未能引起应有的反思和检讨。这种"学术无意识"与母学科浓郁的危机意识形成了鲜明的反差，在根本上制约着环境社会学的良性发展。对于以环境正义为终极关怀、以实践性为学科品格的环境社会学而言，重铸其内部合法性和外部合法性的根本之途在于，从伦理和方法论双重维度探寻在经验层面能够实现学科旨趣、体现学科关怀、彰显学科品格的研究方法或路径。

（一）行动研究：超越二元对立的新范式

寻根究底，环境社会学的合法性危机肇源于社会学根深蒂固的主体与客体、主观与客观、微观与宏观、行动与结构、实证主义与理解主义等二元论思维模式。长期统御社会学的二元论自 20 世纪 60 年代以降愈益遭到深刻反思和有力挑战，而埃利亚斯、布尔迪厄、吉登斯等人的学术贡献最为引人瞩目。埃利亚斯以过程、事件、关系、形态和长时段为核心概念的过程社会学（process sociology），尝试以动态的关系主义视角化解行动与结构、主体与客体之间的紧张（郑震，2014：127～145）。在埃氏那里，历史事件是过程社会学的分析对象，但埃氏对"当下性"实践却未置一词。如同埃氏坚持关系主义方法论一样，布尔迪厄认为，个人与社会、行动与结构互相建构并动态地形塑着社会实践。实践的紧迫性、模糊性和总体性宣告了方法论上的个体主义、整体主义和情境主义的破产。问题在于，布氏始终未能找到一种面向实践状态的社会现象的研究途径（孙立平，2002；黄宗智，2005）。吉登斯同样认为根深蒂固的二元论思维有碍于社会学对"社会"的正确理解，尝试从概念上把"二元论"重新建构为"二重性"，以"结构二重性"突破结构与行动、主体与客体的分立模式。即使以"双重解释学"取代传统社会学的"单向解释学"，结构化理论最终仍未找寻到突破主体与客体二元对立的具体方法（吉登斯，2016）。

有如悲情的西西弗斯，试图超越二元论的社会学家更多的是从抽象理论的层次建构新的方法论立场，而未能成功地在经验层面探索出一种行之有效的研究方法或路径。更为紧要的是，埃利亚斯的过程社会学、布尔迪厄的实践社会学抑或吉登斯的结构化理论无不是在认识论和方法论层面重构研究主体与研究客体的关系，却遮蔽了隐匿其间的伦理关系。事实上，研究伦理和方法论内在且统一于研究主体与研究客体的关系形态之中。这一有意无意的"遮蔽"不仅在很大程度上折射出研究主体视域中伦理维度的缺席，而且在学术与社会之间构筑了一道难以触摸的隐形屏障。在社会压力下，国际科学共同体将尊重、受益和公平确立为研究伦理的三个基本原则，以此来缓解研究主体与研究客体的紧张关系，为学术营造宽松的外部环境。然而，研究伦理表面上是保护研究客体，实则是研究主体的自我保护策略（克里斯琴斯，2007：152）。即使如此，在具体的研究实践中，伦理原则的切实遵循和贯彻往往也是名实分离或有折扣。之所以如此，在布尔迪厄等看来，"主要根源就在于，它与它的研究对象之间有着不加控制的关系，而社会科学还往往将这种关系投射到对象身上"（布尔迪厄、华康德，2015：91）。布尔迪厄等指出，社会学必须对社会的疾苦、悲惨的境遇、难以明言的不满或怨恨进行考察，在此基础上寻求实现社会正义的方案（布尔迪厄、华康德，2015）。这是内在于社会学的伦理要求，亦是社会学合法性的源泉。那么，在研究方法和操作层面上如何实现或实践这一旨趣？反思社会学切中了问题的要害，却似乎止步于方法论层次。

某种程度上，滥觞于 20 世纪 40 年代的行动研究（action research）在方法和技术层面实现了对二元论的超越。20 世纪 40 年代美国社会心理学家勒温（K. Lewin）在对不同种族之间的人际关系进行研究时，尝试性地将犹太人和黑人既作为研究对象又鼓励他们以研究者的姿态对自身的境遇进行反思。勒温将这种结合了实践者智慧和能力的研究称为"行动研究"。自此以后，行动研究被广泛运用于社会科学的各个领域，尤其是教育、组织、社区、发展、医疗、种族、阶级等的研究。在 70 余年的演变历程中，行动研究的内涵、类型、方法、技术等愈益丰富和扩展。从知识社会学的角度来看，行动研究分为两种类型：一是在让研究以知识的力量参与行动实践的前提下，由包括研究主体和研究客体在内的相互参与的多元主体共同围绕实践行动来生产知识；二是法国社会学家图海纳（A. Touraine）所提出的"行动社会学"，其关注的核心议题是社会如何被行动建构，研究本身又是如何形成社会干预力量并促成重构社会的可能（郑庆杰，2011）。学术界在行动研究的定义上言人人殊、莫衷一是，但对其基本特征和价值理念却无根本分歧。

长期统御社会学的笛卡尔主义将身体与心灵、实践与反思、科学与行动予以分离，其结果在肢解社会世界整体属性的同时亦切割了学术与社会的有机联结。为了弥补笛卡尔主义所造成的缺憾，行动研究主张将学术研究与社会行动、研究主体与研究客体、知识生产与社会实践结合起来，试图以此改变现有的社会制度和系统、摆脱社会压迫、消除社会不平等、实现公平正义的社会理想。易言之，行动研究是"由共同合作的专业研究人员在知识的生产和应用中——以增加社会变迁的公平、健康和自主为目标——对研究的效度和研究结果的价值进行检验的研究"（格林伍德、勒温，2007：100）。在行动研究中，研究主体和研究客体共同合作，定义目标、构建研究问题、学习研究技巧、汇聚知识和努力、实施研究、解释结果，用得到的知识来促进积极的社会变迁。在此意义上，行动研究将逻辑的真、道德实践的善和生活取向的美统一起来（陈向明，2000：453）。可以说，在伦理层面，行动研究走出了传统社会学研究范式所存在的真善之间的实践困境；在方法和技术层面，亦最大限度地化解了形式合法性与结果有效性之间的紧张。某种意义上，行动研究弥合了传统社会学在合法性宣称与合法性实践之间的裂痕，"可以带来传统的社会科学曾经许诺的有效的知识、理论的发展，以及社会的进步"（格林伍德、勒温，2007：93）。

（二）范式转换：环境社会学的合法性重构

如前所述，在本体论和方法论上沿袭母学科二元对立模式的环境社会学既难以通过知识生产增促环境正义的实现，亦无法完成研究方法的有效性论证。环境社会学的内部合法性和外部合法性所遭遇的危机在社会深刻变革和环境危机加剧的过程中日益凸显。与社会学其他分支学科一样，环境问题的严峻性、紧迫性、人为性以及蕴含其中的不公正性决定了环境社会学必须在相对封闭的学科共同体与开放多元的社会之间及时寻求环境正义的可行性路径。作为跨越实证主义和理解主义鸿沟的行动研究似乎是彰显环境社会学关怀、品格和旨趣，有益于学科合法性重构的现实之选。一方面，可通过行动研究重建大学与社会的关系（格林伍德、勒温，2007：91），以此来提升环境社会学的外部合法性；另一方面，可借行动研究超越实证主义与理解主义的方法论之争，汇聚学科共同体的内部认同。对环境社会学而言，行动研究的引入意味着学科既有范式的突破和转换。

1. 从二元论到互构论：方法论转换

作为一门以环境问题为研究对象的学科，环境社会学在学科本体上陷入了真实主义与建构主义的激烈分歧。真实主义假定自然科学所提供的环境知识必然是真实、客观和可靠的，环境问题是一种客观实在；建构主义则试图打破科学理性的垄断，认为环境问题是被社会、政治、文化等多种力量"定义为不可接受的、有危险的，并由此参与创造了所认知的'危机状况'"（汉尼根，2009：30）。真实主义与建构主义的学科本体之争是主/客二元对立模式的余绪和环境社会学内部合法性危机的表征之一。然而，真实主义与建构主义忽略了一个基本事实，即大多数环境问题既是一个客观实在也是社会建构的产物。客观与建构之间存在的张力地带为环境社会学实现其价值关怀提供了现实空间。众所周知，无论在世界体系中还是在民族国家内，客观的环境问题所造成的危害在不同地区、不同阶层、不同社群中不平等地分布着。然而，并非所有客观的环境问题都能被正确识别、完整呈现。相反，一部分环境问题被遮蔽、淡化、否认抑或"选择性呈现"，而另一部分环境问题则可能被放大甚至进入政治议程的优先序列。正如贝克（2004：26）所言："风险与危机的存在和分配主要是通过论证来传递的。"在这个意义上，环境社会学在本体论上应超越真实主义与建构主义的虚假对立，在客观呈现和参与建构的过程中将那些超出人们日常感知却又客观存在的环境问题，将那些无名者和失语者所面临却又被遮蔽的环境问题拉进公众视野和政策议程。

环境社会学在学科本体上从二元论迈向互构论，意味着方法论必须进行相应的转换。无论是实证主义还是理解主义的方法论，都建基于研究主体是研究客体的外部观察者和合法解释者这一前提。而事实上，"只靠直观观察无法抓住最根本的社会关系及其文化场域的版图"（图海纳，2008：124）。调查研究和实地研究大都依赖研究客体的自我报告，而自我报告即使出于真诚也仅仅且只能限于可以表达的话语意识，对于研究客体在社会生活和具体行动中无须明言即知道如何"进行"的实践意识，抑或超出其日常理性、知识结构的环境风险，则无从触及和把握。以互为主体性为前提预设的行动研究在一定程度上化解了环境社会学既有方法论的有效性危机。在行动研究中，研究主体不再是环境问题的消极"旁观者"，而是积极的"介入者"；不再是环境问题的单一诠释者，而是与研究客体共同构成了知识生产主体。在介入研究客体生活世界和社会行动的过程中，研究主体

71

与研究客体相互合作、共同在场，平等参与研究问题抉择、研究目标设定以及研究结果应用。通过行动研究，可以揭开被研究客体自我遮蔽或隐秘地支配研究客体意识与行为的社会机制，以对话（dialogue）的方式捕捉研究客体难以言明的实践意识，经由参与、介入、干预、观察、对话等"过程性"研究方式逐渐逼近对研究客体的意识与行为的总体性理解。相比于传统的研究方法，以行动研究为方法对某一社群的生态意识、环境关心、环境价值观进行测量，抑或对环境政策与环境治理、环境抗争与环境运动、环境传播等"过程性"议题予以研究似乎更具有效性，在一定程度上能够填补科学理性与社会理性各自的"认知盲区"。

2. 从阐释者到行动者：研究主体的角色转换

英国社会学家鲍曼指出，随着现代国家的不断理性化，知识分子的角色逐渐从立法者沦为阐释者。立法者角色具有对意见纠纷做出仲裁与抉择的合法权威，而阐释者角色则是对某一共同体传统话语对外做出阐释并期待能被理解。现代知识分子的角色转变标志着其社会影响力和权威地位已被极大地消解或贬黜（鲍曼，2000：1~8）。古典时期的知识分子几乎都是知识文化重大领域的先驱，而作为现代知识分子的社会学家业已退却到当代社会科学的边缘地带，其形象和声望大为衰落。吉登斯（2003：48~54）视之为社会学危机的重要表征之一。他同时还指出，社会学与社会政策或改革实践之间长期疏离，甚至存在一定程度的反实践倾向，使得社会学无法获得更多的社会认同。

鲍曼、吉登斯所提到的令人悲观的情势在环境社会学领域或许更为严峻。这门学科似乎难以对"知识是为了谁"（knowledge for whom）与"知识是为了什么"（knowledge for what）这两个决定其基本特质的问题做出清晰、准确的回答（布洛维，2007：20）。毋庸讳言，在环境突发性事件爆发及其引发的社会冲突、公共舆论中，环境社会学者几乎处于集体失语的状态；在推动环境维权、参与环境运动、介入环境政策制定、推进环境治理等方面，环境社会学者的表现更是不佳。环境社会学在发展过程中似乎遗忘了环境正义这一价值关怀和实践性品格，而囿于环境问题的阐释者角色。马克思批评哲学家"只是用不同的方式解释世界"而无志于"改变世界"（马克思、恩格斯，1995：61）。作为一门实践性学科，环境社会学兼具解释世界和改造世界的双重使命。事实上，解释世界和改造世界不是两个分裂或有先后秩序的过程，而是具有逻辑上的统一性。作为双重使命的承担者，环境社会学者的角色应从外在于研究客体的阐释者转变为介入研究客体生活世界的行动者。这一角色转变是实现解释世界与改造世界有机统一的内在要求，而行动研究则是承载这一转变的具体路径。所谓的"行动者"，显然不是指弃绝"阐释者"这一角色而转向环境治理、环境保护、环境运动等具体实践的行动主体，而是在积极介入和干预环境问题及其引发的社会行为、政策实践之中进行研究的学者。

通过行动研究，环境社会学将概念和理论不断地融入所要分析的"主题"之中，以构建和重建新的"主题"，在研究者、决策者和受研究问题影响的社群之间建立有效的"对话"模式（吉登斯，2003：48~54）。以此言之，行动研究是一种学术与社会抑或知识再生产与社会再生产之间的联结机制，通过介入环境治理、环境维权、环境保护、环境启蒙等实践，为研究客体增权、赋权、培力，为政策制定及其落实提供相应智力资源，实现知识生产与知识应用、解释世界与改造世界的有机融合以及研究主体与研究客体的真正平等和公正。从学科的价值关怀和基本品格的角度出发，行动研究不仅是环境社会学的内在要求，而且是环境社会学者的道德责任（李时载，2014）。在行动研究中，研究者完成了从阐释者到行动者的角色转变。对环境社会学者而言，角色转变不啻为一场深刻的革命，一种"深刻的重生"（费雷勒，2003：94）。

五 结语

在现代社会科学体系中，环境社会学无疑是一名根基尚未稳定的"新丁"。在不到40年的发展历程中，环境社会学在内部合法性和外部合法性双重危机的困扰中筚路蓝缕。其内部合法性危机源于学科共识的阙如，而外部合法性危机则是学术与社会疏离和失调的结果。二者同源于环境社会学在本体论和方法论上的主客二分。二分式前提预设决定了这门学科的价值关怀、基本品格、知识承诺难以在实践中彰显或实现。然而，既已存在的危机或部分被遮蔽，或部分被意识到却未引起应有的重视。从反思社会学的视角对深植于环境社会学的前提预设、知识承诺、方法论立场和研究方法中的学术无意识进行深入反思和批判，其目的显然不是试图解构或否定环境社会学的合法性，而是在澄明合法性危机的基础上探寻因应之道。面对环境社会学危机，"我们必须认真思考过去的研究实践所受到的种种批评，并建立起更加实在的多元主义和普遍主义结构"（华勒斯坦等，1997：100），以"开放社会科学"的态度予以回应。我们认为，以正义和进步为价值基础，以互为主体性为前提预设，通过参与、介入、干预社会行动并在其中观察、对话的行动研究为重构环境社会学合法性提供了某种可能。

事实上，在国际环境社会学领域，行动研究已悄然萌动。然而，二元论思维模式依然桎梏着行动研究的扩展。在学科共同体内部，行动研究远未占据主流地位，亦未形成共识。鉴于此，我们主张环境社会学应突破学科传统范式的束缚，迈向行动研究。这种主张并非出于学者个体的道德激情或方法论偏好，而是一种基于对环境社会学的价值关怀、学科品格、知识承诺与既有的方法论、具体的研究方法之间的矛盾和张力的深入反思所做的学理判断，更是一种基于"建设性反思批判精神"（郑杭生，2008）所做的现实抉择。迈向行动研究绝不意味着试图彻底否定既有研究范式或方法的合理性，更不是意欲赋予行动研究某种道德优越性或政治正确性。因为任何范式都有其限度和边界，一旦取得话语霸权不免沦为"方法论拜物教"，并最终成为学科发展的障碍。正如韦伯（2013：72～73）所告诫的那样，"只有通过阐明和解决实在的问题，科学才有基础，它的方法才能继续发展"，而"方法论始终只能是对在实践中得到检验的手段的反思"。本文的旨趣在于通过倡导行动研究来激活环境社会学的学科自觉和想象力，重构环境社会学的合法性基础。对中国环境社会学而言，"迈向行动"更是积极参与生态文明建设、绘就美丽中国宏伟画卷的时代要求和历史使命。

参考文献

包智明，2010，《环境问题研究的社会学理论》，《学海》第 2 期。

齐格蒙·鲍曼，2000，《立法者与阐释者》，洪涛译，上海人民出版社。

迈克尔·贝尔，2010，《环境社会学的邀请》（第 3 版），昌敦虎译，北京大学出版社。

乌尔里希·贝克，2004，《风险社会》，何博闻译，译林出版社。

布尔迪厄、华康德，2015，《反思社会学导引》，李猛、李康译，商务印书馆。

麦克·布洛维，2007，《公共社会学》，沈原等译，社会科学文献出版社。

陈阿江，2015，《环境社会学的由来与发展》，《河海大学学报》（哲学社会科学版）第 5 期。

陈阿江，2016，《环境问题的技术呈现、社会建构与治理转向》，《社会学评论》第 3 期。

陈向明，2000，《质的研究方法与社会科学研究》，教育科学出版社。

饭岛伸子，1999，《环境社会学》，包智明译，社会科学文献出版社。

J. R. 费根，2002，《社会公正与社会学：二十一世纪的议程》，《社会》第 7 期。

保罗·费雷勒，2003，《受压迫者教育学》，方永泉译，巨流图书公司。

费孝通，1980，《迈向人民的人类学》，《社会科学战线》第 3 期。

戴维·J. 格林伍德、默顿·勒温，2007，《通过行动研究重建大学和社会的关系》，载诺曼·K. 邓津、伊冯娜·S. 林肯主编《定性研究：方法论基础》，风笑天等译，重庆大学出版社。

尤尔根·哈贝马斯，2004，《交往行为理论》第一卷，曹卫东译，上海人民出版社。

哈贝马斯，2015，《知识与人类的旨趣：一个普遍的视角》，方环非译，《世界哲学》第 2 期。

约翰·汉尼根，2009，《环境社会学》（第二版），洪大用等译，中国人民大学出版社。

洪大用，1999，《西方环境社会学研究》，《社会学研究》第 2 期。

洪大用，2014，《环境社会学的研究与反思》，《思想战线》第 4 期。

洪大用，2017，《环境社会学：事实、理论与价值》，《思想战线》第 1 期。

华勒斯坦等，1997，《开放社会科学：重建社会科学报告书》，刘锋译，生活·读书·新知三联书店。

华勒斯坦等，1999，《学科·知识·权力》，刘健芝等编译，生活·读书·新知三联书店。

黄宗智，2005，《认识中国——走向从实践出发的社会科学》，《中国社会科学》第 1 期。

黄盈盈、潘绥铭，2009，《中国社会调查中的研究伦理：方法论层次的反思》，《中国社会科学》第 2 期。

安东尼·吉登斯，2003，《社会理论与现代社会学》，文军、赵勇译，社会科学文献出版社。

安东尼·吉登斯，2016，《社会的构成》，李康、李猛译，中国人民大学出版社。

纪骏杰，1996，《环境正义：环境社会学的规范性关怀》，《环境价值观与环境教育学术研讨会论文集》，国立成功大学台湾文化研究中心。

克里福德·G. 克里斯琴斯，2007，《定性研究中的伦理与政治》，载诺曼·K. 邓津、伊冯娜·S. 林肯主编《定性研究：方法论基础》，风笑天等译，重庆大学出版社。

李强，2000，《"心理二重区域"与中国的问卷调查》，《社会学研究》第 2 期。

李时载，2014，《行动研究与公共知识分子》，陈涛译，《南京工业大学学报》（社会科学版）第 2 期。

吕涛，2004，《环境社会学研究综述——对环境社会学学科定位问题的讨论》，《社会学研究》第 4 期。

马克思、恩格斯，1995，《马克思恩格斯选集》第一卷，人民出版社。

C. 赖特·米尔斯，2001，《社会学的想象力》，陈强、张永强译，生活·读书·新知三联书店。

鸟越皓之，2009，《环境社会学——站在生活者的角度思考》，宋金文译，中国环境科学出版社。

潘敏、卫俊，2007，《环境社会学主要理论综论——兼谈中国环境社会学的发展》，《学习与实践》第 9 期。

彭远春，2013，《国外环境行为影响因素研究述评》，《中国人口·资源与环境》第 8 期。

孙立平，2002，《实践社会学与市场转型过程分析》，《中国社会科学》第 5 期。

阿兰·图海纳，2008，《行动者的归来》，舒诗伟、许甘霖、蔡宜刚译，商务印书馆。

埃米尔·涂尔干，2000，《社会分工论》，渠东译，生活·读书·新知三联书店。

王建民，2011，《在参与性行动中改变世界——读费根、薇拉的〈解放社会学〉》，《社会》第 6 期。

王小章，2006，《经典社会理论与现代性》，社会科学文献出版社。

马克斯·韦伯，2013，《社会科学方法论》，韩水法、莫茜译，商务印书馆。

玛丽安妮·韦伯，2014，《马克斯·韦伯传》，简明译，中国人民大学出版社。

吴小英，1999，《社会学危机的涵义》，《社会学研究》第 1 期。

严复，1986，《严复集》一卷，中华书局。

亚力克斯·英克尔斯，1981，《社会学是什么》，陈观胜、李培茱译，中国社会科学出版社。

郑杭生，2008，《论建设性反思批判精神》，《华中师范大学学报》（人文社会科学版）第 1 期。

郑庆杰，2011，《"主体间性—干预行动"框架：质性研究的反思谱系》，《社会》第 3 期。

郑震，2014，《另类视野——论西方建构主义社会学》，中国社会科学出版社。

周晓虹，2002，《经典社会学的历史贡献与局限》，《江苏行政学院学报》第 4 期。

Buttel，F. H. 2003. "Environmental Sociology and the Explanation of Environmental Reform." *Organization & Environment* 16 （3）.

Chatterjee，Deba Prashad. 2008. "Oriental Disadvantage versus Occidental Exuberance：Appraising Environmental Concern in India – A Case Study in a Local Context." *International Sociology* 23.

Carson，R. 1962. *Silent Spring*. Boston：Houghton Mifflin.

Catton，W. R. & R. E. Dumlap. 1978. "Environment Sociology：A New Paradigm." *The American Sociologist* 13 （1）.

Gouldner，Alvin W. 1970. *The Coming Crisis of Western Sociology*. New York：Basic Books.

第二单元
环境意识与环境行为

环境问题驱动下的环境关心：基于
WVS 2010 的跨国多层分析[*]

王　琰[**]

摘　要： 环境关心是环境社会科学研究的重要议题。基于价值基础理论，环境关心可以被视为在环境问题驱动下个体的理性价值选择，环境关心在客观社会事实中具有嵌入性。利用世界价值观调查2010年数据，本文结合多层模型对50个国家和地区的四种主要环境问题与个体环境关心之间的关系进行了全方位分析。研究结果表明，在控制了性别、年龄、阶层等个体层次变量和经济水平、人口数量等国家层次变量后，空气质量、水体质量、森林覆盖率和生物多样性四个重要的环境要素与环境关心呈负相关关系，即国家的环境问题越严重，个体环境关心水平越高。研究还发现，不同环境问题对环境关心存在差异性影响，空气质量和森林覆盖率的作用更为显著。

关键词： 环境关心　环境问题　多层模型

随着工业化进程在全球范围内的扩展，环境问题成为各国居民共同面对的生存挑战。20世纪90年代以来，尽管国际组织和各国政府展开了广泛的合作，除了二氧化硫呈下降趋势，绝大多数空气污染物（如氨气、有机碳、炭黑等）均有增加（Amann，Klimont & Wanger，2013）。在水资源安全

---

* 原文发表于《南京工业大学学报》（社会科学版）2016年第4期。本研究得到国家社会科学基金青年项目（项目编号：16CSH023）、天津哲学社会科学规划资助项目（项目编号：TJSR15－005）、留学回国人员科研启动基金（项目编号：ZX20150018）、中央高校基本科研业务费专项资金资助项目（项目编号：NKZXB1481）的资助。

** 王琰，南开大学周恩来政府管理学院社会学系讲师，社会学博士。

问题上，目前全球80%的人口被评估为高风险人群。根据经济合作与发展组织的预测，到2050年全球将有40亿人口居住在严重缺水地区（Garrick & Hall, 2014）。生物多样性也面临严重威胁，人类活动已经导致10%～30%的哺乳动物、鸟类和两栖动物存在灭绝风险（Shan, 2014）。森林覆盖率逐渐减少，净覆盖率在1990～2000年减少了8.3%，在2000～2010年减少了5.2%，对大气、水、土壤、生物多样性等多种环境要素造成恶劣的连锁影响（Meyfroidt & Lambin, 2012）。

在环境问题日益严重的同时，研究者注意到民众对自然环境的关心程度也在世界范围内呈现提升态势（Jones & Dunlap, 1992; Mohai, Simões & Brechin, 2010）。环境关心（environmental concern）是环境社会科学研究的重要议题。在个体层面，计划行为理论（Ajzen, 1991, 2005）和环境友好行为模型（Hines, Hungerford & Tomera, 1987）等理论认为，环境关心是推动个体环保行为的内在关键因素。在宏观层面，民众普遍的环境关心可以有效形塑社会环保氛围，进而影响政策制定和实施（Poortinga, Steg & Vlek, 2004; 王琰, 2015）。

学界从多个角度对环境关心进行了研究。早期研究主要集中在个体层面的影响因素（Buttel, 1979; Davidson & Freudenburg, 1996; Lyons & Breakwell, 1994; Schahn & Holzer, 1990; Stern & Dietz, 1994），近年来分析模型的发展和数据的完善使研究者有机会对社会结构性因素的影响进行分析（Cordano et al., 2010; Dunlap & York, 2008; Givens & Jorgenson, 2011）。在这些研究中，一部分学者认为环境关心属于较高层次的心理需要，只有在基本物质需要得到满足的基础上才有可能发展，因此富裕地区民众的环境关心水平相对较高（Inglehart R., 1977, 1990）。但实证研究发现，部分生活在不发达国家和地区的人们也有较高的环境关心水平，这可能与当地发展经济过程中导致的环境污染存在密切关系（Brechin, 1999）。遗憾的是，较少有研究对这一可能性是否成立进行深入探讨并采用实际数据进行严格检验。

本文基于对来自50个国家和地区的数据的多层分析，探讨了国家层面的环境质量对个体环境关心的影响，希望可以在一定程度上弥补现有研究的不足，理解民众主观环保态度是如何嵌入客观社会环境的，从环境关心问题入手进一步挖掘自然环境和社会的互动过程。

一　环境关心：基于环境问题的价值选择

环境关心是指人们对环境问题的认识程度以及对解决环境问题的支持和个人努力意愿（Dunlap & Jones，2002）。尽管研究者曾采取不同的测量方法对这一概念进行分析（Fransson & GäRling，1999；Guber，1996；Van Liere & Dunlap，1981），但研究者普遍承认环境关心的建构性，即环境关心是个体在与环境互动中，在对自己的价值和期望进行评估、优化认知体验的过程中逐步建构而成的（Stern & Dietz，1994）。

很多研究致力于探讨不同社会人口学变量对环境关心的影响。一般来说，女性在社会化过程中常常被赋予关怀者和利他者角色，因此她们对体现公共利益的环境关心水平高于男性（Davidson & Freudenburg，1996；Mohai，1992；Stern，Dietz & Kalof，1993）。早期研究中年龄被认为是与环境关心联系最紧密的因素，年龄差异实际上体现了代际差异和相应的社会化水平。在发达国家的经验研究里，年轻人通常表达出更强的环境关心，然而随着大众媒体对环境问题的宣传和报道，不同年龄层之间的差异慢慢缩小（Buttel，1979；Fransson & GäRling，1999）。跨国研究尤其是包含发展中国家的研究发现，年龄与个体环境关心水平存在正相关关系，即年龄越大对环境的关心程度越高（Furman，1998；Givens & Jorgenson，2013，2014）。社会经济地位也是重要的影响因素，社会经济地位较高的个体通常拥有较多的环境知识和信息，同时在满足基本生理心理需要的基础上，具有相对充足的时间和精力用于投入公益事业，因此体现出较高的环境关心水平（Nawrotzki，2012；Van Liere & Dunlap，1980）。

研究者还分析了产生环境关心的心理基础和社会基础。著名跨文化社会心理学家 Schwartz 在对规范和利他主义的研究过程中提出了"规范－启动"理论（norm－activation theory），认为对负面结果的认知和责任归因会启动相应的道德规范，进而产生道德行为（Schwartz，1968；Schwartz，1977）。根据这一逻辑，客观存在的环境问题是影响人们环境关心的必要条件。因为自然环境与人类共同利益息息相关，Schwartz 将环保主义也视作一种利他主义，对他人福祉的关心可以有效转化为环境关心（Heberlein，1972；Van Liere & Dunlap，1978）。

除了利他主义，环境关心还存在其他的价值根源。Stern 等提出了环境关心的价值基础理论（Stern & Dietz，1994），并得到环境社会科学研究者的广泛响应（Groot & Steg，2007；Schultz，2001）。基于环境公正的延展范围，该理论认为人们对环境的态度取决于三种最基本的价值取向，除他人取向外，还存在个体取向和动植物取向。三种价值取向对应三种基本环境关心，即利己环境关心（egoistic environmental concern）、利他环境关心（altruistic environmental concern）和生态圈环境关心（biospheric environmental concern）。利己环境关心基于对自身利益的考虑，保护环境是因为环境破坏会对自身产生影响；利他环境关心基于对人类的考虑，保护环境是因为这对他人有着深远的影响；与邓拉普等学者提出的"新环境范式"类似，生态圈环境关心集中于自然环境的内在价值，人类保护环境是因为人类也是自然的一部分，所有的物种都有权延续下去。这些研究丰富了环境关心的内涵和维度，需要注意的是，虽然指向不同，但各维度均暗含环境问题将导致负面后果这一基本价值判断。

尽管研究者普遍认同环境关心的社会建构性，现有研究大多集中在影响环境关心的人口学因素和心理学因素上，对包括环境问题在内的社会结构性原因的分析相对缺乏（Fransson & GäRling，1999；Dietz，Stern & Guagnano，1998）。洪大用等也指出很多研究虽然预设了客观环境问题对主体环境关心的作用，但较少学者有对这种预设进行实证检验（洪大用、卢春天，2011）。在有限的相关研究中，Tremblay 等对城乡居民环境关心的研究发现，当地环境质量是造成城市居民的环境关心水平高于农村居民的重要因素（Tremblay & Dunlap，1977）。城市中恶劣的环境污染和生态恶化现象提升了当地居民的污染暴露水平，出于环境保护和自身福祉的双重顾虑，人们对环境问题较为关心。Inglehart 分析了 18 个国家的民众的平均环保倾向，发现环境污染确实对民众的环境态度产生显著的影响（Inglehart，1995）。考虑到当时数据的有限性和研究问题的重要性，Inglehart 同样呼吁研究者在深入挖掘影响环境态度的主观因素的同时，更多地将客观因素纳入考量范围。在我国的研究也发现，中国工业化发展和产业结构更新过程中伴随的环境污染可以激发公众的环境关心，但这些环境污染必须是能够被直观体验的，否则可能无法进入人们的认知范围（洪大用、卢春天，2011；范叶超、洪大用，2015）。

结合上述文献可以看到，环境关心源于人们对于环境问题的认知和主观感受，是在社会和自然环境的互动过程中建构起来的个体的价值选择。

然而，正如 Inglehart 等学者所强调的那样，环境关心的社会嵌入型意味着研究者需要深入挖掘客观环境问题的具体作用，理解客观社会事实如何塑造了主观环境态度。同时，考虑到不同国家政治经济文化背景的差异性，有必要结合跨国数据对此问题进行分析。

二　数据、变量和研究方法

（一）数据选取

为了考察不同国家背景下环境问题对环境关心的影响，本研究使用了世界价值观调查（world values survey）2010 年数据（以下简称 WVS 2010）、环境绩效指标（environmental performance index）和世界发展指标体系（world development indicators）三套数据库。作为世界上涵盖国家和地区最多的大型综合调查，WVS 2010 包括 52 个不同经济发展水平和文化传统的国家和地区的调查数据。通过多阶分层概率抽样，共得到有效样本 74042 人。环境绩效指标由耶鲁大学环境法规政策中心、哥伦比亚大学国家地球科学信息网络中心、瑞士世界经济论坛和意大利欧洲委员会联合研究中心联合发布，2010 年的数据衡量了 163 个国家和地区在空气、水、植被等多个重要复合环境指标，信度和效度已经得到环境科学和环境社会科学研究者的广泛认可。分析过程中的控制变量均来自联合国发布的世界发展指标体系。

在数据清理过程中发现，巴勒斯坦（含 1000 名被访者）在空气质量和生物多样性变量上数据缺失，我国台湾地区（含 1238 名被访者）在水体质量和森林覆盖变量上数据缺失，因此最终样本涵盖了 50 个国家和地区。在剩余的样本中，1622 名被访者没有回答环境关心问题，在去除其他含有缺失值的个案后，最后得到的分析样本为来自 50 个国家和地区的 66258 名被访者[①]。

83

---

① 这 50 个国家和地区分别是：阿尔及利亚、埃及、黎巴嫩、菲律宾、瑞典、亚美尼亚、爱沙尼亚、利比亚、波兰、特立尼达和多巴哥、澳大利亚、德国、马来西亚、卡塔尔、突尼斯、阿塞拜疆、加纳、墨西哥、罗马尼亚、土耳其、白俄罗斯、伊拉克、摩洛哥、俄罗斯、乌克兰、智利、日本、荷兰、卢旺达、美国、中国、约旦、新西兰、新加坡、乌拉圭、哥伦比亚、哈萨克斯坦、尼日利亚、斯洛文尼亚、乌兹别克斯坦、塞浦路斯、科威特、巴基斯坦、韩国、也门、厄瓜多尔、吉尔吉斯斯坦、秘鲁、西班牙、津巴布韦。

（二）变量的选取和处理

参照已有实证研究，本文采用单变量对环境关心进行描述。WVS2010中的相关问题是，"关心环境对本人来说很重要"，被访者要求在 6 分值的李克特量表中做选择，从 1（"非常像我"）到 6（"非常不像我"）。为了使结果更为直观，笔者对此变量进行了反向编码，分值越高表示环境关心水平越高。

本研究的核心自变量为国家环境问题，具体操作为四个变量，即空气质量、水体质量、生物多样性和森林覆盖情况，数据均来自环境绩效指标中的三级指标。其中，空气质量衡量了室内和室外空气污染情况；水体质量衡量了民众是否有足够的水资源以及水资源的清洁程度；生物多样性衡量了生物群落、海洋生态系统和重要栖息地的保护程度；森林覆盖情况计算了森林资源的存量和变化情况。四个变量的得分采用了标准化方法计算得出，分值从 0 到 100，得分越高表示该国在这一项上表现越好①。

笔者控制了可能会影响核心关系的相关变量。在国家层次上，主要控制了人均 GDP、总人口数和人口密度，三个变量均进行了对数处理以纠正严重右偏情况。通常来说，经济发展水平较高的地区环境问题较少，对人均 GDP 的控制可以在一定程度上隔离这种关系，重点考察环境问题如何影响环境关心。在个体层次上，主要控制了性别（1 = 女性）、年龄（连续变量）、教育水平和阶层。教育水平被操作化为三组二分变量，依次为小学及以下、初中到高中和大学及以上。阶层用自我评估的方式报告，分值从 1 到 5 依次是"底层""工人阶层""中下层""中上层"和"上层"。所有变量的描述性统计值见表 1。

表 1　描述性统计值

变量	平均值	标准差	最小值	最大值
国家层次				
空气质量	73.91	20.24	17.38	97.37
水体质量	83.03	20.72	15.03	100.00

---

① Environmental Performance Index. Measuring Progress：A Practical Guide from the Developers of the Environmental Performance Index（EPI）. http://www. epi. yale. edu/content/measuring – progress – practical – guide – developers – environmental – performance – index – epi. 2014 – 10 – 27.

续表

变量	平均值	标准差	最小值	最大值
国家层次				
生物多样性	54.12	27.83	0.00	100.00
森林覆盖情况	91.53	19.06	22.07	100.00
人均 GDP（美元）	13171.36	15327.94	354.98	58256.97
人口数（万人）	8930.00	23100.00	110.37	134000.00
人口密度	326.99	1189.22	2.87	7252.43
个体层次				
环境关心	4.49	1.27	1	6
性别（1＝女性）	0.53	—	0	1
年龄	42.04	16.59	17	99
教育水平				
小学及以下	0.21	—	0	1
初中到高中	0.52	—	0	1
高中以上	0.27	—	0	1
阶层	2.75	0.98	1	5

注：$N = 50$，$n = 66258$。

（三）研究方法

鉴于研究使用的数据包含嵌套结构，即个人层次的数据嵌套于国家层次的数据当中，同属一国的个体之间的误差项可能存在着较高的相关性，而不同国家的个体之间误差的同质性较弱。为了更好地描述这种数据结构，区分国家内差异和国家间差异，同时考虑到因变量为定序变量，本研究采用了多层有序 Logistic 模型对数据关系进行分析（Raudenbush & Bryk，2002）。同时，研究预设各自变量与因变量的关系在各国内部是一致的，因此具体的模型选择为随机截距模型。为了使截距的系数在解释时具有实际意义，研究中对个体层次的连续变量进行了组均值对中处理（Enders & Tofighi，2007）。

三 研究结果

表 2 首先展示了四个宏观环境变量与个体环境关心之间的相关关系。因

为个体环境关心为定序变量，因此采用斯皮尔曼相关系数进行检验。计算结果表明，在不控制任何变量时，环境质量越高，个体的环境关心水平越低，或者说环境问题越严重，个体越关心环境问题。

表2　宏观环境变量与个体环境关心的斯皮尔曼相关系数

	空气质量	水体质量	生物多样性	森林覆盖情况
个体环境关心	- 0.119 ***	- 0.109 ***	- 0.060 ***	- 0.077 ***

注：*** $p < 0.001$；$N = 50$，$n = 66258$。

表3展示了回归模型分析结果。经计算，组内相关系数为0.11，说明环境关心11%的方差来自国家之间的差异。卡方检验结果在统计上具有显著意义（$p < 0.001$），卡方值为163.64，自由度为49，表明绿色消费确实存在着国家层次上的差异，需要使用国家层次变量进行解释。

表3　预测环境关心的多层有序 Logistic 模型结果

	模型1	模型2	模型3	模型4	模型5	模型6
环境质量						
空气质量		- 0.011 ***				- 0.011 ***
		(0.000)				(0.001)
水体质量			- 0.016 ***			- 0.005 ***
			(0.001)			(0.001)
生物多样性				- 0.007 ***		- 0.007 ***
				(0.000)		(0.000)
森林覆盖情况					- 0.005 ***	- 0.009 ***
					(0.000)	(0.000)
控制变量						
国家层次						
人均 GDP（对数）	- 0.195 ***	0.006	0.129 ***	- 0.066 ***	- 0.071 ***	0.036 ***
	(0.005)	(0.006)	(0.008)	(0.005)	(0.006)	(0.008)
人口（对数）	- 0.118 ***	- 0.123 ***	- 0.138 ***	- 0.043 ***	0.024 ***	- 0.068 ***
	(0.004)	(0.004)	(0.005)	(0.004)	(0.005)	(0.005)
人口密度（对数）	0.010 *	- 0.089 ***	- 0.119 ***	- 0.166 ***	- 0.13^1 ***	- 0.094 ***
	(0.005)	(0.005)	(0.005)	(0.005)	(0.005)	(0.005)

续表

	模型 1	模型 2	模型 3	模型 4	模型 5	模型 6
个人层次						
性别（1 = 女性）	0.092 ***	0.090 ***	0.094 ***	0.086 ***	0.092 ***	0.088 ***
	(0.014)	(0.014)	(0.014)	(0.014)	(0.014)	(0.014)
年龄	0.010 ***	0.010 ***	0.010 ***	0.009 ***	0.010 ***	0.009 ***
	(0.000)	(0.000)	(0.000)	(0.000)	(0.000)	(0.000)
教育水平（参照组：小学及以下）						
初中到高中	0.099 ***	0.144 ***	0.162 ***	0.072 ***	0.116 ***	0.112 ***
	(0.019)	(0.019)	(0.019)	(0.019)	(0.019)	(0.019)
大学及以上	0.236 ***	0.270 ***	0.295 ***	0.193 ***	0.240 ***	0.230 ***
	(0.022)	(0.023)	(0.023)	(0.022)	(0.023)	(0.023)
阶层	0.033 ***	0.038 ***	0.033 ***	0.050 ***	0.040 ***	0.033 ***
	(0.008)	(0.008)	(0.008)	(0.008)	(0.008)	(0.008)
分割点						
分割点 1	− 7.416 ***	− 7.675 ***	− 6.979 ***	− 5.680 ***	− 5.208 ***	− 7.201 ***
	(0.099)	(0.099)	(0.102)	(0.098)	(0.104)	(0.104)
分割点 2	− 6.055 ***	− 6.313 ***	− 5.617 ***	− 4.319 ***	− 3.846 ***	− 5.840 ***
	(0.096)	(0.096)	(0.100)	(0.095)	(0.102)	(0.101)
分割点 3	− 4.783 ***	− 5.038 ***	− 4.342 ***	− 3.050 ***	− 2.573 ***	− 4.567 ***
	(0.095)	(0.095)	(0.099)	(0.094)	(0.101)	(0.100)
分割点 4	− 3.614 ***	− 3.865 ***	− 3.168 ***	− 1.885 ***	− 1.403 ***	− 3.397 ***
	(0.094)	(0.094)	(0.098)	(0.094)	(0.101)	(0.100)
分割点 5	− 2.152 ***	− 2.399 ***	− 1.704 ***	− 0.427 ***	0.057	− 1.934 ***
	(0.094)	(0.093)	(0.097)	(0.094)	(0.101)	(0.099)
随机效应						
国家层次	0.287 ***	0.139 ***	0.089 ***	0.315 ***	0.230 ***	0.234 ***
	(0.007)	(0.003)	(0.002)	(0.008)	(0.006)	(0.006)
Log likelihood	− 101630.62	− 101580.36	− 101610.83	− 101792.68	− 101654.35	− 101615.85

注：括号内为标准误；*** $p < 0.001$，** $p < 0.01$，* $p < 0.05$，+ $p < 0.1$；$N = 50$，$n = 66258$。

模型 1 分析了国家和个体层次的控制变量对个体环境关心的影响。和已有的国内研究（洪大用、卢春天，2011）和国际比较研究（Givens & Jorgenson，2011；Gelissen，2007）结果一致，人均 GDP 与环境关心呈负相关关系，即在国家层面，较为富裕的国家的环境问题可能相对不太严重，有可能抑制个体的环境关心水平。总人口数和人口密度与环境关心也存在负相关关系。个体层面的结果也与已有研究基本一致，平均来说，女性比男性的环境关心水平更高。年龄方面，年龄与环境关心水平呈正相关关系（$p < 0.001$），说明随着年龄的增长，个体会越来越多地表现出对自然环境的关心和爱护。教育水平和阶层的回归系数均为正数（$p < 0.001$），即受教育程度越高、所在阶层越高，环境关心水平越高。

模型 2 至模型 5 依次加入了四个环境变量，结果基本符合理论预测，虽然绝对值相比于表 2 有所下降，四个变量均与环境关心呈负相关关系（$p < 0.001$），表明在控制了其他变量后，在环境质量较好时，个人的环境关心水平相对较低。但是环境经济发展水平导致了更低的环境认知，恰恰是由于环境质量成为其中的中介变量。也就是说，经济发展水平较高的地方，环境质量一般也较好，因此作为理性个体，当地民众不需要在环境关心问题上投入太多精力。与模型 1 相比，其他个体和国家层面控制变量的结果基本保持不变。

模型 6 综合考察了环境问题的不同方面对环境关心的作用，与上述模型一致，环境质量与环境关心呈负相关。进一步对系数的 Wald 检验表明，空气质量和森林覆盖情况对个体环境关心的影响显著高于水体质量和生物多样性的影响（$p < 0.001$）（Judge et al.，1985），在一定程度上说明空气质量和森林覆盖情况这些更直观的环境情况对个体的影响更大。

四　总结和讨论

基于价值基础理论，本研究将环境关心视作在环境问题驱动下，个体综合利己、利他和生态多重价值考量的理性选择，因此当环境问题对人们自身、所在群体和生态圈产生威胁时，会激发人们的环境关心。在环境关心嵌入社会事实的共识下，尽管研究者普遍认为环境关心与客观环境质量之间存在紧密联系，但在相当程度上缺乏实证支持，亟须经验研究对此问题进行验证和考察。为回应这一呼吁，本文使用多层有序 Logistic 模型，分析了 50 个国家和地区中涵盖空气、水、森林和生物多样性四个方面的环境问题对个体环境关心的影响。

研究发现，在控制了重要的个体层次和国家层次变量后，客观环境问题确实对环境关心存在显著影响。与理论预测一致，平均意义上，环境质量与环境关心存在负相关关系，环境质量越好的国家，民众的环境关心水平相对较低；在环境问题较为严重、环境质量较差的国家，民众会表现出比较高的环境关心。此外，不同的环境问题对人们的环境关心的影响并不是一致的，空气质量和森林覆盖情况的影响相对来说略高于水体质量和生物多样性。相关环境问题的恶化程度、媒体的宣传、民众的认知能力等多种因素都有可能导致这种差异性，体现出从客观社会事实进入民众主观建构的多重路径。

本研究初步探讨了环境问题与环境关心之间的关系，未来研究可以在以下几个方向继续探索。首先，研究者可以分析更细致空间颗粒下环境问题对不同维度环境关心的影响。受数据的限制，本文仅仅分析了国家层面，但由于环境关心存在多重维度，社区等与个体生活息息相关的空间范围内的环境问题对利己主义环境关心影响可能更大，而国家等宏观层面的环境问题对利他主义和生物圈环境关心影响更大。其次，在发展中国家和发达国家，环境问题对个体环境关心可能存在不同的影响机制。全球化过程中两类国家之间广泛存在着生态不平等交换现象，发展中国家的环境质量也普遍低于发达国家。在环境质量差距较大的前提下，环境问题对个体环境态度的影响可能有不同的作用路径。最后，寻找其他可靠的数据来源，分析环境问题对环境关心的长时性影响。本文使用了横截面数据，研究结果仅体现了 2010 年前后的数据关系。Jones 等对美国 18 年间个体数据的研究发现，不同时间段个体变量对环境关心影响的变化较为有限（Jones & Dunlap，1992）。但产业结构、社会氛围、环境质量等宏观层次变量通常随着时间流逝而有较大的波动，这些变量对环境关心的影响变化也需要研究者进一步考察。

参考文献

范叶超、洪大用，2015，《差别暴露、差别职业和差别体验：中国城乡居民环境关心差异的实证分析》，《社会》第 3 期。

洪大用、卢春天，2011，《公众环境关心的多层次分析——基于中国 CGSS2003 的数据应用》，《社会学研究》第 6 期。

王琰，2015，《我国居民绿色消费影响因素的多层次分析——基于 CGSS2010 的实证研究》，《南京工业大学学报》（社会科学版）第 2 期。

Ajzen I. 1991. "The theory of planned behavior". *Organizational Behavior and Human Decision Processes* 50（2）：179－211.

Ajzen I. 2015. *Attitudes, personality, and behavior.* Maidenhead, Berkshire, England, New York：Open University Press.

Amann M., Klimont Z. and Wagner F. 2013. "Regional and Global Emissions of Air Pollutants：Recent Trends and Future Scenarios". *Annual Review of Environment and Resources* 38（1）：31－55.

Brechin S. R. 1999. "Objective Problems, Subjective Values, and Global Environmentalism：Evaluating the Postmaterialist Argument and Challenging a New Explanation". *Social Science Quarterly* 80（4）：793－809.

Buttel F. H. 1979. "Age and Environmental Concern：A Multivariate Analysis". *Youth Society* 10（3）：237－56.

Cordano M., Welcomer S., Scherer R., Pradenas L. and Parada V. 2010. "Understanding Cultural Differences in the Antecedents of Pro－Environmental Behavior：A Comparative Analysis of Business Students in the United States and Chile". *The Journal of Environmental Education* 41（4）：224－38.

Davidson D. J., Freudenburg W. R. 1996. "Gender and Environmental Risk Concerns：A Review and Analysis of Available Research". *Environment and Behavior* 28（3）：302－39.

Dietz T., Stern P. C. and Guagnano G. A. 1998. "Social Structural and Social Psychological Bases of Environmental Concern". *Environment and Behavior* 30（4）：450－71.

Dunlap R. E., Jones R. E. 2002. "Environmental Concern：Conceptual and Measurement Issues". In：Dunlap R. E. and Michelson W., eds.. *Handbook of Environmental Sociology.* Westport, CT：Greenwood Press.

Dunlap R. E., York R. 2008. "The globalization of environmental concern and the limits of the postmaterialist values explanation：Evidence from four multinational surveys". *Sociological Quarterly* 49（3）：529－63.

Enders C. K., Tofighi D. 2007. "Centering Predictor Variables in Cross－Sectional Multilevel Models：A New Look at an Old Issue". *Psychological Methods* 12（2）：121－38.

Fransson N., GäRling T. 1999. "Environmental Concern：Conceptual Definitions, Measurement Methods, and Research Findings". *Journal of Environmental Psychology* 19（4）：369－82.

Furman A. 1998. "A Note on Environmental Concern in a Developing Country：Results From an Istanbul Survey". *Environment and Behavior* 30（4）：520－34.

Garrick D., Hall J. W. 2014. "Water Security and Society：Risks, Metrics, and Pathways". *Annual Review of Environment and Resources* 39（1）：611－39.

Gelissen J. 2007. "Explaining Popular Support for Environmental Protection A Multilevel Analysis of 50 Nations". *Environment and Behavior* 39 （3）：392 – 415.

Givens J. E. , Jorgenson A. K. 2013. "Individual environmental concern in the world polity：A multilevel analysis". *Social Science Research* 42 （2）：418 – 31.

Groot JIMD, Steg L. 2007. "Value Orientations and Environmental Beliefs in Five Countries Validity of an Instrument to Measure Egoistic, Altruistic and Biospheric Value Orientations". *Journal of Cross – Cultural Psychology* 38 （3）：318 – 32.

Guber D. L. 1996. "Environmental Concern and the Dimensionality Problem：A New Approach to an Old Predicament". *Social Science Quarterly* 77 （3）：644 – 62.

Heberlein T. A. 1972. "The Land Ethic Realized：Some Social Psychological Explanations for Changing Environmental Attitudes". *Journal of Social Issues* 28 （4）：79 – 87.

Hines J. M. , Hungerford H. R. and Tomera A. N. 1987. "Analysis and Synthesis of Research on Responsible Environmental Behavior：A Meta – Analysis". *The Journal of Environmental Education* 18 （2）：1 – 8.

Inglehart R. 1977. *The Silent Revolution：Changing Values and Political Styles among Western Publics.* Princeton, NJ：Princeton University Press.

Inglehart R. 1990. *Culture Shift in Advanced Industrial Society.* Princeton, NJ：Princeton University Press.

Inglehart R. 1995. "Public Support for Environmental Protection：Objective Problems and Subjective Values in 43 Societies". PS：*Political Science & Politics* 28 （1）：57 – 72.

Jones R. E. , Dunlap R. E. 1992. "The Social Bases of Environmental Concern：Have They Changed Over Time?" *Rural Sociology* 57 （1）：28 – 47.

Jorgenson A. K. , Givens J. E. 2014. "Economic Globalization and Environmental Concern A Multilevel Analysis of Individuals Within 37 Nations". *Environment and Behavior* 46 （7）：848 – 71.

Judge G. G. , Griffiths W. E. , Hill R. C. , Lütkepohl H. and Lee T – C. 1985. *The Theory and Practice of Econometrics.* 2nd edition. New York：Wiley.

Lyons E. , Breakwell G. M. 1994. "Factors Predicting Environmental Concern and Indifference in 13 – to 16 – Year – Olds". *Environment and Behavior* 26 （2）：223 – 38.

Meyfroidt P. , Lambin E. F. 2012. "Prospects and options for an end to deforestation and global restoration of forests. " *Annual Review of Environment and Resources* 36：343 – 71.

Mohai P. 1992. "Men, women, and the environment：An examination of the gender gap in environmental concern and activism". *Society & Natural Resources* 5 （1）：1 – 19.

Mohai P. , Simões S. and Brechin S. R. 2010. "Environmental Concerns, Values and Meanings in the Beijing and Detroit Metropolitan Areas". *International Sociology* 25 （6）：778 – 817.

Nawrotzki R. J. 2012. "The Politics of Environmental Concern: A Cross – National Analysis". *Organization and Environment* 25 (3): 286 – 307.

Poortinga W., Steg L. and Vlek C. 2004. "Values, Environmental Concern, and Environmental Behavior: A Study into Household Energy Use". *Environment and Behavior* 36 (1): 70 – 93.

Raudenbush S. W., Bryk A. S. 2002. *Hierarchical Linear Models: Applications and Data Analysis Methods.* 2nd edition. Thousand Oaks: Sage Publications.

Schahn J., Holzer E. 1990. "Studies of Individual Environmental Concern: The Role of Knowledge, Gender, and Background Variables". *Environment and Behavior* 22 (6): 767 – 86.

Schultz P. W. 2001. "The structure of environmental concern: Concern for self, other people, and the biosphere". *Journal of Environmental Psychology* 21 (4): 327 – 39.

Schwartz S. H. 1968. "Words, deeds and the perception of consequences and responsibility in action situations". *Journal of Personality and Social Psychology* 10 (3): 232 – 42.

Schwartz S. H. 1977. "Normative Influences on Altruism". In Berkowitz L, eds.. *Advances in Experimental Social Psychology.* New York, NY: Academic Press.

Shan A. 2014. "Loss of Biodiversity and Extinctions". *Global Issues.* http://www. globalissues. org/article/171/loss – of – biodiversity – and – extinctions. 2016 – 9 – 19.

Stern P. C., Dietz T. 1994. "The Value Basis of Environmental Concern". *Journal of Social Issues* 50 (3): 65 – 84.

Stern P. C., Dietz T. and Kalof L. 1993. "Value Orientations, Gender, and Environmental Concern." *Environment and Behavior* 25 (5): 322 – 48.

Tremblay K. R., Dunlap R. E. 1977. "Rural – Urban Residence and Concern with Environmental Quality: A Replication and Extension". *Rural Sociology* 43: 474 – 91.

Van Liere K. D., Dunlap R. E. 1978. "Moral Norms and Environmental Behavior: An Application of Schwartz's Norm – Activation Model to Yard Burning". *Journal of Applied Social Psychology* 8 (2); 174 – 88.

Van Liere K. D., Dunlap R. E. 1980. "The Social Bases of Environmental Concern: A Review of Hypotheses, Explanations and Empirical Evidence". *Public Opinion Quarterly* 44 (2): 181 – 97.

Van Liere K. D., Dunlap R. E. 1981. "Environmental Concern: Does it Make a Difference How it's Measured?" *Environment and Behavior* 13 (6): 651 – 76.

收入对居民环保意识的影响研究：
绝对水平和相对地位*

李卫兵　陈　妹**

摘　要： 针对现有文献在分析收入对居民环境意识的影响时忽视相对收入效应的缺陷，本研究利用 2013 年中国综合社会调查数据，实证分析了绝对收入和相对收入对居民环境意识的影响。为了充分考察这种关系，本研究将样本分地区、城乡和性别分别进行了回归分析。结果表明，如果不考虑相对收入效应，那么绝对收入与居民环境意识呈显著正相关；然而，一旦考虑相对收入效应，绝对收入虽然仍然显著影响居民环境意识，但影响程度明显降低，而相对收入却与居民环境意识呈显著正相关，并且其影响程度超过绝对收入。此外，实证分析结果表明，年龄、性别、教育水平、居住地、健康状况、政治面貌等因素都对居民环境意识具有显著性影响。

关键词： 居民环境意识　绝对收入　相对收入

一　引言与文献综述

近年来，中国经济快速发展，但与此同时资源、能源利用效率低，环境污染严重（王俊杰等，2014），生态足迹和生态赤字持续增加，导致中国面临的生态压力越来越大（史丹、王俊杰，2016；王俊杰，2016）。国际国

*　原文发表于《当代财经》2017 年第 1 期。本文受到国家社会科学基金项目"区域智力资本溢出、绿色 TFP 的空间差异与我国绿色发展的空间均衡研究"（项目编号：16BJL058）的资助。

**　李卫兵，华中科技大学经济学院副教授；陈妹，华中科技大学硕士研究生。

内的经验和教训说明要兼顾环境保护与经济发展，生产方式和人类行为都要绿色化。近年来，学术界对人类行为绿色化的研究日益丰富。研究表明，意识是行为的先导，意识决定行为，环境意识水平较高的居民的行为更符合绿色化的特征（Dienes，2015）。因此，理解居民环境意识及其决定因素，对于政府制定合适的环境政策及促进居民行为绿色化无疑有着重要的理论与现实意义（Liu et al.，2014）。

关于环境意识的定义，学术界并没有形成统一观点。影响最为深远的观点认为，环境意识是指"人们意识到环境问题并支持解决这些问题的程度，或人们为解决这些问题而做出个人努力的意愿"（Dunlap & Jones，2002）。早期研究表明，环境意识的决定因素包括收入、性别、年龄、婚姻状况、居住地类型、政治倾向等（Liu et al.，2014；Franzen & Meyer，2010）。其中，收入对居民环境意识的影响受到较多关注，并已形成一批较有影响的成果。

现有研究在分析收入对居民环境意识的影响时，均从绝对收入的角度展开分析，其中有三个重要假说都认为绝对收入与居民环境意识呈正相关。第一个假说源于马斯洛的需求层次理论，认为人们只有在满足基本物质需求后，才有可能追求更高层次的精神需求（如提高生活质量、改善环境质量等）。因此，收入较高的居民在满足基本物质需求后就会追求更高层次的精神需求，其环境意识就越强（Shen & Saijo，2008）。第二个假说认为收入越高的居民倾向于更快地吸收环境信息、拥有更多关于环境问题的知识和掌握更多的分析环境问题的技能，从而具有更高的环境意识水平（Liu et al.，2014）。第三个假说被称为后物质主义价值理论，该理论认为早期社会和个体不得不重点关心生存问题或物质需求，但随着经济发展和财富的增加，生存需要不再是首要问题，于是产生后物质主义价值需求，包括言论自由、选择自由和环境意识等（Inglehart，1997）。

为了验证上述假说，许多学者采用微观个体数据或宏观总体数据实证分析了绝对收入对居民环境意识的影响，然而却未能证实理论上认为的二者之间的正相关关系。一些实证研究发现绝对收入与居民环境意识呈正相关（Theodori & Luloff，2002；洪大用、卢春天，2011），而另一些研究却发现二者呈负相关（Samdahl & Robertson，1989；Gelissen，2007），还有些研究显示二者之间并无显著性关系（Dunlap & Mertig，1997；聂伟，2014）。之所以出现这种不一致的结果，可能是因为研究者们采用的环境意识测度方法、实证方法或样本调查技巧有较大不同（Shen & Saijo，2008）。这也给我们留下了进一步研究的空间。

现有文献充分认识到收入会对居民环境意识造成影响，但未能厘清收入与居民的主观环境意识之间的联系形式，即对主观环境意识起作用的究竟是绝对收入还是相对收入，不能不说这是一个明显的缺陷。因此，我们有必要继续讨论相对收入是否会对个体的环境意识造成显著影响。我们认为，相对收入对环境意识的影响包括两个效应，即社会比较效应和信号效应。一方面，根据社会比较理论，个体在评价自身效用时，通常会将自己的实际状况和他人或者整个社会的平均状态进行比较（Festinger，1954；Garcia et al.，2006）。正是这种"攀比"心理使得居民环境意识可能不仅取决于绝对收入，还取决于相对收入。具体来说，如果个体的绝对收入上升而相对收入却在下降，那么个体就会觉得相对于其他人来说自身的状况在恶化，此时他可能会更追求相对生活质量的改善而导致环境意识弱化。这种相对收入对环境意识的正向影响，我们称为社会比较效应。另一方面，根据 Hirschman 和 Rothschild 的看法，个体的福利除了取决于自身收入外，还取决于个体对未来收入的预期。假设个体没有充分的信息去预期未来收入，但如果参照组的收入较高，则会给个体提供一种预期未来收入的有价值的信号（Hirschman A. O. & Rothschild M.，1973）。具体来说，个体的相对收入下降，则说明其他个体的收入在上升，此时就传递给该个体一种其未来收入也会相应上升的信号。在这种情况下，该个体会更加关心环境质量，从而表现出更强的环境意识。我们把这种相对收入对环境意识的负向影响称为信号效应。本文认为，相对收入对环境意识的影响取决于社会比较效应和信号效应的强度：如果社会比较效应超过信号效应，则相对收入对环境意识产生正向影响；反之，则相对收入对环境意识产生负向影响。本文试图实证分析相对收入对居民环境意识的这种影响，这可能是本文的主要贡献。

近年来，我国居民的环境意识问题逐渐引起人们的关注。栗晓红（2011）对中国城市家庭数据的实证分析结果显示，绝对收入对居民环境意识有正的影响。洪大用和卢春天（2011）也得出了类似的结论。聂伟（2014）对我国城乡居民的环境意识差异进行了分析，发现我国城市居民的绝对收入水平并不显著影响其环境意识。上述研究为本文的进一步分析提供了重要参考。考虑到我国东、中、西部地区经济发展的不平衡性，本文将对全国和东、中、西部地区分别进行实证分析并比较绝对收入、相对收入对居民环境意识的影响，这也是本文与现有关于我国居民环境意识的研究文献的一大区别。

总之，本文试图利用2013年中国综合社会调查（下文均简写为CGSS 2013）数据，从东、中、西部地区差异的角度来分析和比较绝对收入尤其是相对收入对居民环境意识的影响程度，并讨论产生这种差异的原因，以便为提升全国各地区居民环境意识提供有针对性的政策建议。

二　指标选取与数据来源

本文的数据来源于中国人民大学组织的2013年中国综合社会调查项目，该项目由中国人民大学联合全国各地的学术机构共同执行，调查覆盖了中国大陆所有省级行政单位，采用多阶分层概率抽样，抽样从省级单位到县（区），在每个县（区）随机抽取村/居委会，再在每个村/居委会随机抽取调查25个家庭，每个家庭随机抽取一人作为调查对象。调查对象为18周岁及以上的人口（无年龄上限），其中与本文研究目的相关的有效样本为8999人。

被解释变量为环境意识。NEP（new ecological paradigm）量表是当前国际上使用最广泛的测度环境意识的工具，本文借鉴洪大用等修改的中国版NEP（下文简称为CNEP）量表的思路测度环境意识（洪大用等，2014）。根据CGSS 2013调查问卷，我们将环境意识分为环境知识和环境行为两个维度，环境知识和环境行为又分别细分为五个维度。换句话说，我们通过环境知识方面和环境行为方面的十个维度来测量我国居民的环境意识（具体调查项目见表1）。由于量表中第2、5、6、7、8、9、10项为正向问题，所以对受访者回答"正确/经常""不知道/偶尔""错误/从不"依次赋予3、2、1分值；而量表中第1、3、4项为负向问题，故对受访者回答"正确""不知道""错误"依次赋予1、2、3分值。由于环境意识量表中每个维度被认为具有相同的权重，所以在确保受访者逐项回答的前提下，直接将受访者关于这十个问题的答案的取值相加可得到该居民的环境意识水平。

表 1　CNEP 量表的调查结果统计

环境意识维度		正确（%）	不知道（%）	错误（%）
环境知识方面	1. 汽车尾气对人体健康不会造成威胁	12.48	10.00	77.52
	2. 过量使用化肥农药会导致环境破坏	80.72	11.38	7.9
	3. 含磷洗衣粉的使用不会造成水污染	11.63	31.60	56.76
	4. 酸雨的产生与烧煤没有关系	8.55	51.47	39.98
	5. 大气中二氧化碳成分的增加会成为气候变暖的因素	50.06	45.65	4.29

环境意识维度		从不（%）	偶尔（%）	经常（%）
环境行为方面	6. 垃圾分类投放	55.50	32.17	12.33
	7. 与自己的亲戚朋友讨论环保问题	20.22	41.64	8.15
	8. 对塑料包装袋进行重复利用	18.67	30.86	50.47
	9. 主动关注广播、电视和报刊中报道的环境问题和环保信息	49.12	37.47	13.41
	10. 积极参加政府和单位组织的环境宣传教育活动	77.00	18.81	4.19

资料来源：依 CGSS 2013 调查结果统计而来。

CGSS 2013 调查问卷中设计了一个问题："在环境保护方面，您是否同意富国应该比穷国做出更多努力？"备选项为"完全不同意""比较不同意""无所谓""比较同意"和"完全同意"五项，要求受访者回答，具体回答情况如图 1 所示。从图 1 可知，我国仅有 1.7% 的居民表示完全不同意，7.3% 的居民表示比较不同意，即仅有 9% 的居民持不同意观点，而有 74.6% 的居民持同意观点，还有 16.4% 的居民持无所谓态度。这种调查结果间接说明，收入水平对我国居民环境意识和环境保护行为具有重要影响。

根据 CGSS 2013 数据，可算出全国及东、中、西部地区受访者环境意识的平均水平（见图 2）。整体而言，我国居民环境意识较弱，平均得分只有 20.98。分地区来看，东部地区居民环境意识明显强于中、西部地区，这可能是因为东部地区居民收入水平高于中、西部地区居民。然而，让人奇怪的是，西部地区居民环境意识稍强于中部地区居民，这显然不能用绝对收入的差异来解释，因为中部地区居民的收入水平要高于西部地区居民。从前文的分析可以看出，其原因可能是中、西部地区居民相对收入水平或其他因素有差异。

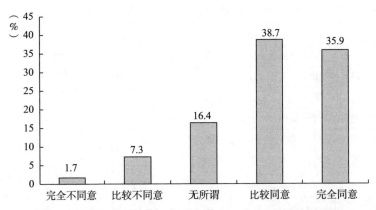

图1　关于富国是否应该比穷国更加努力保护环境的回答情况

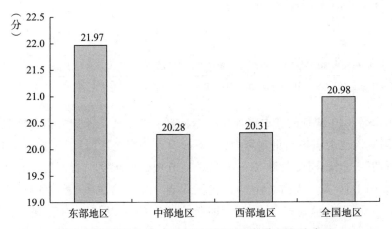

图2　全国及东、中、西部地区居民环境意识平均水平

　　本文选取的主要解释变量为绝对收入和相对收入。其中，绝对收入为受访者前一年的收入水平。为消除异方差问题，本文对绝对收入水平取自然对数①。一般来说，相对收入有两种测度方法：一种是横向比较，即以研究者选定的某个因素（如地域）为标准参照群体；另一种是纵向比较，即以受访者的主观判断（如自己与过去的收入状况比较）为标准参照群体。显然，相对收入效应会因选取的参照收入的不同而不同。本文借鉴 Mcbride 的思路，以受访者的绝对收入在总体样本中的百分比排名来测度相对收入（Mcbride，2001）。控制变量包括性别、年龄、教育水平、婚姻状况、儿童

---

　　① 由于绝对收入取自然对数，本文将绝对收入为 0 的受访者从样本中删除。

状况、健康状况、居住地、政治面貌以及宗教信仰等①。

三 绝对收入、相对收入与居民环境意识的描述性关系

（一）绝对收入与居民环境意识的描述性关系

图 3 描述了我国居民环境意识与绝对收入水平之间的关联性，其中横轴是将收入 20 等份分组，纵轴则为每个收入组的环境意识平均得分。从图 3 可以发现，总体而言，无论是对于东、中、西部地区不同样本②而言，还是对于全国整体样本而言，绝对收入水平与居民环境意识明显正相关。当然，这一特征在每个样本中均有少数例外，如在全国样本的 8 收入组、9 收入组和 14 收入组至 16 收入组人群中，居民环境意识并没有表现出随着绝对收入上升而上升的趋势，反而随着收入上升而下降。

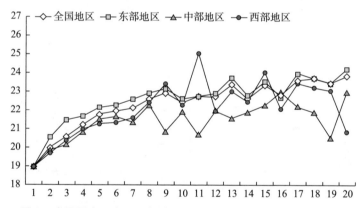

图 3　全国及东、中、西部地区居民绝对收入与环境意识相关图

（二）相对收入与居民环境意识的描述性关系

本文以受访者的绝对收入的百分比排名来度量其相对收入水平。收入

---

① 当然，影响环境意识的因素还包括政策制度、媒体作用等宏观因素，但本文的实证分析主要基于微观调查数据，因此暂不考虑这些宏观变量。后续研究将从宏观总体数据的角度分析相对收入对环境意识的影响，这将有助于提出更具操作性的政策建议。

② 关于我国东、中、西部地区的划分，依据国家统计局最新数据，东部地区有 11 个省（市），包括北京、天津、河北、辽宁、上海、江苏、浙江、福建、山东、广东和海南；中部地区有 8 个省，包括山西、吉林、黑龙江、安徽、江西、河南、湖北和湖南；西部地区有 12 个省（市、区），包括重庆、四川、贵州、云南、西藏、陕西、甘肃、青海、宁夏、新疆、广西和内蒙古。

的百分比排名是以比某居民收入少的居民个数除以与该居民进行比较的居民总数计算而来，如果某受访者收入的百分比排名为95%，则意味着他比95%的受访者的收入要高。图4显示了全国及东、中、西部地区居民相对收入与环境意识之间的关系，图中横轴表示将收入20等份分组后对应每组的平均百分比排名，纵轴表示对应每组的居民环境意识平均得分。由图4可知，无论是对于东、中、西部地区不同样本而言，还是对于全国整体样本而言，相对收入与居民环境意识均呈正相关的关系，即对于所有样本而言，社会比较效应超过信号效应，相对收入水平越高，居民环境意识越强。

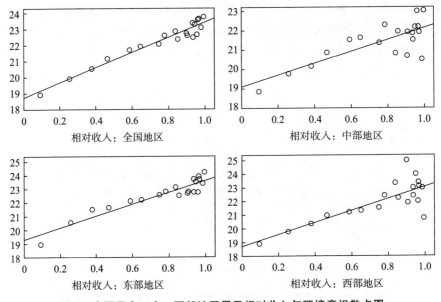

图4　全国及东、中、西部地区居民相对收入与环境意识散点图

四　居民环境意识决定的绝对收入效应与相对收入效应

（一）模型设定

与现有文献类似，本文构建线性多元回归模型进行实证分析。具体而言，不考虑相对收入效应的计量模型设定如下：

$$EC_i = \gamma_0 + \gamma_1 inc\_abs_i + \sum \gamma_{ki}x_{ki} + \varepsilon_i \tag{1}$$

考虑相对收入效应的模型设定如下：

$$EC_i = \beta_0 + \beta_1 inc\_abs_i + \beta_2 inc\_rel_i + \sum \beta_{ki} x_{ki} + \varepsilon_i \qquad (2)$$

其中，EC_i 表示居民 i 的环境意识；inc_abs 指绝对收入的自然对数；inc_rel 指相对收入；x_{ki} 表示其他相关解释变量，即本文选定的控制变量；ε_i 表示误差项。此外，γ_0 和 β_0 表示常数项，其余 β_i 表示各解释变量的回归系数。

（二）实证分析

1. 分地区的回归分析

根据被解释变量的特点，我们直接采用普通最小二乘法（OLS）进行回归，以此来估算主要解释变量对环境意识的影响及地区差异。具体回归结果见表2和表3，其中表2为解释变量仅包含绝对收入而不考虑相对收入的回归结果，表3则显示了包含绝对收入与相对收入的回归结果。

表 2　不考虑相对收入效应的分地区回归结果

变量	东部地区	中部地区	西部地区	全国
绝对收入的对数	0.455 *** (0.057)	0.455 *** (0.059)	0.437 *** (0.06)	0.533 *** (0.033)
年龄	-0.01 *** (0.004)	-0.017 *** (0.004)	-0.037 *** (0.005)	-0.017 *** (0.002)
性别	0.129 (0.1)	-0.14 (0.113)	-0.089 (0.119)	0.032 (0.064)
婚姻状况	0.06 (0.18)	-0.343 (0.258)	-0.292 (0.255)	-0.206 (0.127)
儿童状况	0.228 (0.139)	0.409 ** (0.165)	-0.011 (0.174)	0.226 ** (0.092)
健康状况	0.599 *** (0.173)	0.69 *** (0.149)	0.109 (0.145)	0.533 *** (0.09)
教育水平	1.154 *** (0.127)	2.117 *** (0.197)	2.221 *** (0.22)	1.599 *** (0.095)
居住地	-2.128 *** (0.138)	-0.982 *** (0.117)	-0.996 *** (0.13)	-1.404 *** (0.073)
政治面貌	0.819 *** (0.15)	0.847 *** (0.182)	1.324 *** (0.206)	0.912 *** (0.101)
宗教信仰	-0.699 *** (0.15)	0.141 (0.187)	0.145 (0.175)	-0.156 (0.098)

101

续表

变量	东部地区	中部地区	西部地区	全国
常数项	17.164 *** (0.663)	16.599 *** (0.694)	18.582 *** (0.687)	16.464 *** (0.381)
F 统计值	115.85 ***	79.56 ***	88.77 ***	329.95 ***
调整后 R^2	0.237	0.21	0.272	0.271
样本数	3693	2951	2355	8999

注：*** 和 ** 分别表示在 1% 和 5% 的显著性水平上显著。括号中的数字表示相应标准误。

根据表 2，无论是全国整体还是东、中、西部地区，绝对收入均与居民环境意识呈显著正相关。以全国整体回归为例，绝对收入的对数的系数为 0.533，这表明绝对收入每增加 1%，居民环境意识会增加 0.533。也就是说，在不考虑相对收入效应的情况下，绝对收入水平与居民环境意识呈正相关，这也验证了部分学者的研究结论。

表3　考虑相对收入效应的回归结果

变量	东部地区	中部地区	西部地区	全国
绝对收入的对数	0.331 *** (0.113)	0.175 ** (0.068)	0.23 *** (0.052)	0.286 *** (0.087)
相对收入	0.824 *** (0.083)	1.321 ** (0.65)	0.998 ** (0.472)	1.11 *** (0.363)
年龄	-0.011 *** (0.004)	-0.017 *** (0.004)	-0.037 *** (0.005)	-0.018 *** (0.002)
性别	0.124 (0.1)	-0.117 (0.114)	-0.077 (0.119)	0.047 (0.064)
婚姻状况	0.058 (0.18)	-0.357 (0.258)	-0.303 (0.255)	-0.202 (0.127)
儿童状况	0.227 (0.139)	0.419 ** (0.165)	-0.001 (0.174)	0.232 ** (0.091)
健康状况	0.601 *** (0.174)	0.706 *** (0.149)	0.123 (0.145)	0.54 *** (0.09)
教育水平	1.166 *** (0.129)	2.068 *** (0.198)	2.157 *** (0.224)	1.543 *** (0.097)
居住地	-2.161 *** (0.138)	-0.973 *** (0.117)	-0.979 *** (0.13)	-1.387 *** (0.073)

续表

变量	东部地区	中部地区	西部地区	全国
政治面貌	0.82 *** (0.15)	0.821 *** (0.182)	1.306 *** (0.206)	0.904 *** (0.101)
宗教信仰	− 0.698 (0.15)	0.134 (0.187)	0.141 (0.175)	− 0.161 (0.098)
常数项	16.59 *** (1.262)	18.672 *** (1.232)	20.113 *** (1.238)	18.321 *** (0.718)
F 统计值	105.32 ***	72.78 ***	80.94 ***	301.08 ***
调整后 R^2	0.241	0.214	0.278	0.283
样本数	3693	2951	2355	8999

注：*** 和 ** 分别表示在 1% 和 5% 的显著性水平上显著。括号中的数字表示相应标准误。

然而，从表 3 可以看出，当考虑相对收入效应后，无论是全国整体还是东、中、西部地区，绝对收入水平仍然与居民环境意识呈显著正相关，但系数均变小。这说明在分析环境意识的决定因素时，如果不考虑相对收入效应，那么就会高估绝对收入对环境意识的影响。同时，表 3 的结果也证明相对收入是影响居民环境意识的一个重要因素。根据表 3，在全国整体及东、中、西部地区，相对收入与居民环境意识之间呈显著正相关的关系。同样以全国总体回归为例，相对收入的系数为 1.11，这说明居民收入排名每上升 1%，环境意识会上升 1.11。我们的实证分析证实了此前一些学者关于绝对收入与居民环境意识呈显著正相关的结论，但同时也说明由于他们都未考虑相对收入效应，因此会高估绝对收入对居民环境意识的影响。

表 4　各变量的 VIF 值（考虑相对收入效应）

变量	VIF			
	东部	中部	西部	全国
绝对收入的对数	6.33	5.68	4.86	6.17
相对收入	5.05	5.99	5.03	4.46
年龄	1.60	1.36	1.46	1.47
性别	1.10	1.16	1.16	1.12
婚姻状况	1.46	1.43	1.59	1.45
儿童状况	1.92	1.50	1.85	1.73

变量	VIF			
	东部	中部	西部	全国
健康状况	1.16	1.17	1.17	1.15
教育水平	1.31	1.14	1.13	1.45
居住地	1.27	1.25	1.34	1.38
政治面貌	1.16	1.20	1.23	1.24
宗教信仰	1.02	1.05	1.03	1.02

　　关于控制变量方面，我们的实证分析也部分验证了已有文献的结论。从表3可以看出，就全国整体和东、中、西部地区进行的回归均显示，年龄、教育水平、居住地和政治面貌均与居民环境意识显著相关，而性别、婚姻状况和宗教信仰等因素则与居民环境意识无显著关系。其中，年龄的回归系数为负，这说明年轻人的环境意识比老年人的环境意识更强。这可能是由于年轻人整体文化程度更高、更乐于接受新知识以及有更广泛的渠道获取环境知识，尤其是互联网的发展使得这种差异愈发明显。教育水平的回归系数为正，这说明居民受教育程度越高，则其环境意识也越强。这可能是因为文化水平高的居民群体，其综合素质相对较高，环境相关知识更丰富。居住地的回归系数为负，这说明城市居民的环境意识整体高于农村居民。这一方面可能是由于城市环境污染更严重，城市居民更容易受到环境恶化的影响；另一方面可能是因为城市居民由于地理优势等原因，获取环境知识或信息的渠道更为广泛。政治面貌的回归系数显著为正，这说明党员的环境意识整体高于非党员。原因可能是党员政治觉悟整体高于非党员，能更自觉地响应政府关于环境保护等相关方面的号召，自发地关注环境等热点议题。

　　至于儿童状况与健康状况对居民环境意识的影响，全国整体和分地区回归的结果稍有差异，下面以全国整体回归结果为例简要说明。就全国而言，儿童状况对居民环境意识具有显著的正向影响，即有孩子的居民环境意识显著强于没有孩子的居民。其原因可能是孩子更易受到环境污染的影响，因而有孩子的居民更关注环境质量，并表现出更强的环境意识。而健康状况与居民环境意识显著正相关，也就是说居民的健康状况越好，其环境意识越强。这可能是因为健康状况更好的居民往往有更好的生活习惯，从而表现出更强的环境意识。

到目前为止，我们还没有考虑多重共线性问题，它会导致模型的估计失真。本文采用方差膨胀因子（VIF）来对多重共线性问题进行检验。一般来讲，如果 VIF 值大于 10，则说明变量之间存在共线性问题。表 4 列出了前述回归中各变量的 VIF 值。显然，本文的模型并不存在明显的多重共线性问题。

2. 分城乡和性别的回归分析

为了识别绝对收入、相对收入与居民环境意识之间的这种关系是否稳健，我们进一步对所有样本分城乡和性别分别进行回归。表 5 显示了把所有样本分城市和农村分别进行回归所得到的结果，从中可以看出，在不考虑相对收入效应的回归中，无论是在城市还是在农村，绝对收入与居民环境意识之间均存在显著的正相关关系。而在考虑相对收入效应的回归中，绝对收入对居民环境意识的影响仍然显著，但系数明显下降，相对收入则对居民环境意识有显著的正向影响。这与前面对全国及东、中、西部地区的回归结果一致，说明绝对收入、相对收入与居民环境意识之间的关系是稳健的。从表 5 还能发现，引入相对收入效应后，模型的调整 R^2 均变大，说明模型拟合得更好。类似的，通过 VIF 值能看出模型无明显的多重共线性问题，限于篇幅，此处不再报告 VIF 值（下文对不同性别的样本进行回归的结果也做类似的处理）。

此外，我们也发现无论是在城市还是在农村，年龄对居民环境意识均有显著的负向影响，健康状况、教育水平和政治面貌与居民环境意识呈显著正相关，而婚姻状况则与居民环境意识无显著性关系。性别、儿童状况、宗教信仰等因素对居民环境意识的影响，在城市居民和农村居民之间有较大差异。

表 5　分城乡的回归结果

变量	不考虑相对收入效应		考虑相对收入效应	
	城市	农村	城市	农村
绝对收入的对数	0.617 *** (0.046)	0.367 *** (0.049)	0.205 *** (0.065)	0.283 ** (0.122)
相对收入			1.671 *** (0.515)	1.423 ** (0.562)

变量	不考虑相对收入效应		考虑相对收入效应	
	城市	农村	城市	农村
年龄	-0.011 ***	-0.031 ***	-0.012 ***	-0.031 ***
	(0.003)	(0.004)	(0.003)	(0.004)
性别	0.228	-0.341 ***	0.253 ***	-0.337 ***
	(0.083)	(0.1)	(0.083)	(0.1)
婚姻状况	-0.2	-0.285	-0.19	-0.29
	(0.155)	(0.231)	(0.155)	(0.231)
儿童状况	0.28 **	0.16	0.28 **	0.168
	(0.116)	(0.147)	(0.116)	(0.148)
健康状况	0.558 ***	0.504 ***	0.557 ***	0.508 ***
	(0.133)	(0.118)	(0.133)	(0.118)
教育水平	1.567 ***	2.381 ***	1.517 ***	2.359 ***
	(0.106)	(0.316)	(0.107)	(0.317)
政治面貌	0.758 ***	1.323 ***	0.74 ***	1.324 ***
	(0.119)	(0.203)	(0.119)	(0.204)
宗教信仰	-0.431 ***	0.255 *	-0.444 ***	0.256 **
	(0.129)	(0.148)	(0.129)	(0.148)
常数项	15.229 ***	17.493 ***	18.413 ***	18.112 ***
	(0.509)	(0.558)	(1.105)	(0.994)
F 统计值	117.64 ***	63.23 ***	107.11 ***	56.94 ***
调整后 R^2	0.16	0.139	0.165	0.142
样本数	5533	3466	5533	3466

注：*** 、** 和 * 分别表示在 1% 、5% 和 10% 的显著性水平上显著。括号中的数字表示相应标准误。

把所有样本分性别进行回归的估计结果如表 6 所示（控制变量的回归结果从略）。同样的，在不考虑相对收入效应的回归中，男性和女性居民的环境意识均与绝对收入存在显著的正相关关系。在考虑相对收入效应的回归中，男性和女性居民的绝对收入仍对环境意识有显著正向影响，但系数明显下降。同时，相对收入与环境意识均显著正相关。这意味着绝对收入、相对收入与环境意识之间的关系与居民的性别无关。我们的实证分析也揭示了相对收入对女性居民环境意识的影响超过男性。一个可能的解释是相对收入是社会地位与个人能力的体现，而相比男性群体来说，女性群体更偏好个体之间的攀比，所以相对收入对女性群体的影响更大。

表 6　分性别的回归结果

变量	不考虑相对收入效应		考虑相对收入效应	
	男性	女性	男性	女性
绝对收入的对数	0.514 ***	0.539 ***	0.251 **	0.21 *
	(0.046)	(0.047)	(0.129)	(0.121)
相对收入			1.126 **	1.564 ***
			(0.513)	(0.533)
F 统计值	170.98 ***	197.73 ***	154.49 ***	179.15 ***
调整后 R^2	0.239	0.302	0.241	0.305
样本数	4909	4090	4909	4909

注：*** 和 ** 分别表示在 1% 和 5% 的显著性水平上显著。括号中的数字表示相应标准误。

五　结论与政策建议

收入水平是影响居民环境意识的重要因素之一，已有文献从绝对收入的角度对此进行了充分的论证和检验。相较绝对收入而言，相对收入对环境意识的影响可能更大，但相对收入既可能对环境意识产生正向影响，又可能产生负向影响，这取决于社会比较效应和信号效应的相对强度。本文利用 CGSS 2013 数据，实证分析了绝对收入和相对收入对居民环境意识的影响。回归结果表明，如果不考虑相对收入效应，那么绝对收入水平与居民环境意识呈显著正相关。一旦考虑相对收入效应，那么绝对收入水平仍然显著正向影响居民环境意识，但系数明显变小，而且相对收入水平也与居民环境意识呈显著正相关。我们的实证结果说明对于样本而言，社会比较效应均超过信号效应。此前的学者尽管意识到绝对收入显著正向影响居民环境意识，但他们高估了这种影响的程度。

为进一步探究绝对收入、相对收入与居民环境意识之间的关系是否存在城乡差异和性别差异，本文还把所有样本分城乡和性别分别进行了实证分析，结论基本一致，这说明本文的回归结果是稳健的。当然，收入水平并非决定居民环境意识的唯一因素。本文的实证分析还发现，年龄、性别、健康状况、教育水平、居住地、政治面貌等因素都可能对居民环境意识具有显著性影响。

本文的政策含义在于，现阶段加快经济增长、增加居民收入仍然是提升我国居民环境意识的一个重要途径。然而，我们也应该意识到相对收入水平在形成和增强居民环境意识方面所起的作用越来越大。因此，政府应针对东、中、西部地区的特殊性，因地制宜，在增加居民绝对收入的同时，采取措施缩小居民收入差距。

参考文献

洪大用、范叶超、肖晨阳，2014，《检验环境关心量表的中国版（CNEP）——基于CGSS 2010 数据的再分析》，《社会学研究》第 10 期。

洪大用、卢春天，2011，《公众环境关心的多层分析——基于中国 CGSS 2003 的数据应用》，《社会学研究》第 6 期。

栗晓红，2011，《社会人口特征与环境关心：基于农村的数据》，《中国人口·资源与环境》第 12 期。

聂伟，2014，《公众环境关心的城乡差异与分解》，《中国地质大学学报》（社会科学版），第 1 期。

史丹、王俊杰，2016，《基于生态足迹的中国生态压力与生态效率测度与评价》，《中国工业经济》第 5 期。

王俊杰，2016，《中国省级生态压力与生态效率综合评价——基于生态足迹方法》，《当代财经》第 8 期。

王俊杰、史丹、张成，2014，《能源价格对能源效率的影响——基于全球数据的实证分析》，《经济管理》，第 12 期。

Dienes C. 2015. "Actions and Intentions to Pay for Climate Change Mitigation: Environmental Concern and the Role of Economic Factors". *Ecological Economics* 109 (2): 122 – 129.

Dunlap R. E. and Mertig A. G. 1997. "Global Environmental Concern: An Anomaly for Postmaterialism". *Social Science Quarterly* 78 (1): 24 – 29.

Dunlap R. E. and Jones R. E. 2002. "Environmental Concern: Conceptual and Measurement Issues". In Dunlap, R. and Michelson, W., eds. *Handbook of Environmental sociology*. Westport: Greenwood Press.

Festinger L. 1954. "A Theory of Social Comparison Processes". *Human relations* 7 (2): 117 – 140.

Franzen A. and Meyer R. 2010. "Environmental Attitudes in Cross – national Perspective: A Multilevel Analysis of the ISSP 1993 and 2000". *European Sociological Review* 26 (2): 219 – 234.

Garcia S. M., Tor A. and Gonzalez R. 2006. "Ranks and Rivals: A Theory of Competition". *Personality and Social Psychology Bulletin* 32 (7): 970 – 982.

Gelissen J. 2007. "Explaining Popular Support for Environmental Protection: A Multilevel A-nalysis of 50 Nations". *Environment and Behavior* 39 (3): 392 – 415.

Hirschman A. O. and Rothschild M. 1973. "The Changing Tolerance for Income Inequality in the Course of Economic Development with a Mathematical Appendix". *The Quarterly Journal of Economics* 87 (4): 544 – 566.

Ingelhart R. 1997. *Modernization and Postmodernization: Cultural, Economic, and Political Change in 43 Societies*. Princeton: Princeton University Press.

Liu X. S., Vedlitz A. and Liu S. 2014. "Examining the Determinants of Public Environmental Concern: Evidence from National Public Surveys". *Environmental Science and Policy* 39 (1): 77 – 94.

Mcbride M. 2001. "Relative – income Effects on Subjective Well – being in the Cross – section". *Journal of Economic Behavior and organization* 45 (1): 251 – 278.

Samdahl D. M. and Robertson R. 1989. "Social Determinants of Environmental Concern – Specification and Test of the Model". *Environment and Behavior* 21 (3): 57 – 81.

Shen J. Y. and Saijo T. 2008. "Reexamining the Relations between Socio – demographic Characteristics and Individual Environmental Concern: Evidence from Shanghai Data". *Journal of Environmental Psychology* 28 (3): 42 – 50.

Theodori G. L. and Luloff A. E. 2002. "Position on Environmental Issues and Engagement in Pro – environmental Behaviors". *Society and Natural Resources* 15 (6): 471 – 482.

主观幸福感对居民环境行为的影响研究

——来自中国综合社会调查的经验证据[*]

亢楠楠　王尔大[**]

摘　要：在经济持续发展的大背景下，居民幸福感知却表现出了非同步性的变化轨迹，大量文献对其可能的影响因素进行了探究。但是，幸福感逆向效应的研究常常被忽视。基于 2010 年中国综合社会调查数据，以城市年意外日照时长作为工具变量，本文评估了幸福感对居民环境行为的影响，并初步检验了可能的影响机制。结果显示，主观幸福感对居民环境行为具有显著的影响，幸福感的提升能够增加居民参与环境行为的概率，由此带来的环境关心水平的提高被看作幸福感影响居民环境行为的主要机制。此外，收入水平的增加还可以促进居民私人领域和公共领域部分环境行为的发生。因此，以改善民生和提高居民幸福感为目的的经济转型，可以看作解决经济发展与环境保护之间的矛盾的重要途径。

关键词：幸福感　环境行为　环境关系　IV Probit 模型

一　引言

自"伊斯特林悖论"提出以来，经济增长与居民幸福感之间的不匹配

---

* 原文发表于《统计研究》2017 年第 5 期。本文获国家自然科学基金项目"基于游客满意度的国家森林公园游憩价值评价理论方法与实证研究"（项目编号：71640035）、国家自然科学基金"基于环境价值的滨海旅游承载力评价理论方法与实证研究"（项目编号：71271040）资助。

** 亢楠楠，大连理工大学工商管理学院博士研究生；王尔大，大连理工大学工商管理学院教授，美国得克萨斯农工大学斯帝威尔分校兼职教授，博士生导师。

关系得到越来越多的证实（Esterlin，1974；Oshio et al.，2010；Ferrer－i－Carbonell，2005；何立新等，2011）。"唯 GDP 论"的经济发展战略正逐渐得到弱化和纠正，国民幸福感的增长状况逐渐成为判断社会发展和谐与否的新标准（张学志等，2011）。幸福经济学研究表明，主观幸福感的上升能够为个体带来很高的边际效用（Glaeser et al.，2014）。借助心理学的研究成果，经济学家对可能影响幸福感的因素进行了深入探索。除去绝对收入和相对收入等经济因素，社会生活和环境质量也是限制居民幸福感提升的重要原因①（任海燕，2012）。其中，资源短缺、生态系统恶化等环境问题给社会生产力和健康成本带来不可弥补的损失②，被看作国民幸福的巨大威胁（中国公众环保民生指数，2006）。释放环境压力、防止生态进一步被破坏已经成为新常态发展背景下亟待破解的难题。除了依靠政府行政力量、企业社会责任外，引导居民自觉转向资源节约与环境行为③，探索新的人与环境关系模式和社会价值范式也是早日到达环境库兹涅茨曲线拐点的重要出路（宋马林等，2011）。因此，讨论居民从事环境行为的影响机理便成了一个值得研究的课题。不能否认的是，改善民生、提升生活品质是绝大部分人实施环境行为的动机。反过来，如果居民幸福感的提升能对其自身环境行为起到促进作用，那么便达到了经济增长与环境保护的"双赢"。

迄今为止，国内外大量文献将研究视角集中于宏观经济变量、经济参数以及个体特征对主观幸福感的影响（Shim et al.，2012；Taylor et al.，2011；Weinkelmann，2012），而对于幸福感的逆向效应关注较少（Kahneman et al.，2006）。即使是宏微观经济学，也常常忽略情绪作为一个自变量的影响作用。事实上，神经学和心理学的近期研究结果显示，情绪尤其是幸福感，在个体决策制定过程中扮演着重要的角色（Gilbert，2009）。这种反向因果关系最早在 Kenny 的研究中得到实证验证。Kenny 运用 10 个富裕

111

---

① 2010 年，经济学家伊斯特林在《美国国家科学院院刊》发表了《中国的生活满意度：1990～2010》报告，发现过去二十年间中国居民的生活满意度呈急剧下滑趋势，与同期经济的突飞猛进形成巨大反差。类似的，世界价值观调查（WVS）显示，1990～2005 年中国居民的幸福感趋于下降，虽然在 2005～2011 出现缓慢回升，但仍低于 1990 年的水平。

② 世界银行曾对此做过估计，由于污染造成的健康成本和生产力的损失大约相当于国内生产总值的 1%～5%。

③ 现有文献中，环境行为又被称作"环保行为""亲环境行为""亲生态行为""生态责任行为"以及"负责任的环境行为"等，但都具有统一内涵。因此，上述名词可以通用。

国家的时间序列数据发现，经济增长不能促进幸福感的提升，而二者之间的逆向因果关系却获得了微弱的支持（Kenny，1999）。此后，有关幸福感影响行为的研究逐渐增加，涉及消费和储蓄（Guven，2012）、投资与风险识别（Van Winden et al.，2011）、移民意向（Otrachshenko et al.，2014）、生产率（Oswald et al.，2009）和就业（Krause，2013；Gielen et al.，2014；李树等，2015）等诸多方面。尽管已经有少量文献认识到了积极情绪在促进负责任的环境行为方面的作用（David et al.，2011），并尝试进行了心理状态和亲环境行为之间的路径分析（Kaida et al.，2016），但还缺少幸福感影响居民从事环境行为的概率及作用机制的系统研究。运用中国综合社会调查数据，本文使用工具变量模型评估了幸福感对居民环境行为的影响，并初步检验了幸福感可能影响居民从事环境行为概率的机制，是对经济学领域幸福感的行为效应研究的一个补充。同时，本文扩展了环境保护领域的研究视野，从幸福经济学角度来分析居民参与环境行为的影响因素及作用机理，挖掘环境行为背后隐含的深层原因，为环境政策的制定及提升公众参与水平提供有效参考。

二 文献综述

对于环境行为，学术界一直没有标准的定义。Hines（1986）将其界定为能够避免或者解决环境问题的基于个人责任感和价值观的有意识行动。Hsu、Roth（1998）将这一概念定义为个体为保护或者改善环境而采取的一系列负责任的行动。孙岩结合中国国情，将环境行为划分为生态管理行为、财务（消费）行为、说服行为和公民行为（孙岩，2012）。上述各概念虽然说法各异，但都揭示了环境行为统一的内涵，那就是环境领域（资源消费、自然保护、气候变化以及对环境友好产品的支持等）中的负责任行为（Schultz & Kaiser，2012；Steg & Vlek，2009）。

要研究幸福感对环境行为的影响，就必须了解居民行为背后的心理机制。经验表明，心理因素在促进自然资源和能源的可持续消费行为中起着重要的作用（Vlek & Steg，2007）。Kaiser（1998）在对生态行为的测量过程中发现，情感共鸣、同情或者关心等积极情绪可以影响个体的亲社会行为。具体来说，环境正面情绪，例如对环境的亲和力、由生态破坏引起的愤怒、未参与环境保护的愧疚、对大自然的欣赏和崇拜等，都可以预测人们的亲生态行动（Corral – Verdugo et al.，2009；Kals et al.，1999）。Bamberg 等（2007）的研究显示，愧疚感是个体亲环境行为的显著预测因素。情绪之所以能够影响个体行为，源于其带来的个体选择能力和创新能力的改变、记忆水平的提高以及利他行为的增加（Oswald et al.，2009）。

Andrews 等指出，情绪和幸福之间存在着密切的联系（Andrews et al.，2012）。作为对自己生活质量的整体测评，幸福感包括对满意度的认知判断和情绪情感的评估（Kesebir & Diener，2008；Pavot & Diener，1993），能促进个体正向情绪与反向情绪的平衡（Diener，1985）。受此启发，学者们对环境行为与幸福感的相关关系进行了深入探索。Eigner（2001）和 Sohr（2001）的定性研究显示，实施环保行动可以促进个人幸福感的提升。那些参加环保节日活动的个体会在圣诞节报告有更幸福的生活（Kasser & Sheldon，2002）。Corral – Verdugo（2011）将环境领域的可持续行为分为亲生态、利他、节约和公平四种，通过结构方程的高阶因子分析证实了上述行为的组合对于幸福感有着显著的影响。Jacob（2009）检验了生态可持续行为和主观幸福感之间的联系，发现沉思冥想的精神习惯是二者之间的链接机制。对于特定人群，对环境负责任的生活方式和自身生活质量之间不一定存在不可调和的冲突，冥想经历对幸福感的方差变化具有显著的解释作用。Brown 和 Kasser（2005）对此持同样观点。通过青少年和成人两个群体的对比研究，他们发现，主观幸福感和生态责任行为之间是可以相容的，幸福感更高的人往往具有更频繁的生态责任行为。至此，幸福感与环境行为之间的反向因果关系逐渐受到关注。Crater 的定性分析发现，三种具体的积极情绪（敬畏、希望和爱）可以更有效地激发人们的环境责任行为（Crater，2011）。使用斯德哥尔摩居民的邮寄问卷调查数据，Kaida 等（2016）研究了心理状态、亲环境行为以及主观幸福感（当前的和未来的）的结构关系，结果显示心理因素（普世主义、内在满意度等）与亲环境行为相关；亲环境行为不仅能够提升当前的幸福感知，对未来的幸福也有促进作用；而对未来生活幸福感的预期与当前的亲环境行为却呈负相关关系（Kaida et al.，2016）。

已有的研究结果表明，幸福感不仅是居民环境行为的最终结果，而且可作为前因变量对环境行为的发生产生一定影响。因此，相对于二者相关关系的简单证明，研究幸福的逆效应就变得更有意义。本文使用中国的微观调查数据，评估幸福感对居民环境行为的影响。另外，通过对相关文献的梳理，我们尝试提出了幸福感对环境行为两种可能的影响机制。首先，幸福感促进了居民的环境关心水平，使其更愿意投身于环境保护工作当中。王建明在研究资源节约意识对资源节约行为的影响时发现，个体资源问题意识的不同，可能会导致情绪对行为的影响存在差异（王建明，2013）。人们产生意识并支持解决生态环境问题的程度就是环境关心（Dunlap & Jones，2002）。大量研究表明，环境关心可以作为环境行为的直接或者间接预测变量（Oreg & Katz - Gerro，2006；Tatić & Činjarevic，2010；Urban & Ščasny，2012）。其次，居民的主观幸福感可能增加个人享有的社会资本，提升其参与环境行为的概率。因为更幸福的人拥有更多的正向情绪，从而表现出更多亲社会的特征（更信任他人、更愿意与他人合作、更频繁地参加社交聚会、更关注他人的需求等）（Guven，2011；Tapia - Fonllem et al.，2013）。已有研究证实，社会资本是居民参与环境保护的重要动力（Staats，2004；Abrahamese et al.，2011；王建明，2012；万建香等，2012）。因此，可以判断居民拥有的社会资本也可能是幸福感影响其环境行为的机制之一。

三　研究设计

（一）模型构建

1. 居民环境行为的选择模型及估计方法

居民在进行环境行为的决策过程中，假设有 k 种行为方式可供选择，其效用函数为：

$$U_{isk} = V_{isk}(X_{is}, C_s) + \varepsilon_{isk}, \qquad k = 0,1,\cdots,4 \qquad (1)$$

$$V_{isk}(X_{is}, C_s) = \beta_x X'_{is} + \gamma_k C'_s \qquad (2)$$

式（1）被称作可加随机效用模型。其中，U_{isk} 表示居住在地区 s 的居民 i 的经验效用。$V_{isk}(X_{is}, C_s)$ 表示效用的确定性部分，在本文中，我们以居民幸福感评分来代替。ε_{isk} 表示那些不容易观察到的个体特征所代表的随机效用部分。X_{is} 表示居民 i 的社会经济特征，包括性别、年龄、学历、婚姻状况、就业情况等诸多方面。C_s 表示地区控制变量。β_x 和 γ_k 分别表示模型中对应的参数。

理性个体在进行行为决策时，遵循"效用最大化"的基本原则。我们将居民"从未进行过"环境行为（h）作为参照变量。因此，个体在面临是否进行环境行为时，需要满足 $U_{isk} \geq U_{ish}$，$k \neq h$。居民 i 选择参与环境行为频率 k 的概率为：

$$Pr(Behaviror = k) = Pr(U_{isk} \geq U_{ish}, k \neq h) = Pr(\widetilde{\varepsilon_{iskh}} \leq -\widetilde{V_{iskh}}, k \neq h) \tag{3}$$

其中，$\widetilde{\varepsilon_{iskh}} = \varepsilon_{ish} - \varepsilon_{isk}$，$\widetilde{V_{iskh}} = V_{ish} - V_{isk}$。

假设随机扰动项 ε_{isk} 服从标准正态分布，上述概率模型（3）为有序 Probit 模型（Ordered Probit Model）。计量经济学中，有关居民环境行为 Behavior 的 Probit 模型可以从潜变量模型中推导出来。依据前文假设，我们将潜变量 $Behavior^*$ 的表达式定义如下：

$$Behavior_{is}^* = \alpha_{is} + \beta_{is}Happiness_{is} + \gamma X_{is} + \lambda_i + \xi_{is} \tag{4}$$

其中，$Happiness_{is}$ 表示居住在地区 s 的个体 i 的幸福感，X_{is} 表示居民 i 的社会经济特征，λ_i 表示省会城市（直辖市）哑变量，ξ_{is} 为随机误差项，服从标准正态分布。本文中，公众的环境行为频率有三种选择，$k = 0$、1、2 分别表示从不进行环境行为、偶尔进行环境行为和经常进行环境行为。所以，存在（$3-1$）个"门限值"，分别为 τ_1 和 τ_2，且存在以下关系：$-\infty \equiv \tau_0 < \tau_1 < \tau_2 < \tau_3 \equiv \infty$。根据"潜变量数据扩展方法"分析，可以得到：

$$Behavior = k \Leftrightarrow \tau_{k-1} < Behavior^* \leq \tau_k \qquad k = 1,2,3 \tag{5}$$

将给定的影响个体行为选择的可度量因素统称为 Γ，居民选择某项环境行为的概率为：

$$Pr(Behaviror = k) = Pr(\tau_{k-1} < Behaviror* \leq \tau_k)$$
$$= \Phi(\tau_k - \eta\Gamma_i) - \Phi(\tau_{k-1} - \eta\Gamma_i) \tag{6}$$

其中，$\Phi(\cdot)$ 表示标准正态累积分布函数。得到需要估计的对数似然函数，基于此可以实现模型的极大似然估计。

2. IV Probit 模型及两步估计法

由上文综述可知，居民环境行为与其幸福感之间存在双向因果关系。此外，尽管我们尽可能多地考虑了可能影响居民环境行为的主要变量，但仍然不能做到完全避免遗漏变量的情况。加之可能存在的测量误差，简单地使用有序 Probit 模型［式（6）］得到的参数估计量是有偏且非一致的。参照 Russo（2012）、Hyll 等（2013）的观点，我们需要寻找恰当的工具变量来替代可能存在内生性的幸福感变量，并在此基础上进行两阶段回归。第一阶段，我们把内生解释变量 *Happiness* 对所有工具变量和外生解释变量做 OLS 回归，得到残差 $\widehat{\varepsilon_{is}}$ 和潜变量 *Happiness** 的拟合值：

$$Happiness_{is}^* = \mu_{0s} + \mu_{1s}\vec{Z} + \mu_{2s}X_{is} + \varepsilon_{is} \Rightarrow \widehat{Happiness_{is}^*} \tag{7}$$

其中，$\vec{Z}$ 表示工具变量，$\widehat{Happiness_{is}^*}$ 表示 *Happiness** 的拟合值。X_{is} 是与有序 Probit 模型中相同的控制变量。第二阶段，将被解释变量 *Behavior* 对潜变量的拟合值、残差以及外生解释变量做有序 Probit 回归，得到 β_{is}^* 的一致估计值，表达式为：

$$Behavior_{is}^* = \alpha_{is} + \beta_{is}^* \widehat{Happiness_{is}^*} + \gamma X_{is} + \lambda_i + \xi_{is} \tag{8}$$

现代计量经济学中，$\vec{Z}$ 必须满足以下两个条件：第一，外生性，即 $cov(\vec{Z}, \xi_{is}) = 0$；第二，与内生变量 *Happiness* 显著相关。本文所选取的工具变量及其有效性检验在下文详细说明。

（二）数据来源和变量说明

本文所使用的有关个体的社会经济特征、幸福感知以及环境行为等数据来源于中国人民大学调查与数据中心负责执行的中国综合社会调查（CGSS），这是我国最早的综合性、连续性和全国性的学术调查项目。我们选择使用 2010 年的数据（简称 CGSS 2010），因为 CGSS 2010 年问卷包含环境（ISSP）扩展板块，就被调查者的环境意识、环保知识以及环境行为进行了深入的调查。该方案在全国调查 12000 名个体，抽样范围涵盖 100 个市级单位加 5 大都市（本文数据涉及其中的 88 个市）、480 个村/居委会。下面就式（4）中所涉的变量进行详细说明。

1. 被解释变量

被解释变量 *Behavior* 代表居民的环境行为。参照孙岩等（2012）的研究，结合社会背景，本文最终将环境行为划分为私人环境行为与公共环境行为两个维度，每个维度各包含三个题项。其中，"您会特意为了保护环境而节约用水或对水进行再利用吗？""您会为了保护环境而不去购买某些产品吗？""您会为了保护环境而减少居家的油、气、电灯能源或燃料的消耗量吗？"三个题项代表公众私人环境行为。用公众的环境支付意愿替代其公共环保行为，即"为了保护环境，您在多大程度上愿意支付更高的价格？""您在多大程度上愿意缴纳更高的税？""您在多大程度上愿意降低生活水平?"① 样本的信效度检验结果见表1，结果显示量表的内部一致性、可靠性和稳定性都比较好，各组成部分建构效度理想。根据居民环境总分划分为 3 级 Likert 量表制，1～3 分别代表居民不同频率的环境行为②。

表 1 居民环境行为量表的信度和效度检验

变量名称		环境行为	私人环境行为	公共环保行为
变量题项数		6	3	3
Cronbach's α 系数		0.780	0.803	0.838
KMO 检验		0.744	0.708	0.698
Bartlett's 球形检验	x^2 统计量	8080.25	3295.37	4401.76
	自由度	15	3	3
	显著性水平	0.000	0.000	0.000

2. 解释变量

式（4）的右边，解释变量 *Happiness* 衡量受访者的主观幸福感。CGSS 2010 问卷中，通过询问居民"总的来说，您认为您的生活是否幸福?"来获得该项指标。变量赋值 1～5，分别表示"很不幸福""比较不幸福""居于幸福与不幸福之间""比较幸福""完全幸福"。*X* 是可能影响公众参与环境行为的个体特征向量，包括居住地类型、受访者性别、年龄③、年龄的平方、宗教信仰、受教育程度、健康状况、工作情况、婚姻状况、孩子数量、家庭年收入（对数值）。此外，我们加入了省会（直辖市）城市虚拟变量，以控制城市特征对公众参与环境行为可能存在的影响。各变量的描述性统计略。

3. 工具变量

伴随经济增长，环境指标"临界点"的逼近使得空气、土壤、水源甚

---

① CGSS2010 问卷中设计了具体测量居民公共环保行为的问题，分别是"您是否就环境问题签署过请愿书?""您是否给环保团体捐过钱?""您是否为某个环境问题参加过抗议或示威游行?"但是，样本的信效度均没有通过有效性检验。因此，本文未采纳这三个题项。

② CGSS2010 问卷中居民的私人环保行为分为 4 个等级，分别表示"从不、有时、经常、总是"；公共环保行为则分为 5 个等级。为了消除评分标准不一致所带来的影响，本文进行了求总分和并划分等级的处理。

③ 本文所定义的年龄是受访者在接受调查时（2010 年）的年龄。

至阳光都成为稀缺的资源①。因此，日照、气温、降水量等自然条件被证实为是影响居民环境满意度和生活满意度评价的主要气候因素（Parker，1995；Van Praag & Ferrer - i - Carbonell，2004；Maddison & Rehdanz，2011）。具体地，Kämpfer 和 Mutz（2011）使用德国的大规模调查数据证明了阳光对人们生活满意度的影响的确存在，处在异常晴朗天气状态下的居民更容易报告较高水平的生活满意度。借鉴 Guven（2012）、叶显等（2015）的研究，本文选取受访者所在城市的意外日照时长（unexpected part of sunshine，UPS）作为幸福感的工具变量。具体的计算方式如下：意外日照时长（UPS）=本年实际日照时长（actual sunshine，AS）-可预日照时长（expected part of sunshine，EPS）。其中，可预日照时长为该城市2004~2009 年六年间日照时长的均值。通过查阅《中国统计年鉴》、各省（区、市）的统计年鉴以及气候公报，本文计算了问卷中涉及的 88 个城市2010 年的意外日照时长（UPS）值。

接下来是检验意外日照时长（UPS）是否可以用来作为幸福感的有效工具变量。首先对式（4）进行了内生性检验。Hausman 检验结果显示 $p = 0.005$，可以拒绝所有解释变量都是具有外生性的假设，从而证明了幸福感属于内生解释变量。那么，在只有幸福感一个内生变量的情况下，两阶段法的第一阶段回归的 F 值（31.42）大于 Staiger 和 Stock（1997）建议的经验值10，并在 1% 的水平上显著，证明意外日照时数与内生变量存在足够的相关性。鉴于工具变量的恰好识别特征，采用因变量同时回归于内生变量和工具变量来检验工具变量的外生性的假设（李树等，2015）。使用居民的环境行为变量对意外日照时长进行 Probit 回归，结果显示，其回归系数（$z = 1.14$，$p = 0.254$）并不显著，说明工具变量并无影响因变量的直接渠道，证实了意外日照时长具有外生性。

四　实证结果

（一）幸福感与环境行为

表2 中 1~2 列结果显示，在控制了社会人口因素和地区虚拟变量后，

① 郑方辉等（2015）针对广东省近三十年的研究结果显示，工业产值每增加一个百分点，就可减少城市 0.38 小时的日照时间。

核心解释变量幸福感对居民参与环境行为的影响显著为正，这说明居民幸福感的提升确实能够促进居民环境行为的发生。从社会人口特征方面来看，城乡居民的环境行为存在明显差异。相较于农村居民来说，居住在城市的居民表现出更频繁的环境行为。对此常见的解释是，城市居民比农村居民承受更多的环境污染，加之掌握更多的环境知识以及较高的受教育水平，因此他们更愿意从事环境行为。主流观点认为，女性较男性更容易参与环保行为（Brent S. Steel，1996），这是因为相较于女性的施爱者特征，男性群体较多关注经济利益，易于把经济发展与环境保护行为对立起来。而本文中性别对居民环境行为的影响却不显著。类似的，2006 年《全国城市环境意识调查报告》的专项分析也显示出了性别与某些环境行为无关。王凤（2007）在对公众参与环境保护行为形成机理的研究中对此现象进行了解释。他指出，现阶段女性获取环保专业知识的渠道受限，在一定程度上影响了其环保行为的发生，这很可能是造成环境行为性别差异不明显的一大原因。从年龄方面来看，居民的年龄对环境行为的发生具有明显的非线性影响。二者之间呈现倒"U"形关系，即在到达一定的年龄拐点（49 岁左右）之前，环境行为发生频率随着年龄的增长而增长，越过年龄拐点之后，频率随之减少。与预期一致，居民学历水平的增加显著影响了其自身环境行为的发生。这说明接受教育程度越高，可能获取更多的环保知识，从而对环境保护重要性的理解越深，也就更愿意从事环境行为。工作经历方面，没有工作的居民环保行为较多，这可能是因为其拥有更多空闲的时间。这一原因也可用来解释未婚、孩子数量较少的居民拥有更频繁的环境行为。一个有趣的现象是，收入水平对居民从事环境行为的影响并不显著，差异性分析中对此现象进行了探索性的解释。

表 2 中 5 - 6 列显示了环境行为方程（8）的 IV Probit 估计结果。与简单的有序 Probit 模型结果相比，幸福感对居民环境行为的影响系数大幅度上升，显著性也提高。这说明居民参与环境行为的频率的确逆向影响了其自身的幸福感知，从而导致简单的有序 Probit 回归低估了幸福感对环境行为的影响。此外，居民的宗教信仰对其环境行为的影响通过了 10% 的显著性水平检验。我们发现，那些没有宗教信仰的居民更愿意投身环保行为事业，表现出与"宗教信仰者亲社会"信念相反的结果。已有研究表明，在宗教信仰水平偏低的文化情境中，个体对于上述信念表现出更少的精神认同（Gervais & Norenzayan，2012）。因此，在非宗教信仰普遍盛行的中国文化传

统中，宗教信仰的环境行为效应并不适用。排除了内生性变量的影响，工作经历和孩子数量对环境行为的影响略微增加，而婚姻状况的影响不再显著。

表 2　居民环境行为方程估计结果

解释变量	有序 Probit		IV Probit			
	环境行为		第 1 阶段（幸福感）		第 2 阶段（环境行为）	
	Coef.	z 值	Coef.	t 值	Coef.	z 值
幸福感	0.0430 *	1.84			0.385 **	1.96
意外日照时长			0.0011 ***	7.66		
居住地类型	− 0.3013 ***	− 6.00	0.0912 **	2.53	− 0.3296 ***	− 5.84
性别	0.0687	1.55	0.0998 ***	3.12	0.0511	0.98
年龄	0.0173 **	2.22	− 0.006	− 1.15	0.0196 **	2.27
年龄的平方	− 0.0001 *	− 1.82	0.0002 ***	2.63	− 0.0002 **	− 2.22
宗教信仰	− 0.0626	− 0.96	0.0905 *	1.92	− 0.1228 *	− 1.67
受教育水平	0.1159 ***	3.94	0.0474 **	2.25	0.1047 ***	3.12
健康状况	0.0214	0.99	0.2018 ***	12.21	− 0.0438	− 0.99
工作经历	0.0491 **	1.98	− 0.0121	− 0.68	0.0693 **	2.50
孩子数量	− 0.0324	− 1.50	0.0243	1.55	− 0.0443 *	− 1.86
婚姻状况	− 0.0737 *	− 1.88	− 0.1127 ***	− 4.00	− 0.0376	− 0.73
家庭年收入	0.0082	0.33	0.1308 ***	7.24	− 0.0440	− 1.14
省份固定效应	YES		YES		YES	
常数项			1.4110	5.24	− 0.6108	− 1.26
观察值	3439		3439		3439	
LR chi^2 （12）	139.82					
Prob > chi^2	0.000				0.000	
Pseudo R^2	0.0270		0.103			
Log likelihood	− 2521.9792					
Wald 检验 P 值			0.1000			

注：*** 、 ** 、 * 分别表示在 1%、5% 和 10% 的统计意义上显著。

（二）扩展分析

1. 边际分析

从个体决策角度出发，通过有序 Probit 模型可以揭示公众参与环境行为的微观决策过程，量化其感知到的幸福程度对于环境行为决策的边际影响。但是，通过估计参数只能从影响方向和显著性水平等方面给出有限的信息，不能直接代表解释变量对居民环境行为的边际效应。因此，需要进一步计算回归元对概率的边际效应。对于有序 Probit 模型来说[①]，有：

$$\frac{\partial Prob(k = 0 \mid \Gamma^{(r)})}{\partial r} = -\eta\varphi(\tau_1 - \eta\Gamma_i), \frac{\partial Prob(k = 2 \mid \Gamma^{(r)})}{\partial r} = \eta\varphi(\tau_2 - \eta\Gamma_i)$$

$$\frac{\partial Prob(k = 1 \mid \Gamma^{(r)})}{\partial r} = \eta[\varphi(\tau_1 - \eta\Gamma_i) - \varphi(\tau_2 - \eta\Gamma_i)] \tag{9}$$

其中，$\Gamma^{(r)}$ 代表环境行为方程中的外生解释变量。式（9）计算出的边际效应的含义是：解释变量变化 1 个单位时，居民环境行为取各个值的概率的变化情况。工具变量法中，由于解释变量 *Happiness* 具有一定的内生性特征，其边际效应的含义与外生解释变量的边际效应含义存在差异，需要分开讨论。参照连玉君等（2014）的研究，我们认为 $\widehat{Happiness}_{is}^*$ 是一阶段回归中得到的潜变量的拟合值，实质上可将其看作连续变量，因此本文计算了 *Happiness* 的连续边际效应。由此计算出的边际效应的含义是：当居民自评的幸福感的概率发生变化时，被解释变量取各个值的概率如何变化。计算公式如下：

$$\frac{\partial Prob(Behaviror = k)}{\partial Prob(Happiness = j)}\bigg|_{\Gamma = \bar{\Gamma}} = \frac{\partial Prob(Behaviror = k) / \partial \widehat{Happiness}_{is}^*}{\partial Prob(Happiness = j) / \partial \widehat{Happiness}_{is}^*}\bigg|_{\Gamma = \bar{\Gamma}} \tag{10}$$

$$(k = 0, 1, 2, \quad j = 1, 2, 3, 4, 5)$$

表 3 给出了式（9）和式（10）的计算结果。举例来说，如果居民由城市迁往农村，其"偶尔"和"经常"从事环境行为的概率分别下降约 9.4 个百分点和 1.4 个百分点。在中国文化情境中，相对于那些没有某种宗教信仰的居民，有信仰的居民"偶尔"和"经常"参与环境行为的概率要分别减少约 2.3% 和 0.3%。学历每增加一个层次，居民"从不"进行环境行为

---

① 本文提供的公式只适用于计算连续变量的边际效应。为了保证计算结果的统一性，在计算时可将虚拟解释变量视为连续变量。有关虚拟变量的边际效应计算可参照"William H. Greene《计量经济分析》（下册），离散选择模型"章节。

的概率减少约 4.1 个百分点，"偶尔"和"经常"参加环境行为的概率则分别增加 3.57 个百分点和 0.53 个百分点。对于幸福感变量来说，当其余变量处于均值时，居民感觉非常幸福的概率 $Prob(Happiness=5)$ 每上升 1%，其"从不"进行环境行为的概率 $Prob(Happiness=0)$ 减少 0.0167%，"偶尔"进行环境行为的概率 $Prob(Happiness=1)$ 增加 0.0142%，"经常"进行环境行为的概率 $Prob(Happiness=2)$ 增加 0.0025%。从表中数值可以看出，居民幸福感的提升增加了其参与环境行为的概率，减少了"从不"进行环境行为的概率。

表 3 解释变量对居民参加环境行为的边际效应

变量	从不进行环境行为	偶尔进行环境行为	经常进行环境行为	显著性水平
外生解释变量				
居住地类型	0.1089	− 0.0948	− 0.0140	***
性别	− 0.0211	0.0183	0.0027	
年龄	− 0.0071	0.0062	0.0009	***
年龄的平方	6.09E − 05	− 5.3E − 05	− 7.86E − 06	**
宗教信仰	0.0267	− 0.0232	− 0.0034	*
受教育水平	− 0.0411	0.0357	0.0053	***
健康状况	− 0.0098	0.0085	0.0012	
工作经历	− 0.0205	0.0179	0.0026	***
孩子数量	0.01485	− 0.0129	− 0.0019	**
婚姻状况	0.0258	− 0.0224	− 0.0033	
家庭年收入	− 0.0042	0.0036	0.0005	
内生解释变量（连续边际效应）				
非常不幸福	− 0.0177	0.0161	0.0016	***
比较不幸福	− 0.0175	0.0156	0.0018	***
一般	− 0.0172	0.0152	0.0020	***
比较幸福	− 0.0170	0.0147	0.0022	***
非常幸福	− 0.0167	0.0142	0.0025	***

注：***、**、*分别表示在 1%、5% 和 10% 的统计意义上显著。

2. 差异性分析

繁荣（富裕）假说认为，经济的发展会促进居民的环境行为（Baumol，1979）。但表 2 结果显示，不同收入的群体并未表现出明显的环境行为差异。事实上，对繁荣（富裕）假说的争议一直存在。早在 1995 年，Dunlap 就提出，环保意识和环境行为已经成为全球性现象，并不受国家或地区经济发展水平的影响。对此现象另一种可能的解释是，本文选取的环境行为包含了公共和私人两个领域，代表居民不同的价值观和亲环境偏好（何兴邦，2016）。为了验证收入对居民各类环境行为的影响，本文采用 IV Probit 模型对私人领域和公共领域的具体环境行为进行了回归（见表4）。表 4 显示，收入对居民私人领域的两项环境行为的影响较大，而只对公共领域的一项行为表现出正向显著的影响，这与 Hadler（2011）的研究结果有些相似①。伴随收入的增加，居民会增加私人环境行为的可能性，这也是因为购买环境友好型商品或者生态管理等私人领域的环境行为是个体最容易做到的。反之，公共领域的环境行为对居民的能力要求较高。环境需求作为马斯洛需求层次理论中的高端需求，是随着人们生活水平的提高而逐渐增加的。因此，由收入增长所带来的居民环境偏好的增长可以在一定程度上促进其改善环境的支付意愿（朱清，2010）。而因环境具有的公共物品属性而导致的"搭便车"心理的普遍存在，这可能是居民对其余几项公共领域环境行为关注度和参与度较低的一个主要原因。此外，国内公共环境领域参与机制的不健全也是制约居民环境保护行为发生的重要社会背景。因此，提高居民收入水平、建立健全政府与居民互动的环境政策和制度，是培养和实现居民环境偏好、促进其深入了解环境系统和环境问题，从而改善和提高我国居民自身环境认知和参与保护行为的根本动力。

123

表 4 收入对居民环境行为的影响

	私人领域环境行为			
	水资源再利用	限制产品购买	减少能量消耗	私人环境行为
收入	0.2871 * (1.71)	0.2266 * (1.79)	0.0569 (1.33)	0.2247 * (1.69)
幸福感	2.3095 ** (2.24)	1.8848 * (1.95)	0.6664 *** 3.04	1.8908 * (1.84)

———————

① Hadler（2011）的研究指出，家庭收入与私人环保行为呈正相关，而与公共环保行为呈负相关的关系。

	公共领域环境行为			
	支付更高价格	缴纳更多税	降低生活水平	公共环境行为
收入	0.0949 * (1.71)	0.0513 (0.91)	0.0734 (1.35)	- 0.06282 (- 0.99)
幸福感	- 0.3496 (- 1.26)	- 0.1544 (- 0.55)	- 0.4297 (- 1.58)	0.6568 ** (2.1)
观察值	3439	3439	3439	3439

注：***、**、* 分别表示在 1%、5% 和 10% 的统计意义上显著。表中第 5 列被解释变量"私人环境行为"代表三种私人领域环境行为的综合，"公共环境行为"亦然。

五 幸福感对居民环境行为的影响机制初探

（一）幸福感是否通过环境关心影响环境行为

通过对文献梳理发现，提升居民的环境关心水平，可能是幸福感影响居民环境行为的重要机制。这是因为幸福感更强的个体具有更多的正向情绪，对于周围环境的变化也更加敏感，从而具有更强的环境关心意识。环境关心对于居民的绿色购买、能源节约等环境行为具有显著的影响作用（Guagnano, 1995; De Young, 2000; Tatić & Činjarević, 2010; Urban & Ščasny, 2012）。在本文，我们以 Dunlap 和 Van Liere 提出的"新环境范式"（new environmental paradigm, NEP）来度量环境关心水平。该量表及其不同的版本已在全球 40 多个国家数百项的研究中得到应用，成为学术界使用最广泛的环境关心测量工具。为了保证中国公众环境关心测量的精确性，本文参考了洪大用等（2014）对环境关心量表的中国版（CNEP）的检验结果，删除了量表中的第 2、4、6、12、14 项，只使用了其余 10 项问题。其中，量表中的第 8、10 项是负项问题，所以对被访者回答"非常同意、比较同意、居于同意和不同意之间、不太同意和很不同意"进行了负向赋值，分别为 1、2、3、4、5；其余 8 项问题为正向赋值，最后将居民对量表评分合并为 5 级变量。

表 5 是幸福感对居民环境关心水平的回归结果。其中第 1、2 列显示的是有序 Probit 模型估计。结果显示，幸福感的回归系数在 5% 的显著性水平上为正。但是，该模型的估计结果可能是有偏的，因为环境关心和居民生

活满意度之间也可能存在逆向的因果关系（Kaida et al., 2016）①。因此，与上文相同，我们以城市当年的意外日照时长作为幸福感的工具变量，并使用 IV Probit 模型进行了重新估计。工具变量以 F 值（34.05）、回归系数值（$z = 0.96$，$p = 0.336$）通过了有效性检验。表中第 5、6 列给出了 IV Probit 模型第二阶段的估计结果。幸福感 *Happiness* 的系数较有序 Probit 模型得到的系数值大幅度上升，且在 1% 的显著性水平上为正，证实了幸福感的确能够通过提升居民的环境关心水平来促进其环境行为的发生。这说明环境关心是幸福感影响居民从事环境行为概率的重要机制。比较其他变量的回归结果可以发现，受教育水平、健康状况、婚姻状况以及居住位置对环境关心水平也表现出了显著的影响。因此，将环境知识、政治倾向等因素纳入，探索环境关心与环境行为之间复杂的关联机制，是促进个体参与环境行为的重要路径，也是值得深化研究的一个方向。

表 5　幸福感对环境关心的影响

| 解释变量 | 有序 Probit | | IV Probit | | | |
| | 环境关心 | | 第 1 阶段（幸福感） | | 第 2 阶段（环境关心） | |
	Coef.	z 值	Coef.	t 值	Coef.	z 值
幸福感	0.0811 ***	3.67			0.7613 ***	3.06
意外日照时长			0.0011 ***	7.69		
居住地类型	-0.3224 ***	-6.88	0.0911 ***	2.52	-0.3534 ***	-5.01
性别	-0.0041	-0.10	0.0998	3.12	0.0320	0.47
年龄	0.0117	1.59	-0.0064 ***	-1.15	-0.0083	0.72
年龄的平方	-0.0001	-1.01	0.0002 ***	2.63	0.0001	-0.66
宗教信仰	0.0476	0.77	0.0903 *	1.92	-0.0160	-0.17
受教育水平	0.2459 ***	8.77	0.0476 **	2.26	0.1711 ***	3.76
健康状况	0.0036	0.18	0.1862 **	12.22	0.1488 **	-2.65
工作经历	0.0169	0.72	-0.0120	-0.67	0.0327	0.88
孩子数量	-0.0808 ***	-3.98	0.0239 *	1.54	-0.0821 **	-2.81
婚姻状况	-0.2906	-7.79	-0.1129 **	-4.01	-0.3771 ***	-6.52

---

① Binder（2016）等在对环境关心、志愿活动和主观幸福感之间的关系的研究中指出，利己动机的环境关心对主观幸福感有显著的负向影响，而利他的环境关心则正向影响居民的幸福感。

解释变量	有序 Probit		IV Probit			
	环境关心		第1阶段（幸福感）		第2阶段（环境关心）	
	Coef.	z 值	Coef.	t 值	Coef.	z 值
家庭年收入	0.1075 ***	4.54	0.1313 ***	7.31	- 0.0112	- 0.25
省份固定效应	YES		YES		YES	
常数项			1.4110	5.24	- 0.3612	- 0.57
观察值	3439		3439		3439	
LR chi^2 (12)	626.16					
Prob > chi^2	0.000				0.000	
Pseudo R^2	0.0911		0.1065			
Log likelihood	- 3122.4996					
Wald 检验 P 值			0.0038			

注：***、**、* 分别表示在 1%、5% 和 10% 的统计意义上显著。

（二）幸福感是否通过社会资本影响环境行为

Guven 的研究指出，幸福感有助于个体社会资本的增加（Guven，2011）。而社会资本通过共享价值和社会规范的渗透作用，有效促进个人、组织乃至社会的绩效。在环境经济学领域，社会资本包括居民的相互信任、互赢共利、环境意识的提升和参与热情的增加。鉴于此，本文引入 CGSS（2010）调查问卷中与"信任"和"参与"两方面相关的问题，用以检验幸福感对居民参与环境行为的影响。其中，"您是否同意在这个社会上大多数人都是值得信任的"作为"信任"的测量指标；"参与"变量使用"您是否经常与他人议论有关时事的话题"来衡量。表 6 显示了相应的估计结果。

表 6　幸福感对社会资本的影响

	Probit 估计		IV Probit 估计	
	Coef.	z 值	Coef.	z 值
因变量：信任				
幸福感	0.2090 ***	9.98	- 0.4831	- 1.41
R^2	0.0231			
Wald 检验 P 值			0.0808	

	Probit 估计		IV Probit 估计	
	Coef.	z 值	Coef.	z 值
因变量：参与				
幸福感	0.0819 ***	3.04	0.2154	−1.05
R^2	0.2146			
Wald 检验 P 值			0.5106	
因变量：参与 × 信任				
幸福感	0.1441 ***	5.96	0.0439	0.22
R^2	0.0987			
Wald 检验 P 值			0.8268	

注：***、**、*分别表示在 1%、5% 和 10% 的统计意义上显著；此表仅汇报了 IV Probit 模型第二阶段的结果。

表 6 中的第 1、2 列显示的是有序 Probit 模型的估计结果。可以看出，对于信任、参与以及二者的交互项来说，幸福感的回归系数都在 1% 的显著性水平上为正。但是，这个结果可能是不一致且有偏的，因为社会资本对居民的幸福感存在显著影响（李平等，2014；赵斌等，2013）。因此，我们在 IV Probit 模型中仍然以城市年意外日照时长作为幸福感的工具变量。重新估计后，幸福感的行为效应变得不再显著，这说明社会资本可能并不是幸福感影响居民环境行为的有效机制。

六　结论

幸福经济学研究结果显示，幸福感本身和其某些决定因素之间存在逆向的因果关系，具有不同情绪感知的个体常常表现出不同的行为方式。使用 2010 年中国综合社会调查数据，本文检验了幸福感对居民环境行为的影响。实证研究发现，主观幸福感对居民环境行为具有显著的促进作用。以城市意外日照时长作为幸福感的工具变量避免了其可能带来的内生性问题。IV Probit 模型估计结果显示，幸福感的提升显著增加了居民参加环境行为的概率。居民感觉非常幸福的概率每上升 1 个单位，其 "从不" 进行环境行为的概率减少 1.67 个百分点，"偶尔" 进行环境行为的概率增加 1.42 个百分点，"经常" 进行环境行为的概率增加 0.25 个百分点。同时，收入水平对于居民部分私人环境行为和公共环境行为有着正向的影响作用。提高居民收入水平、建立健全公共环境行为领域的参与机制，是培养和实现居民环境偏好、促进其参与环境行动的根本动力。另外，居民幸福感的上升还可以提高居民的环境关心水平，影响居民环境行为。

在经济转型的大背景下，人民幸福感、获得感和共享感的提升是发展的主要目标之一。环境质量关乎每一位居民的身体健康和生命安全，是居民获得积极心理体验的前提条件。除了政府的干预、企业社会责任的实施外，居民的环境行为也是解决环境问题的中坚力量。本文研究结果表明，居民幸福感的提升对于促进其自身的环境行为具有重要的反馈作用。因此，让人民群众具有幸福感，既是落实科学发展观的一杆标尺，也是解决经济发展与环境保护之间的矛盾、促进社会和谐的根本出发点和落脚点。

参考文献

洪大用、范叶超、肖晨阳，2014，《检验环境关心量表的中国版（CNEP）——基于 CGSS2010 数据的再分析》，《社会学研究》第 4 期。

宋马林、王舒鸿，2011，《环境库兹涅茨曲线的中国"拐点"：基于分省数据的实证分析》，《管理世界》第 10 期。

孙岩、宋金波、宋丹荣，2012，《城市居民环境行为影响因素的实证研究》，《管理学报》第 9 期。

王建明，2013，《资源节约意识对资源节约行为的影响——中国文化背景下一个交互效应和调节效应模型》，《管理世界》第 8 期。

张学志、才国伟，2011，《收入，价值观与居民幸福感——来自广东成人调查数据的经验证据》，《管理世界》第 9 期。

Andrews F. M. and Withey S. B. 2012. *Social indicators of well–being：Americans' perceptions of life quality*. Springer Science & Business Media.

Carter D. M. 2011. "Recognizing the role of positive emotions in fostering environmentally responsible behaviors". *Ecopsychology* 3（1）：65–69.

Dunlap R. and Jones R. 2002. "Environmental concern：Conceptual and measurement issues". In *Handbook of environmental sociology*, eds. . London：Greenwood.

Gilbert D. 2009. *Stumbling on happiness*. Vintage Canada.

Guven C. 2011. "Are happier people better citizens?". *Kyklos* 64（2）：178–192.

Guven C. 2012. "Reversing the question：Does happiness affect consumption and savings behavior?". *Journal of Economic Psychology* 33（4）：701–717.

Kahneman D. and Krueger A. B. 2006. "Developments in the measurement of subjective well – being". *The journal of economic perspectives* 20 (1): 3 – 24.

Kaida N. and Kaida K. 2016. "Pro – environmental behavior correlates with present and future subjective well – being". *Environment, Development and Sustainability* 18 (1): 111 – 127.

Kenny C. 1999. "Does growth cause happiness, or does happiness cause growth?". *Kyklos* 52 (1): 3 – 25.

Tapia – Fonllem C., et al. 2013. "Assessing sustainable behavior and its correlates: A measure of pro – ecological, frugal, altruistic and equitable actions". *Sustainability* 5 (2): 711 – 723.

Vlek C. and Steg L. 2007. "Human Behavior and Environmental Sustainability: Problems, Driving. Forces, and Research Topics." *Journal of Social Issuers*, 63 (1): 1 – 19.

129

生态对话视阈下的中国居民环境行为意愿影响因素研究
——基于 2013 年 CSS 数据的实证分析 *

王晓楠　瞿小敏**

摘　要：环境关心、环境行为一直是环境社会学的研究重点，而随着国内外环境社会学实证研究的深入，环境行为意愿被验证与环境行为有着显著的相关，成为架起环境关心与环境行为之间关系的重要桥梁。而目前在实证研究中，把环境行为意愿作为独立因变量的研究颇少。本文基于 2013 年的中国 CSS 数据，依据"生态对话"理论框架从物质、观念、实践三个层面，对我国居民环境行为意愿的影响因素进行检验。研究结果表明，我国居民环境行为意愿总体上处于中等偏上水平，个体差异性较大。在物质层面上，居民受教育程度越高，环境信息获得越多，生活消费水平越高，环境行为意愿越强；在观念层面上，居民对当地环境状况认知越差，环境风险感知越强，环境信念越强，社会信任感越高；在实践层面上，居民的政治参与越多，环境行为意愿越强。

关键词：中国居民　环境行为意愿　环境关心

一　环境行为意愿研究

环境关心和环境行为一直是国内外学术界关注的焦点，而对环境行为

---

* 原文发表于《学术研究》2017 年第 3 期。

** 王晓楠，上海开放大学公共管理学院副教授，上海大学社会学院博士生；瞿小敏，华东政法大学社会发展学院助理研究员。

意愿的研究成果相对有限。在国际社会调查（ISSP）和中国社会调查（CGSS、CSS）等历年调查中，环境行为意愿一直是重要指标。邓普拉（Dunlap）等认为环境关心是指人们意识到并支持解决涉及环境问题的程度，或者个人为解决这类问题而做出贡献的意愿（Dunlap & Van Liere，1978）。国内环境社会学研究者一般把环境行为意愿作为环境关心的一个测量维度，或者构成环境行为的强有力的中介变量。自邓普拉提出新生态范式（new ecological paradigm）开始，"环境关心"引发学者们的普遍关注，并有学者设计了问卷。洪大用通过 2003 年、2010 年中国综合社会调查（CGSS）数据验证了环境关心在中国的信度和效度，并证明环境行为意愿在量表中的显著性，Pearson 系数分别达到 0.255、0.123（洪大用，2006；范叶超、洪大用，2015）。

131

自 20 世纪 70 年代美国学者将环境行为作为研究主题，至今仍没有统一的环境行为概念。海恩斯等认为环境行为是基于个人责任感和价值观的意识行为（Hines，Hungerford & Tomera，1987）。从定义中可以看出，行为意愿与行为之间不可分割的事实。为了验证环境行为意愿对环境行为的预测效度，西方学者做了大量的实证研究。阿真在计划行为理论（theory of planned behavior，TPB）中提出个人对行为表现出的态度越积极，主观规范意识越强，个体行为控制力越大，个体行为意愿越强（Ajzen，1995）。海恩斯等通过实证研究证明了环境行为意愿是负责任环境行为的重要影响因素（Hines，Hungerford & Tomera，1987）。斯特恩等提出价值 - 信念 - 规范理论（value - belief - norm theory，VBN），并验证了环境行为意愿是环境行为的重要影响因素（Stern，2000）。但是，目前国内学术界对环境行为意愿的研究较少，仅有的几篇研究也因受到主客观因素的限制而无法进行深入研究。而对于环境行为意愿测量，美国学者英格尔哈特通过对环境支付意愿等问题进行测量，来计算公众环境保护倾向指数（environmental protection index，EPI）（Inglehart，1995）。2003 年、2010 年的 CGSS 有关环境行为、环境关心的题项涉及环境行为意愿测量。

综上所述，本研究通过实证研究深入剖析环境行为意愿背后深层的影响因素，从而验证"生态对话"理论框架，同时与已有的文献进行对话，回应实证研究中存在的争论，推动环境行为意愿研究在广度层面上的拓展。

二　理论背景与研究假设

（一）"生态对话"理论框架

1978 年卡顿（Cotton）和邓普拉发表《环境社会：一个新的范式》以来，伴随着技术进步和人类风险的不断增加，环境社会学理论不断走向成熟。环境社会学家迈克尔·贝尔（Michael M. Bell）和洛卡·阿什伍德（Loka L. Ashwood）在《环境社会学的邀请》中，提出了以"生态对话"为基本思想的环境社会学理论框架。该框架对传统环境社会学的内容维度进行了提升和拓展，并将其界定为物质、观念和实践三个层面。物质层面是指个体所面临的环境，包含"个体、人口、发展、消费、技术、经济"等；观念层面包含"意识、道德观、风险感知、环境知识等"；实践层面是指把前两个层面包含的要素整合起来应对现实环境冲突（Bell & Ashwood，2015：5～8）。三个层面彼此联系、互动、依存（郭鹏飞，2016）。"生态对话"框架已经得到国内外学者的普遍认可，其分析框架对现今中国的环境社会学有重要的理论价值，但由于其成果较新，目前实证验证较少，因此本研究试图厘清物质、观念、实践三个层面对居民个体环境行为意愿的影响，并从经验层面分析物质、观念、实践如何交织作用于居民个体环境行为意愿、如何动员环保社会力量，从而找到有效方式引导居民开展环境行为。

（二）研究假设

1. 物质层面因素

（1）个体特征。在国内外环境关心和环境行为的实证研究中，对于年龄、性别、婚姻、居住地等变量的影响力，学者们很难达成统一意见，对环境关心、环境行为的解释也存在争议，这与调查的时代背景，受访者的地区、文化差异有重要关系。在我国二元社会结构影响下，客观的社会属性已经引发城乡居民主观价值观差异，同时进一步影响到环境观念和环境行为。本文加入性别、年龄、居住地、婚姻、党员身份等变量，借此检验物质因素中的个体变量对环境行为意愿的影响作用。

（2）社会经济地位。在已有的研究成果中，CGSS 2010 年的数据分析结果显示收入对环境关心没有显著影响，但与受教育程度显著相关（范叶超、洪大用，2015）。CGSS 2003 年的数据分析结果显示收入和民众环境关心有显著相关（洪大用、卢春天，2011）。受教育程度一直被证明对环境关心和环境行为有重要影响。但是，收入对环境关心和环境行为的影响很难达成一致。

（3）信息获取。随着信息技术的进步，居民获取信息的渠道能力大幅度提升。大众媒体增进了居民对环境知识的普及，同时可以引导居民的环境态度，但其影响具有双向性。正因为媒体所呈现的观点并不一定科学，居民接受的是被建构的事实，因此居民的环境行为意愿有可能被媒体误导（Gooch，1996）。目前大多数学者认为，环境信息获取与环境关心、环境行为正向相关，获取信息的途径越多，居民越具有较多环境行为（彭远春，2013）。通过对 CGSS 2003、CGSS 2010 数据的研究，范叶超等提出大众媒体对公众环境关心与环境行为有重要影响（范叶超、洪大用，2015）。龚文娟认为大众传媒对环境信息的获取、环境认知、环境关心及环境行为有显著影响（龚文娟，2013）。

（4）生活消费。"生态对话"框架不仅拓展了环境社会学的研究视角，而且在施耐博格（Allan Schnaiberg）的"生产跑步机"理论下提出了"消费跑步机"理论（Bell & Ashwood，2015：5~8）。20 世纪 80 年代末，消费水平与环境问题的关系研究得到学者们的重视（王芳，2007）。目前，国内的相关研究较少。环境关心与环境行为之间的关系表明只有当环境成本较低时，环境关心与环境行为有显著正相关，由此表明行为本身与消费观念与水平有直接相关性。生活消费这一指标在环境行为研究中首次使用，检验了"生态对话"框架在我国居民环境行为实证研究中的运用。根据以上的论述，提出研究假设 1：

假设 1　物质层面变量对居民环境行为意愿有显著影响；
假设 1a　个体特征对居民环境行为意愿有显著影响；
假设 1b　社会经济地位越高，居民的环境行为意愿越强；
假设 1c　信息获取越多，居民的环境行为意愿越强；
假设 1d　生活消费水平越高，居民的环境行为意愿越强。

2. 观念层面因素

早期的环境行为学者主要基于心理学和环境教育学两个学科视角展开分析，侧重于微观个体的感知和态度。"生态对话"框架认为观念（ideal）是较为重要的维度，同时提出社会的不平等在环境问题上不仅仅投射在物质层面，更深深扎根于人们的环境意识中（Bell & Ashwood，2015：5~8）。态度变量的分类较为复杂，包含态度、价值观、风险感知、环境信念、环境道德感、控制观、责任意识等。

（1）当地环境问题认知。巴特尔和福林认为对环境严重性的感知是环境关心的一个有效测量指标（Buttel & Flinn，1974）。英格尔哈特在心理学的"刺激－反应"模型基础上，提出落后国家的民众之所以有较高的环境关心或意识，是由于他们感觉到所在地的环境问题，由此印证了公众对环境严重性的认知直接影响环境关心和环境行为（Inglehart，1995）。环境关心和环境行为调查问卷，往往把人们对当地环境状况的认知作为有效测量指标。

（2）环境风险认知。德国的社会学家贝克（Ulrich Beck）认为，环境风险既是主观建构，又是客观存在。拉什在《自反性现代化：美学纬度》中提出从自我反思的视角去构建自反性现代化的理论体系，使个体反思能力不断增强。个体主观评价引导个体对风险进行判断，并采取相应行动（斯科特·拉什，2001：146）。龚文娟提出当个体意识到环境问题背后的风险或者威胁时，更有可能具有负责任的环境行为意愿（龚文娟，2013）。彭远春认为，环境风险认知与环境行为有显著的相关性（彭远春，2013）。

（3）环境信念。国内外多数学者通过实证研究证明了积极的环境信念对环境行为具有显著正向作用（Thogersen，1996）。邓普拉等在新环境范式（NEP）中，将环境信念理解为一种对生态环境普遍关注和持有的态度，体现了环境价值观，并通过实证研究证明了环境信念与环境行为显著相关（Dunlap & Van Liere，1978）。洪大用等通过对 CGSS 2003、CGSS 2010 数据的实证分析证明了环境信念是环境关心中的重要维度（洪大用等，2014）。孙岩认为环境信念与环境态度和环境意识在内涵上有很多共性，并在实证中验证了环境信念的显著性（孙岩，2006）。

（4）社会信任。社会资本理论提出，嵌入社会关系网络中的情感、规范、信任会影响个体的态度与行为（Portes，1998）。社会资本的宏观层面是指整体社会背景下人际互信、合作的状态。哈兰德等认为个体实施环境行为意愿与社会信任有显著相关（Harland，Staats & Wilke，1999）。施特格等在实证研究中验证了与他人合作表现出积极态度的人会具有更强的环境行为意愿（Steg & Vlek，2008）。我国对社会信任与环境关心、环境行为的关系研究较少。洪大用、肖晨阳发现信仰约束与环境关心显著相关，并运用验证性因素分析和结构方程模型检验了中国环境关心的信仰约束（洪大用、肖晨阳，2007）。李秋成等提出，人际信任与环境行为意愿具有较强的相关性（李秋成、周玲强，2014）。因此，本文将社会信任作为预测变量来研究其对环境行为意愿的影响，提出研究假设2：

> 假设2　观念层面因素对居民环境行为意愿有显著影响；
> 假设2a　对当地环境状况认知越差，居民的环境行为意愿越强；
> 假设2b　环境风险感知越强，居民的环境行为意愿越强；
> 假设2c　环境信念越强，居民的环境行为意愿越强；
> 假设2d　社会信任感越高，居民的环境行为意愿越强。

135

3. 实践层面因素

（1）对政府环境治理的评价。国内外对政府环境治理评价与环境关心、环境行为关系的研究较少。王薪喜等于2013年通过全国电话访问调查得出的结果显示，对政府环境治理评价越好，居民越积极参与环境行为（王薪喜、钟杨，2016）。卢春天、洪大用根据CGSS 2003数据提出公众环境关心水平越高，公众对政府环境治理的评价越差，两者呈负相关（卢春天、洪大用，2015）。本研究认为在政府环境治理能力提升的前提下，公众会具有更多环境行为意愿，也会更积极地配合国家的环境治理。

（2）政治参与。"生态对话"框架从实践的视角，阐释了参与政治活动频繁的居民有可能参与环境运动。社会质量理论提出社会赋权就是提升民众自主权，促进全民的政治参与（张海东，2016）。自动延展学说提出，积极参与政治活动的人会更加关注环境问题，且具有更强的环境行为意愿，由此提出研究假设3：

> 假设3　实践层面因素显著影响居民环境行为意愿；
> 假设3a　居民对政府环境治理评价越高，其环境行为意愿越强；
> 假设3b　居民政治参与越多，其环境行为意愿越强。

三　研究设计

（一）数据来源

本研究所使用的数据来自2013年中国社会状况综合调查（Chinese Social Survey，CSS），调查采用概率抽样的入户访问方式。该调查在全国 31个省／自治区的城乡区域开展，调查范围涉及全国 120 个县（区）604 个居（村）社区。调查完成的个人问卷量共 12206 份，在删除缺失和无效问卷后，本研究的最终样本量为 10206 个。

（二）变量及其操作化

1. 因变量及其测量

因变量是环境行为意愿，指个体在日常生活中主动采取的有助于环境状况改善与环境质量提升的行为意愿。基于九项问题的表面内容效度和散点图分析，将第 1、7、8 题剔除后，明显改进量表的效度，量表的克朗巴赫系数（Cronbach's Alpha）为 0.633，可以看作单一维度的累加量表。将第 2、3、4、5、6、9 六个题项相加取均值后进行 1 ~ 100 标准化处理，构成环境行为意愿指数。[①] 设置的问题如表 1 所示。环境行为意愿指数作为连续变量，均值为 65.81，标准差为 16.728，表明我国大多数居民有较好的环境行为意愿，差异性较大。

表 1　因变量环境行为意愿问题设计

变量	编码	题项	赋值
E8 反向问题	E8 – 2	我的工作、学习很忙，基本没有时间关注生态环境问题	完全符合 比较符合 不太符合 完全不符合 说不清 （分别赋值 5、4、3、2、1）。
	E8 – 3	如果周围人都不注意环境保护，我也没有必要环保	
	E8 – 5	环保是政府的责任，和我关系不大	
	E8 – 6	我不懂环保问题，也没有能力来评论	
E8 正向问题	E8 – 4	如果有时间的话，我非常愿意参加民间环保组织	
	E8 – 9	如果在我居住的地区建立化工厂，我一定会表示反对意见	

2. 自变量及其测量

本文所采用的物质因素是微观层面的，王玉君等对 2013 年 CGSS 数据分析时运用多层模型，验证了物质因素在宏观层面的作用（王玉君、韩冬临，2016），相关变量的描述性统计如表 2 所示。

---

① 根据边燕杰、李煜的指数化处理方式，设 minA 和 maxA 分别为属性 A 的最小值和最大值，其公式转引自边燕杰、李煜（2000）。

表 2　相关变量测量及描述性统计

	变量	赋值	样本	均值	标准误
物质层面个体变量	性别	1 = 男性，0 = 女性	10206	0.447	0.497
	年龄	(18 ~ 72)	10206	45.73	13.645
	居住地	1 = 城镇，0 = 农村	10206	0.319	0.466
	婚姻状况	1 = 有配偶，0 = 无配偶	10201	0.843	0.363
	党员身份	1 = 党员，0 = 非党员	10206	0.097	0.296
物质层面微观变量	文化程度	1 = 未上学，2 = 小学，3 = 初中，4 = 高中、中专、职高技校，5 = 大学专科，6 = 大学本科，7 = 研究生	10206	3.001	1.353
	年收入	年收入取对数	10196	8.811	3.493
	媒体使用频率	5 = 几乎每天，4 = 一周多次，3 = 一周至少一次，2 = 一月至少一次，1 = 一年几次，0 = 从不　量表均值	10206	1.8301	0.978
	使用互联网	1 = 使用，0 = 不适用	10206	0.307	0.461
	消费总支出	年总消费取对数	9480	10.368	0.910
观念层面	对当地环境状况认知	1 = 没有此现象，2 = 不太严重，3 = 不好说，4 = 比较严重，5 = 很严重　量表均值	10206	2.289	1.002
	环境风险感知	1 = 很安全，2 = 比较安全，3 = 不好说，4 = 不太安全，5 = 很不安全	10206	2.559	1.094
	环境信念	5 = 上等，4 = 中上等，3 = 中等，2 = 中下等，1 = 下等	10206	2.963	0.930
	社会信任	5 = 非常同意，4 = 比较同意，3 = 不好说，2 = 不太同意，1 = 非常不同意　量表均值	10206	3.410	0.625
实践层面	政治参与	1 = 参加过，0 = 没有参加过　量表均值	9997	0.128	0.122
	政府环境治理评价	5 = 非常满意，4 = 比较满意，3 = 不好说，2 = 不太满意，1 = 不满意	10206	3.079	1.175
	环保行为意愿	1 ~ 100 标准化	10162	65.806	16.729

137

四　分析与结果

居民环境行为意愿为连续变量，因此采用多元线性回归（OLS）系数，分析结果如表 3 所示。模型 1 将控制变量性别、年龄、居住地、婚姻状况

（是否有配偶）、党员身份纳入模型。模型2在自变量中加入物质层面变量，包括社会经济地位、媒体使用频率、互联网使用情况、生活消费水平。模型3加入观念层面变量，包括对当地环境状况的认知、环境风险感知、环境信念、社会信任。模型4加入实践层面变量，包括对政府环境治理的评价、政治参与。对模型的多重共线性检验结果显示，1 < VIF < 3，证明自变量不存在多重共线性。随着自变量的加入，模型的解释力逐步增强。模型4的解释力达到20.2%（见表3）。

根据模型4可知，物质层面的个体变量基本都与环境行为意愿具有相关性。具体而言，在控制其他变量情况下，女性、年轻人、城市居民、已婚、党员的环境行为意愿较强，假设1a得到了基本验证。模型1的解释力为9.8%。

物质层面的相关变量——社会经济地位、媒体使用频率、生活消费水平加入后，模型2的解释力提高至17.6%。文化程度、媒体使用频率、互联网使用情况、生活消费水平对居民的环境行为意愿具有显著正向影响。而年收入与环境行为意愿无显著相关关系，说明随着科技的进步，人们越来越关注新闻时事、环境议题，具有更强的环境行为意愿。假设1b、假设1c、假设1d得到了基本证实。

表3　居民环境行为意愿的多元线性回归（OLS）系数

	模型1		模型2		模型3		模型4	
	系数	标准误	系数	标准误	系数	标准误	系数	标准误
性别[a]	1.103**	0.324	-0.399	0.329	-0.253	0.326	-0.743*	0.330
年龄	-0.221***	0.012	-0.022	0.015	-0.037*	0.015	-0.052***	0.015
居住地[b]	6.114***	0.346	1.117**	0.383	0.897*	0.382	1.258**	0.387
是否有配偶[c]	0.327	0.450	1.190**	0.458	1.028*	0.454	1.012*	0.457
党员身份[d]	8.342***	0.551	2.554***	0.580	2.565***	0.575	2.351***	0.579
文化程度			2.435***	0.174	2.211***	0.174	2.017***	0.176
年收入对数[(e)]			-0.012	0.049	-0.013	0.049	-0.014	0.049
媒体使用频率 D1D2b			2.708***	0.198	2.441***	0.197	2.224***	0.200
是否使用互联网[e]			2.947***	0.469	2.659***	0.467	2.423***	0.470
年总消费对数[(e)]			0.924***	0.191	0.800***	0.190	0.760***	0.191
对当地环境状况的认知					0.749***	0.176	0.771***	0.184

	模型 1		模型 2		模型 3		模型 4	
	系数	标准误	系数	标准误	系数	标准误	系数	标准误
环境风险感知					0.898***	0.162	0.879***	0.166
环境信念					0.600**	0.184	0.560**	0.188
社会信任					2.934***	0.257	2.893***	0.259
政治参与							14.450***	1.332
对政府环境治理的评价							0.117	0.152
常数项	72.347***	0.648	42.864***	2.131	30.406***	2.449	30.834***	2.464
N	10157		9426		9426		9230	
F 值	220.000***		202.717***		161.921***		145.976***	
R Square	0.098		0.176		0.194		0.202	

注：参照组：a. 女性，b. 农村，c. 无配偶，d. 非党员，e. 不使用 ；* $p < 0.05$，** $p < 0.01$，*** $p < 0.001$。

观念层面的相关变量——对当地环境状况的认知、环境风险感知、环境信念、社会信任加入后，模型 3 的解释力进一步提升到 19.4%。居民对当地环境状况评价越差、居民环境风险感知越强、居民环境信念越低、居民社会信任越强，居民的环境行为意愿越强。四个自变量与因变量都存在显著相关，假设 2a、假设 2b、假设 2c、假设 2d 得到证实。

实践层面的相关变量——政治参与、对政府环境治理的评价加入后，模型 4 的显著性再一次加强到 20.2%。政治参与和环境行为意愿具有显著的正相关关系，验证了假设 3a。对政府环境治理的评价与环境行为意愿无显著相关关系，否定了假设 3b。

五 总结与讨论

本研究通过对 CSS 2013 的数据进行分析，验证了"生态对话"理论框架，指出环境行为意愿受到观念层面、物质层面、实践层面的相关因素影响。虽然对环境行为意愿的研究较少，相关的测量内容并不相同，但是在排除其测量内容不同而导致的结果误差的前提下，基本能证明相关自变量对环境行为意愿的影响。

首先，在物质层面的人口特征变量上，性别、年龄、居住地、婚姻状况（是否有配偶）、党员身份在控制其他变量后都较显著，以上五项属于验证性假设，检验了国内 2003 年、2010 年的 CGSS 数据及相关数据的分析结果。从整体上看，五项个体变量都与因变量有较为显著的相关。控制了其他变量后，女性具有更强的环境行为意愿。早期西方学者认为，男性较女性有较多环境关心和环境行为，随着时代变迁，目前多数学者认为，女性环境行为多于男性，而且从总体上看，环境行为的性别差异在逐渐缩小。在 2003 年、2010 年的 CGSS 社会调查中，我们发现女性的环境行为或者环境关心较多。但是随着时代的发展，性别的作用不断减弱，说明男女在社会经济地位中的不平等在逐渐缩小（彭远春，2013）。国外学者认为年轻人较年长者更易具有环境行为意愿，本研究与西方的研究结论一致。随着信息技术的进步及政府对环境保护的重视，年轻人获取的环境保护知识与信息多于老年人，因此年轻人较年长者的环境行为意愿强。大城市的空气污染、水污染、噪声污染、垃圾污染等环境问题多于农村，加之城市的环境信息获取渠道广泛、公众的认知能力较强，因此城市居民的环境行为意愿更强烈。控制其他变量之后，已婚者较未婚者更具有环境行为意愿。已婚者的家庭结构更复杂，家庭的责任加重，对家庭成员的健康更加关注，因此他们较未婚居民环境行为意愿更强。党员较非党员具有更强的环境行为意愿。本研究验证了王玉君等所提出的党员身份假设（王玉君、韩冬临，2016），党员身份对环境行为意愿有显著的解释力，说明我国党员环境行为意愿较强，在环境行为的引领上起到了先锋模范的带头作用

在物质层面，环境信息获取越多，环境行为意愿越强，验证了前期洪大用、彭远春等的研究结论。文化程度对环境行为意愿有着显著的影响，虽然收入的高低不会影响环境行为意愿，但是消费越高的居民环境行为意愿越强。收入较高的人并不一定具有较高的消费水平和先进的消费理念，而消费理念决定了环境支付意愿，即更会采取个人环保支付行为。这一发现扩展了环境行为影响因素研究的广度，同时证明了"生态对话"框架中物质层面因素的重要意义。

其次，在观念层面，对当地环境状况的认知、环境风险感知、环境信念和社会信任都对因变量有显著的影响，但是它们之间存在差异性。当地的环境是居民的环境行为场域，是居民直接接触、影响和改变的区域。当地的环境污染给居民带来的直接危害是身心健康威胁，因此其影响较为客

观、直接。而环境风险感知是在环境问题认知基础上更进一步的认识，居民往往对环境污染具有较强的主观性（彭远春，2015），当居民反思自身所处的环境时，会产生环境风险感知，提升其环境意识，更深入地理解环境污染所带来的后果。环境信念进一步表明了我国环境问题的严重性。根据斯特恩的价值－信念－规范理论，环境信念是社会心理因素中的核心要素（Stern，2000）。社会信任处于价值观层面，通过环境信念间接作用于环境行为。本研究并没有验证斯特恩的理论模型，但证明了社会信任在环境行为意愿引领中发挥着至关重要的作用。

最后，实践层面上的结论成为本研究的重要发现。分析结论证明，参加过政治活动的居民具有较强的参与意识，更加关心国家和社会的重要问题，具有民主参与意愿，因此具有较强的环境行为意愿。但是受到主观、客观因素的共同影响，参加过政治活动的群体人数较少。此外，实证研究证明，居民对政府环保工作的主观评价与居民的环境行为意愿之间没有显著的关系，即居民对政府环境治理工作的满意度并不影响其环境行为意愿。

基于以上分析，本文对我国居民环境行为意愿生成提出如下建议。首先，我国居民环境行为意愿总体上处于中等偏上水平，个体差异性较大。文化程度、媒体使用频率、生活消费水平三个变量的加入使模型的拟合程度更高，说明可以通过教育提高居民平均人口素质，拓展农村居民、老年人的媒体使用机会，使其接纳新事物，了解更多的环境知识，有效增强环境行为意愿。另外，可通过提高居民的消费理念、促进绿色消费观念，提升居民环境行为的支付意愿。其次，本研究分辨了观念层面变量之间的区别及联系，更加清晰、全面地剖析了观念层面影响因素对环境行为意愿的作用。"差别暴露"正在改变人们的环境态度和环境行为。如何使居民真正享有公平的环境资源，抵制不平等再分配，成为学术界关注的焦点。社会质量中的社会凝聚可以使团结和共享的身份认同最大化，同时可以使不公平最小化（沃尔夫冈·贝克等，2015）。在转型期的中国，传统的价值观和行为方式遭到质疑，而新的价值观尚未完全建立，人们极易出现混沌状态，造成信任危机。因此要实现社会赋权，提升居民抵制环境污染的能力，建立新的社会信任，构建社会凝聚网络，从文化感性层面重塑环境行为意愿。最后，政治参与构成环境行为意愿的重要影响因素。环境问题不仅需要政府自上而下的治理，而且需要公众自下而上的参与。环境治理不仅是政府的责任，而且是全社会的责任。而从本文数据可以看到，公民的政治参与

141

意识较低，需要政府制定相关制度，完善监督机制如听证会制度，加强环保参与的制度保障，建立有效、可持续的激励机制和配套制度。同时公众的环保参与意愿需要环保社会组织的发动，而目前民间的环境组织发展滞后，其作用无法得到有效的发挥，政府需要进一步加大投入，促进环境组织的成长和壮大。

政治参与作为"生态对话"理论实践层面的重要变量，虽然解决了多重共线性问题，但无法解决内生性问题。政治参与会受到很多因素的影响，如受教育程度、信息获取渠道等的影响，从而间接地影响环境行为意愿。目前，由于数据的限制，无法对其他因素与政治参与的因果关系及环境行为形成机制做深入的探讨。未来研究者可聚焦这一领域的研究，对环境行为形成机制做深入的探讨。

参考文献

边燕杰、李煜，2000，《中国城市家庭的社会网络资本》，《清华社会学评论》第 2 辑，鹭江出版社。

范叶超、洪大用，2015，《差别暴露、差别职业和差别体验——中国城乡居民环境关心差异的实证分析》，《社会》第 3 期。

龚文娟，2013，《社会经济地位差异与风险暴露——基于环境和公正的视角》，《社会学评论》第 4 期。

郭鹏飞，2016，《迈向文明的"生态对话"——环境社会学研究的省思》，《鄱阳湖学刊》第 1 期。

洪大用，2006，《环境关心的测量：NEP 量表在中国的应用评估》，《社会》第 5 期。

洪大用、范叶超、肖晨阳，2014，《检验环境关心量表的中国版（CNEP）——基于 CGSS 2010 数据的再分析》，《社会学研究》第 4 期。

洪大用、卢春天，2011，《公众环境关心的多层分析——基于中国 CGSS 2033 的数据应用》，《社会学研究》第 6 期。

洪大用、肖晨阳，2007，《环境关心的性别差异分析》，《社会学研究》第 2 期。

李秋成、周玲强，2014，《社会资本对旅游者环境友好行为意愿的影响》，《旅游学刊》第 9 期。

卢春天、洪大用，2015，《公众评价政府环保工作的影响因素模型探索》，《社会科学研究》第 3 期。

彭远春，2013，《城市居民环境行为的结构制约》，《社会学评论》第 4 期。

彭远春，2015，《城市居民环境认知对环境行为的影响分析》，《中南大学学报》第 3 期。

斯科特·拉什，2001，《自反性及其化身：结构、美学、社群》，载贝克、吉登斯、拉什《自反性现代化》，赵文书译，商务印书馆。

孙岩，2006，《居民环境行为及其影响因素研究》，博士学位论文，大连理工大学。

王芳，2007，《理性的困境：转型期环境问题的社会根源探析——环境行为的一种视角》，《华东理工大学学报》第 1 期。

王薪喜、钟杨，2016，《中国城市居民环境行为影响因素研究——基于 2013 年全国民调数据的实证分析》，《上海交通大学学报》（哲学社会科学版）第 1 期。

王玉君、韩冬临，2016，《经济发展、环境污染与公众环保行为——基于中国 CGSS 2013 数据的多层分析》，《中国人民大学学报》第 2 期。

沃尔夫冈·贝克、劳伦·范德蒙森、佛勒·托梅斯、艾伦·沃克主编，2015，《社会质量：欧洲远景》，王晓楠译，社会科学文献出版社。

张敦福，2015，《"消遣经济"的迷失：兼论当下中国生产、消费与休闲关系的失衡》，《社会科学》第 1 期。

张海东，2016，《中国社会质量研究的反思与研究进路》，《社会科学辑刊》第 3 期。

Ajzen, I. 1995. "The Theory of Planned Behavior". *Organizational Behaviors and Human Decision Processes* 50 (2): 179 – 211.

Bell M. M. and L. Ashwood. 2015. *An Invitation to Environmental Sociology*. 5th Edition. Thousand Oaks, California: Pine Forge Press.

Buttel, F. H. and W. L. Flinn. 1974. "The Structure of Support for the Environmental Movement". *Journal of Rural Sociology* 10 (1): 39.

Dunlap, R. E. & Van Liere, K. D. 1978. "The 'New Environmental Paradigm': A Proposed Measuring Instrument and Pre – liminary Results". *Journal of Environmental Education* 19 (4).

Gooch, Geoffrey D. 1996. "Environmental Concern and the Swedish Press: A Case Study of the Effects of Newspaper Reporting, Personal Experience and Social Interaction on the Public's Perception of Environmental Risks". *European Journal of Communication* 1 (1): 107 – 127.

Harland, P., Staats, H. and Wilke H. A. M. 1999. "Explaining Proenvironmental Intention and Behaviour by Personal Norms and the Theory of Planned Behavior". *Journal of Applied Social Psychology* 29 (12): 2505 – 2528.

Hines, J. M., Hungerford, H. R. and Tomera, A. N. 1987. "Analysis and Synthesis of Research on Responsible Environmental Behaviour: A Meta – analysis". *Journal of Environmental Education* 18 (2): 1 – 8.

Inglehart, R. 1995. "Public Support for Environmental Protection: Objective Problems and Subjective Values in 43 Societies". *Journal of Political Science and Politics* 28 (1): 15.

Portes, Alejandro. 1998. "Social Capital: Its origins and Applications in Modern Sociology". *Annal Review of Society* 24 (24).

Steg, L. and Vlek, C. "Encouraging Pro – environmental Behavior: An Integrative Review and Research Agenda". *Journal of Environmental Psychology* 29 (3): 309 – 317.

Stern, P. C. 2000. "Toward a Coherent Theory of Environmentally Significant Behavior". *Journal of Social Issues* 56 (3): 407 – 424.

Thogersen, J. 1996. "Becycling and Morality: A Critical Review of the Literature". *Journal of Environment and Behavior* 28 (4): 28.

第三单元
环境抗争与环境运动

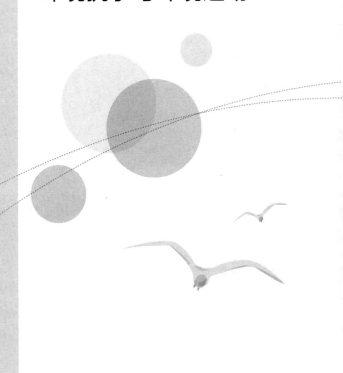

混合型抗争

——当前农民环境抗争的一个解释框架[*]

陈　涛　谢家彪[**]

摘　要： 农民环境抗争研究一直秉持"侵权—抗争"的逻辑框架，但这一逻辑框架忽视了其目标取向的多面性和抗争事件的情境性。通过对大连"7·16"海洋溢油事件的研究，我们发现，农民环境抗争事件中存在维权、谋利和正名三种目标指向，即维护自身合法权益、骗取赔偿款以及草根动员者为自身恢复名誉。学界需要对"侵权—抗争"的逻辑框架、弱者身份与弱者标签以及媒体建构与科学精神展开反思。当前，环境抗争出现了新态势，被称为混合型抗争，包括维权、谋利、正名、泄愤和凑热闹等目标指向。社会的原子化和逐利心理、社会转型加速期的社会矛盾和怨恨心理以及地方政府的"维稳恐惧症"是其产生的社会机制。混合型抗争是对当前抗争实践的理论归纳，有利于识别真正的受影响人群和区域，推动社会治理。

关键词： 混合型抗争　"侵权—抗争"　维权　谋利　正名

一　问题的提出

农民抗争是学界关注的焦点话题，在这一议题的讨论中形成了不少经

[*]　原文发表于《社会学研究》2016年第3期。本研究受国家社科基金青年项目"海洋污染事件中渔民的环境抗争研究"（项目编号：13CSH039）、中央高校基本科研业务费专项基金"海洋环境问题的社会学研究"（项目编号：2016B02314）资助。
[**]　陈涛，河海大学社会学系副教授；谢家彪，中国海洋大学法政学院社会学研究所硕士研究生。

典的解释框架。比如，弱者的武器（Scott，1985）和依法抗争（O'Brien，1996，2013；O'Brien & Li，2006；李连江、欧博文，2008）等分析框架产生了深远影响。于建嵘（2004）在上述研究基础上认为中国农民抗争进入了以法抗争阶段，应星（2007）在对以法抗争批判的基础上提出了草根动员理论。此外，农民的依势抗争（董海军，2010）、以身抗争（王洪伟，2010）、原始抵抗（李晨璐、赵旭东，2012）和英雄伦理（吴长青，2013）等都展现了农民群体特定的抗争策略。

在现代工业社会，环境问题引发的底层抗争是农民抗争的重要内容。在西方国家，环境抗争往往与社会正义和种族冲突等广泛的社会问题勾连在一起（Cable & Benson，1993；Freudenburg & Gramling，2011；Gotham，1999；Gould et al.，1996；Krauss，1989；Norris & Cable，1994；Pellow，2002；Taylor，1997；Walsh et al.，1993）。20 世纪 70 年代中后期，在我国局部地区就出现了零星的环境抗争。到了 20 世纪 90 年代末期，特别是2000 年之后，环境污染、PX 项目、垃圾焚烧发电项目与核电项目等邻避设施建设引发的环境抗争事件频频发生。自冯仕政（2007）明确使用"环境抗争"① 这一概念以来，学界在这一领域已经形成了一批研究成果。既有研究文献基本都是在"侵权—抗争"的逻辑框架下展开的。"侵权—抗争"逻辑框架是我们对既有研究范式的概括与归纳，它包括两层含义。一方面，这种框架所探讨的环境抗争发生于底层权益受到侵害后或者可能受到侵害之时，它是对客观问题的理论回应。长期以来，环境抗争确实是因为底层权益受到侵害而不得不奋起反抗，而且其寻求权利救济之路异常艰辛，这是"侵权—抗争"逻辑框架产生和流行的主要原因。另一方面，有的研究存在"侵权—抗争"的逻辑预设，容易受到某些调查不够深入的媒体信息的引导，理所当然地认为环境抗争都是为了维护合法权益，这种逻辑预设存在问题，需要反思。近年来，环境抗争中出现了很多新情况和新态势，底层抗争场域中出现了多种目标取向，已经超出了"侵权—抗争"框架的

---

① 需要说明的是，随着环境抗争态势的发展，冯仕政（2007）认为对环境抗争的概念界定需要进行两个层面的发展。首先，它"基本上是个体行动，而不是集体行动"，但是近年来的集体行动日趋增多，比如，集体散步、集体下跪以及群体性事件等。其次，环境抗争发生在"遭受环境污染之后"的观点需要修正，邻避效应引发的预防型环境抗争已经成为中国发展中的一大突出社会问题。此外，环境抗争中的集体散步、集体下跪等具有本土特色的抗争艺术也需要引起学界的关注。

解释范畴，但这尚没有引起学界应有的审视。

近年来，农民上访问题研究展示了底层抗争的复杂性。田先红（2010）指出，"中国农民上访问题是十分复杂的、多维度的，它不同于西方意义上的社会运动，更迥异于西方视角下的民主政治参与"。但是，由于历史欠账（农民权益被侵犯现象屡屡发生）和学者在农民群体研究中的条件反射，农民话语体系中的多面性往往被忽视了。事实上，"不管是社会强势群体还是弱势群体，其所提供的资料都是经过其个人或所在单位/社区情感加工后的产物，具有一定的情境性"（陈涛，2014：21）。当前，学界在信访问题领域开展了颇有意义的探讨。田先红（2010）将农民上访分为维权型上访与谋利型上访两种类型，直接剖析了农民的谋利取向。申端锋（2010）、陈柏峰（2012）以及汪永涛和陈鹏（2015）对无理、谋利等上访类型的分析，饶静等（2011）对要挟型上访的研究，都展现了农民利用基层政府的信访压力谋求不合理利益诉求的问题。这些研究充分展示了农民信访目标取向的多面性，但其探讨对象主要是上访专业户群体。同时，这些研究缺少对谋利之后的惩罚性后果等社会问题的跟踪研究。

综上，现有研究对于理解农民的抗争术具有重要意义，但随着社会转型特别是农民抗争目标取向的新变化，现有研究的缺陷也已显现。首先，"侵权—抗争"逻辑框架和价值预判无法解释环境抗争中的新态势和新问题。这一逻辑框架呈现的维权范式具有明显的弱势认同取向，忽视了农民利益取向的复杂性。其次，信访研究中谋利现象的探讨对理解农民抗争的多元性具有重要价值，对推进信访的分类治理具有实践价值。但是，这些研究聚焦于上访专业户，对普通农户的谋利现象缺少研究。同时，环境抗争中的谋利问题尚未得到学界关注。再次，抗争实践并不是"维权—谋利"的简单二元对立或者增加类型学意义上的多元对立，谋利行为往往掺杂在维权行动中，从而使得底层抗争呈现混合型特征。最后，现有研究主要关注环境抗争的前期阶段，对抗争历程长时段的深入考察不足，特别是对谋利等行为之后的社会问题缺少应有的关注。那么，环境抗争中究竟出现了哪些新问题？如何从学理层面对这些问题加以回应？鉴于环境抗争出现的新态势和抗争场域的新情况，需要提出何种新的解释框架？我们认为，学界需要深入抗争群体内部，对农民环境抗争目标取向的动态过程做长时段分析，从整体上对环境抗争进行诊断。本文基于大连"7·16"海洋溢油事件的田野调查，对农民（主要是养殖户）环境抗争历程和目标取向展开分

149

析，就相关问题展开反思，并在此基础上提出了混合型抗争解释框架。

二 大连"7·16"海洋溢油事件及其赔偿

石油生产及其供应在国家经济社会发展中扮演着重要角色，而石油开采、储藏和运输环节中的溢油污染问题不容忽视。20世纪70年代以来，美国社会学界就此开展了很多经验研究（Dyer，1993；Gill et al.，2012；Molotch，1970；Molotch & Lester，1974；Picou，2000；Widener & Gunter，2007）。近年来，中国溢油污染形势严峻。2010年7月16日，大连市新港中石油国际储运公司陆上输油管道发生爆炸，约1500吨原油流入渤海，导致约430平方千米海域面积受到污染，给旅游业和水产养殖业造成重创（国家海洋局海洋发展战略研究所课题组，2011：291）。《2014年中国海洋环境状况公报》① 显示："周边海域个别站位沉积物中石油类含量仍超第三类海洋沉积物质量标准。"溢油事件引发了环境抗争，并且仍在持续。

在"7·16"溢油事件中，芜家区②是受污染的重灾区。本文的田野调查是在芜家区的张家街道（主要选择的是赵村和杨村）和李家街道（主要选择的是柳村）进行的。其中，张家街道所有海面与海底被政府认定为一类污染区，李家街道所有海面与海底被认定为二类污染区。溢油事件发生于2010年7月，但赔偿方案直到2011年6月才明确。在此过程中，养殖户多次到当地政府部门寻求权利救济，也多次到北京进行集体上访。

在溢油赔偿方面，中石油实施了"以投资代替赔偿"方案。赔偿经费由市、区两级政府分担，二者分别承担补偿资金总额的50%。赔偿标准和实施细则由市政府制定，赔偿方案对海底、池塘和滩涂养殖，工厂化养殖，浮筏养殖，网箱养殖以及苗种生产等分门别类地设定了赔偿标准和办法。赔偿方案要求养殖户向村委会提供证据，证明当时的养殖面积与种类，然后报街道和芜家区管委会审核，经过村、街道和区三级审核并分别公示无误后再发放赔偿款。同时，所有的赔偿信息（包括领取人的养殖面积、补偿标准、补偿总额、身份证号等）都在芜家区政府网站公示。至今，依然可以从该网站查到所有赔偿明细。但是，赔偿并没有消解上访，有的上访

---

① 中国网，http://ocean. china. com. cn/2015 - 03/11/content - 35021794. htm。

② 按照学术惯例，文中的关键地名（区、街道和村）以及人名均做了匿名处理。

还是由赔偿问题所引发的。

芜家区确定的补偿金额是 7.76 亿元，我们于 2015 年 4 月的调查发现，赔偿款已经发放了 5 亿多元，剩余 2 亿多元仍在发放中。同年 6 月，大连环保志愿者协会向大连海事法院提起了环境公益诉讼，向中石油索赔 6.45 亿元，用于修复生态环境。[①] 后来，大连海事法院、大连市环保局和中石油等协商决定，由中石油出资 2 亿元，用于修复大连海洋环境及设立环境保护专项基金，大连市环保志愿者协会不再上诉。[②] 可见，污染事件发生多年后，其造成的社会影响仍没有消失。

三　环境抗争事件的多目标取向

大连"7·16"溢油事件发生后，农民的环境抗争呈现混合型特征，在目标取向方面形成了三种类型，即维权取向、谋利取向和正名取向。其中，维权取向旨在维护自身合法权益，谋利取向旨在通过污染事件骗取赔偿款，而正名取向则是草根动员者为自身"去污名化"和恢复名誉。

（一）维权取向

在环境抗争事件中，维权取向的基本逻辑是"环境污染/风险→经济损失→要求赔偿"，它是利益受损者为了维护自身合法权益，向肇事企业，国家权力机关、行政机关和司法机关以及媒体开展的呼吁、上访、申诉以及其他抗议活动。

溢油污染使海产品出现了严重的死亡现象，养殖户遭受了重大经济损失。为了维护自身经济利益，他们不断到大连市相关政府部门和国家信访局开展申诉和信访活动，到中石油大连石化分公司和中国石油天然气股份有限公司讨说法并要求赔偿。在此过程中，出现了抗争性聚集（contentious gatherings），即某些群体代表用较为理性、节制的方式聚集在重要场合或者通过围困政府官员或者就地动员宣传来表达诉求（应星，2011：19）。比如，2010 年 8 月 19 日，近 500 名养殖户聚集在中石油大连石化分公司，但

---

① 详细内容参见李毅《大连环保志愿者协会起诉中石油索赔 6.45 亿》，http://ln.sina.com.cn/news/b/2015 – 06 – 06/detail – icrvvqrf4241444.shtml。

② 详细内容参见《大连市环保志愿者协会：我市起诉 7·16 中石油污染海洋案环境公益诉讼终有结果》，http://www.depv.org/index.php/article/detail/item/1217.html。

被以"要赔偿需要去找爆炸现场的人"为由打发走。8月23日，近千人前往大连市开发区管委会，信访局称他们正向上级领导汇报，并要求养殖户选出代表说明情况，僵持数小时后，在警方的劝阻下，养殖户散去。8月26日，近千名养殖户集体赴京上访的计划被打断，之后他们准备"分次、分批"赴京。① 但是，受"权力—利益的结构之网"（吴毅，2007）影响，"分次、分批"的上访活动同样遭遇了地方政府的"围追堵截"。而抗争者也有其应对之术，他们将地方政府的拦访、截访以及访民的悲情诉说诉诸媒体，在社会舆论中掀起了波澜，从而使地方政府陷入被动局面。

在环境抗争的草根动员方面，时任赵村村委会主任的老赵是主要行动者。他前后组织了10次到北京的集体上访活动，其中到中石油总部1次，到国家信访局9次。

> 2010年7月16日发生溢油，8月我们和街道交涉，随后又找中石油交涉，他们都不给解决方案。8月4日，大连市相关部门发出通知，要征海用于开发建设，这个通知更让村民们坐不住了。赔偿至今未谈，却急着征海，明显是要撇开老百姓的利益。没有办法，我组织人员到北京上访。（访谈编号：DL2015041303）

承包户的利益与村民年终福利以及村集体收入紧密挂钩。从2005年开始，赵村拥有使用权的海底承包给3家海参养殖户，并签订了15年的合同。根据合同，承包户每年向村委会支付470万元的承包费。这笔费用主要用于村民年终分红和村集体公共开支。村里有750多人，年终每人可以分得5000元红利，② 这项总支出将近380万元，剩余的90多万元作为村集体公共开支。所以，一旦中石油不赔偿，3家养殖大户在遭受惨重损失的情况下，很可能不再承包。那么，村里的承包费收入和村民的年终福利将不复存在。老赵认为："如果石油公司不赔偿承包商，就是不赔偿全体村民。因为企业不赔养殖户，他们就交不上承包费，那么，村民利益怎么办？如果

① 详细内容参见张瑞丹《大连溢油无赔偿 渔民踏向上访维权路》，http://finance.ifeng.com/news/20100912/2612426.shtml。

② 年终发放福利时，当年出生的小孩也可以获得5000元福利。如果村民家中只有一个女孩，女孩成人出嫁到外地也仍然享有此项福利。

解除合同，谁来承包？谁敢承包？"（访谈编号：DL2015041303）老赵没有从事养殖产业，但他认为，基于3家养殖大户、村集体以及村民的共同利益，他不得不组织上访活动。在此过程中，基层政府部门多次找老赵谈话，希望他"息访"，但是他始终不为所动。

在很大程度上，基层政府的不当行为是抗争升级的助推器。由于肇事企业是中石油这样的"部级央企"，还涉及在大连的持续投资问题，这就影响了地方政府的态度与立场。老赵谈到，在抗争伊始，当地政府告知他们法院不会受理诉讼，因此他们才选择了上访（访谈编号：DL2015041303）。法院不受理会加剧"信访不信法"问题（陈涛，2015），在某种程度上，正是这种司法困局导致后来的多次大规模上访，并为谋利型抗争提供了滋生土壤。

（二）谋利取向

环境抗争中的谋利取向是在没有遭受环境污染或环境风险的情况下，相关人群以环境权益和经济损失为借口，为谋取私利而开展的呼吁、上访、申诉以及其他抗议活动。当环境污染涉及多数人群时，谋利取向会具有比较大的活动空间。

自利性动机会影响抗争性参与（周志家，2011）。在"7·16"溢油事件中，谋利者并不是上访专业户，他们是在获知可能获得赔偿款之后，为了获得赔偿款而开展抗争活动的。谋利者包括两种亚类型：一是没有从事海洋养殖以及没有任何损失的养殖户，二是为了获得高额赔偿（远远超出实际损失）的养殖户。当时，抗争过程鱼龙混杂，而大部分谋利者是养殖大户，经济实力较强，维权型抗争者为了壮大抗争队伍和声势、凸显抗争的规模效应，主动吸纳了他们。

"7·16"溢油事件发生时，赵村登记的育苗养殖户有6户，其中，刘玉成和胡玉虎这2户没有从事生产，但他们以育苗户的身份参加了进京上访和针对地方政府的抗争性集聚活动。此外，他们使用虚假的"三项记录"（省水产苗种生产、用药、销售记录本）、用电说明、营业执照以及生产经营说明等材料申报补偿，然后通过贿赂街道水产站负责人的方式通过了审核，并获得了赔偿款。

> 赔偿程序启动时距离事件发生已将近1年，为了核实生产的真实性，政府要求农户提供当时的电费发票。刘玉成和胡玉虎没有从事养

殖，自然拿不出发票。后来，他们找到张家街道水产站站长刘辉，说"如果得到赔偿，这个钱我们不会自己花"。刘辉就明白是什么意思了，告诉他们写一个说明，写明用的是柴油机发电，没有使用国家电网的电，这样就不用出示用电发票。然后，刘辉召开了村水产养殖户会议和村水产专干会议，要求我们把所有材料都提供给街道。张家街道公示日期是2011年7月15日，但8月19日，刘辉伪造了一张公示赔偿的表格，并伪造了街道办刘副主任的签字，让我和村支部书记一起签字盖章，证明这两户通过了村委审核。2011年12月，赔偿款发下来，这两户也拿到了赔偿款，一共是1140936元。（访谈编号：DL2015041303）

确实如他们所说，"这钱不会自己花"，当地《人民检察院讯问犯罪嫌疑人笔录》中记录了刘辉的原话："我确实不知道谁家没有养（殖），就是公示4次，每次7天。……当公示完了以后，钱都发下去了，刘玉成先过来给我拿了5万元钱，在这之前给我拿了海参，过了几天胡玉虎也给我拿了5万元钱。"而刘辉也意识到他们送钱的原因："是因为他们确实没有养殖，拿不出有效的应获得赔偿的证明依据，但我依然给他们通过审核并向新区海洋渔业局申报了，才使他们获得了赔偿款，他们事后为了表示对我的感谢，所以送钱给我。"① 后来，市人民法院以收受贿赂罪和滥用职权罪，判处刘辉有期徒刑11年。

2013年1月30日的《人民检察院的讯问笔录》② 记录了刘玉成的造假过程，再现了其谋利过程。

2004年年初，我和刘靖（侄子）以及刘玉平（弟弟）投资了一百多万元，建成了育苗室，我为法人代表。从2004年年底至2008年年初，我们先后养殖了海参苗、虾夷贝这么几茬。由于水质不好，加之后期价钱不好，我们的投入全部亏损，另外还亏损了100多万元。到2008年年底的时候，我们就不干了。直到2010年7月16日，溢油事件发生，当时我们的育苗室并没有实际生产。过了一个月左右，海面浮筏、海底养殖、滩涂养殖还有育苗室的养殖户都在传言国家要给溢油

---

① 相关材料为抗争精英老赵提供的复印件（2015年4月调查资料）。
② 相关材料为抗争精英老赵提供的复印件（2015年4月调查资料）。

补偿，不记得是街道还是赵村好像在调查摸底我们的损失。赵村有六七家育苗室，李飞和刘大发的老婆召集我们家的刘靖等几家养殖户制作损害赔偿的申报材料，并且还去北京上访。到了2011年5、6月，赵村或张家街道水产站传达了市政府给养殖户溢油补贴政策后，我就向街道水产站提供了虚假的供电说明、虚假的《辽宁省水产苗种生产、用药、销售记录》、营业执照复印件及生产许可证等补偿需要的证明材料，后来街道和村里就来人测量水体，之后进行公示，到最后我得到了50多万元的补偿款。

刘玉成的笔录清楚地表明，他在溢油发生的2年前就不再从事育苗养殖。但当听说可能获得油污偿款时，他做了这样几件事：一是"制作损害赔偿的申报材料"——毫无疑问，这种损害材料是虚假的；二是提供虚假证明材料，包括供电说明以及生产、用药和销售记录等；三是向街道水产站负责人行贿；四是参加了到北京的上访活动。刘玉成的侄子刘靖在《经济技术开发区人民检察院讯问笔录》中谈到了他们的上访心态："'7·16'补偿这件事，从一开始我就是跟着别人走。我和他们一起上访就是为了获得赔偿款，如果国家不给就拉倒。"可见，正是经济利益的刺激，让他们加入谋利型抗争队列之中。

除此之外，还有不少养殖户通过多报和谎报养殖面积的方式谋利。在这方面，拥有社会资本、与基层政府水产部门有利益关联的人，具有更多的谋利资源。

> 胆大者谎报养殖面积，得到的赔偿款就多；胆小者如实上报，得到的赔偿款就少。比如，有的人实际养殖面积是80亩，登记时依然为80亩，但有些养殖80亩的却登记成200亩。再比如，有的养殖户只有100台筏子，听说要赔偿时就偷偷地再打100台筏，然后和村干部搞好关系，让村干部报200台筏，国家给钱了就给他们分点儿。（访谈编号：DL2015041106；DL2015041107）

在农村熟人社会，村民们即使不了解其他养殖户的准确养殖面积，但也知道大致情况。面对其他村民的谋利现象，获得赔偿较少的养殖户心理不平衡，对谎报和虚报面积以及"暗箱操作"行为开展举报和上访。地方政府备感压力，于是启动了损失复查工作。随后，谋利者为此付出了沉重代价，不但补偿款被收缴，还被以涉嫌骗取国家资金罪逮捕和判刑（基本都是缓期执行）。对基层政府而言，之前面临的信访特别是进京信访的压力很大，而此次采取的"消访"举措无疑是釜底抽薪式的，后来没有再发生源自赔偿诉求而出现的大规模上访。

（三）正名取向

谋利者不仅使自身陷入政治风险与法律困境，而且在舆论场域产生了争鸣甚至混淆，导致维权型环境抗争陷入污名化困境。谋利、行贿和受贿等违法行为被查实后，有些维权者也被贴上了谋利等污名化的标签。当"骗取国家赔偿款"的养殖户被判刑后，基层政府也就有了更为有力的证据为其维稳手段正名。而当普通公众不再信任弱者，那么，弱者也就失去了社会公众的道义同情与舆论支持。

在很大程度上，复查发现的谋利问题使得维权型环境抗争，特别是草根动员者遭遇了"合法性困境"（应星，2007），他们为此开展了正名型环境抗争。这种环境抗争是环境问题引发的，是在遭遇合法性危机和被法院判刑后，主要面向司法机构开展的申诉和诉讼活动。整体上看，正名型环境抗争包括两种情况。一方面，环境抗争容易遭到合法性的消解（Molotch，1970；Molotch & Lester，1974），而抗争者在实现利益诉求的道路上往往历经多年，他们需要向外界证明自己的抗争行为具有正当性与合法性。溢油污染后，贝类养殖户遭受了巨大的经济损失，他们认为赔偿款难以弥补其实际损失，需要为抗争行动正名。另一方面，因为对农民群体的动员和组织，草根精英容易遭遇"二次伤害"，甚至还会被"劳教"（谭剑、史卫燕，2014）。20 世纪 70 年代末 80 年代初，北京、湖南、湖北、福建、安徽、河南等地都出现过抗争精英被劳教，而后经过申诉而被释放和恢复名誉的现象（赵永康，1989：176～194）。在本案例中，抗争精英老赵被判处有期徒刑 1 年，缓期 1 年执行。当然，这种局面与其抗争策略有着密切联系。当两家育苗户提供虚假材料时，作为村委会主任，他应该清楚他们是否在从事养殖，至少他没有开展核查工作。此外，为了扩大抗争队伍，他还让这两户参与到进京上访行动中。这种不加甄别地动员上访者的行为产生了令其追悔莫及的后果。

检察机关认为，作为补偿工作的村级负责人，老赵需要按照区和街道的文件规定，对生产经营的真实性与合法性进行调查和初步审核，但在两家育苗户没有从事养殖经营、不符合补偿条件的情况下，他没有实地调查就在补偿明细表上签字盖章，并以村委会名义出具了他们当时在从事育苗生产的虚假证明，造成国家损失110多万元。随后，老赵被以滥用职权罪判刑。2013年3月19日被刑事拘留，同年4月3日被逮捕，4月20日被取保候审。但是老赵不服判决，他认为自己被判刑与其对环境抗争的组织动员密切关联。同时，他认为"街道文件没有规定电费、苗种、用药、产品销售等项由村审核。而水产站也没有让业户将这些票据交村初审，而是要求将这些票据直接交给街道水产站审核"，因此向市中级人民法院上诉。市中院认为"量刑适当"，于2014年驳回上诉，维持原判（访谈编号：DL2015041303）。之后，老赵仍表示会继续上诉。与维权阶段和谋利阶段的集体行动不同，这次他是一个人在抗争，是为了个人的名誉而抗争。

四　环境抗争研究的反思

（一）"侵权—抗争"逻辑框架的审视

当前，国内环境抗争研究呈现的是"侵权—抗争"的逻辑框架，认为弱势群体是在遭到侵权（事后型）或可能遭受侵权（预防型）才发起环境抗争的，其行为具有合理性与正义性。但是，这种逻辑框架的简单化与片面化缺陷日益凸显。

对"7·16"溢油事件的研究发现，抗争并不仅仅存在于农民与石油公司之间，在农民与当地政府之间、农民与农民之间都存在复杂的利益博弈，这是一个多元主体的角力场。中石油作为事故责任方，自然成为农民抗争的对象，中石油与其存在"侵权—抗争"的对应关系。但是，有些养殖户没有遭受实际损失，依然卷入环境抗争中，他们的行为动机在于借助这起事件从中谋取私利。而中石油"投资替代赔偿"的方案产生了"企业污染、政府埋单"的格局，由此加剧了农民与地方政府的利益博弈。不仅如此，政府的刚性维稳使得其与上访户的利益博弈更加剧烈。此外，由于赔偿执行中的漏洞，农民之间形成了利益博弈格局。有些农民通过行贿、多报和谎报养殖面积获得赔偿款，造成其他农户出现相对剥夺感，并由此导致举报和上访等问题。总之，利益分化的复杂化以及抗争主体的多元化，要求我们对"侵权—抗争"的逻辑框架和价值预设保持警惕与反思。

（二）弱者身份与弱者标签的反思

弱者通常被看成是缺乏社会资本，在社会竞争中处于劣势地位的群体。然而，弱者有其自身的力量和行动逻辑（Scott，1985），弱者身份可以成为武器（董海军，2008）。在社会转型加速期，弱者在环境抗争中逐渐形成了他们的话语体系，并且日臻娴熟于运用弱者的符号表达利益诉求。

弱者身份往往被赋予情感和道德意涵。2002年《政府工作报告》首次使用弱势群体这一概念以来，他们在抗争行动中就具有了更多的话语权。"7·16"溢油事件后，媒体给抗争者贴上了弱势群体的标签，相关报道呈现悲情色彩。农民确实是利益受损者，对于海带菜和裙带菜养殖户而言，由于海洋生态系统遭到污染，后期的养殖依然会受到影响。因此，他们的间接损失不容忽视。但是，就直接的利益受损者而言，他们并不是统一体。不少养殖户以"弱者"的名义加入抗争队伍，但事实上没有遭受损失。此外，在养殖户之间，无论是养殖规模，还是与地方政府的关系，养殖大户和一般养殖户都存在很大差异，前者能够通过某些方式获得更多的赔偿款。可见，如果不加以辨别，将所有的养殖户或者所有的上访者都归为弱者的话，那么研究的结论可能充满激情，但无论是对学术研究还是对实际问题的解决，都将是无益的。

很多时候，在没有调查的情况下，出于对抗争的认同感以及对抗争者的同情，我们容易做出错误的预判，容易谴责强者（肇事企业和政府部门）和同情弱者（底层抗争者），容易站在道德的制高点上为弱者奔走呼号。黄仁宇（2006：自序）指出，中国2000年来，以道德代替法制，至明代而极，这就是一切问题的根源。他认为，凡能用法律及技术解决的问题不要先扯上道德问题（黄仁宇，2006：233）。道德至上的伦理文化，使得同情弱者成为一种潜在的集体意识。当前，环境抗争中的利益相关者形象已经近乎结构化——谈及环境抗争，农民的悲情色彩形象已经跃然纸上。之所以形成这种结构性认知，与抗争格局有着深刻的内在关联——大量的环境抗争久拖不决，农民不得不通过下跪等方式谋求社会关注，甚至不惜"以死抗争"。此外，这种结构性认知也与仇官和仇富等社会心态密不可分。在某种程度上，这限制了我们对谋利型抗争的认识与反思。然而，在利益多元化的时代，我们需要更多的冷静思考，需要考察弱者身份的情境性。

（三）媒体建构与科学精神的反思

媒体对环境事件的发生与发展有着深远的建构作用（汉尼根，2009：

67~82）。吕德文（2012）对宜黄事件的研究表明，在媒体介入之前，拆迁户与县政府是常规政治中被治理者与治理者关系，而当媒体不断地渲染被拆迁户的无奈和政府的强势时，前者就从拆迁户转化为弱势群体，而后者则成为暴力和冷血的代名词。事实上，无论是政府和企业能掌控的纸质媒体，还是底层社会所能利用的自媒体，都存在价值判断与价值导向问题。溢油发生后，既存在当地官方媒体展现的"军民鱼水情"画面（清理油污时的军民共同努力），也有网络媒体对中石油和地方政府的尖锐批评。我们是根据媒体的报道前去开展实地调查的，也是沿着媒体信息找到抗争精英的。但是，调查发现与媒体展现的信息出入较大。媒体比较深入地展现了养殖户所遭遇的污染现实以及利益诉求表达中遭遇的困境。他们遭遇的"索赔无路"和"求助无门"是客观实际，但这只是环境抗争的前半场，后期出现的谋利以及正名型环境抗争，始终没有进入媒体的视野。

鉴于农民抗争出现的新情况和新态势，我们需要对学术研究中的价值中立原则再加以审视。价值中立是社会学应有的研究原则，但提到价值中立，往往隐含这样的预设，即避免做强势群体的利益代言人，不能成为御用文人。事实上，在研究中，我们同样不能忽视价值中立，需要避免"先入为主"或"偏听偏信"。洪大用（2014）指出，整体的、历史的和辩证的视角对学术研究具有重要意义，研究者需要看到事件背后的社会利益和制度安排。在环境抗争研究中，我们需要充分发挥社会学想象力，通过深入的田野调查厘清事实。此次环境抗争事件存在常见的利益勾连和利益共谋等问题，甚至在赔偿方案不明的情况下，出现了政府部门试图征占污染海域的方案。但是，抗争者也有他们的话语逻辑和行为模式，他们的话语充满悲情，更容易引起外界的同情与支持。而当谋利者加入进来后，环境抗争的本来面相变得扑朔迷离。学术研究不能仅仅回应抗争初期农民遭遇的体制性困境，而对后期的谋利和正名等问题视而不见。

五　迈向混合型抗争的解释框架

一直以来，环境抗争研究秉持"抗争有理"和抗争具有正义性的研究预设，对抗争者具有本能的认同。但是，在社会转型加速期，环境抗争出现了许多新情况和新态势，特别是在特定的情境中，环境抗争场域容易出现变数，遭遇更复杂的情况。由此，我们提出了混合型抗争这一新的解释框架。

（一）混合型抗争的内涵与构成体系

所谓混合型抗争，指的是环境污染发生后或者环境风险出现时，有关人员开展的权益维护活动以及在权益维护的名义下开展的其他目的性活动。抗争形式包括向造成环境污染或风险的企业等社会组织、国家机构（主要是国家权力机关、行政机关、司法机关）以及大众传媒等开展的呼吁、申诉、堵路、集体散步、集体下跪以及示威游行等对抗行为。在混合型抗争框架中，环境污染或风险是更复杂的社会冲突和对抗性行为的触发器，因此，环境抗争中除了维权（正名是维权活动的衍生目标）外，还混合着谋利、泄愤以及凑热闹等目标取向，而谋利、泄愤和凑热闹等目标取向搭乘的是维权行动的"便车"，它们共同构成了混合型抗争的基本框架（见图1）。在特定的环境事件和抗争情境中，这些不同的目标取向并不是彼此排斥的；相反，它们往往能够相互兼容，甚至相互渗透。

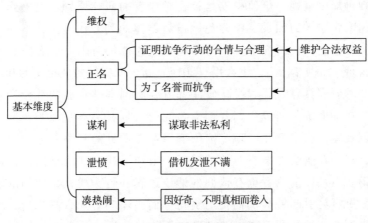

图 1 混合型抗争的基本框架

在大连"7·16"溢油事件中，环境抗争事件包括三种目标取向。其中，维权取向肇始于污染事件发生之初，谋利取向在获知可能获得赔偿款后出现，它掺杂于维权行动之中，而正名取向则发生在草根动员者被取保候审之后。就参与者和主要目标而言，维权者是众多利益受损的养殖户，他们旨在获得合法的经济补偿；谋利者是没有遭受损失和谋求超额补偿的养殖户，以骗取赔偿款为目标；正名型环境抗争者是草根动员者，旨在为自己恢复名誉。在本质上，正名型环境抗争是维权型环境抗争的副产品，是草根精英为了证明抗争行动的合情合理以及维护自身名誉而开展的后续抗争行为。除此之外，当前的抗争实践中还混合着以下两重目标取向。

作为混合型抗争的重要维度，泄愤的发生概率明显增加。在社会急剧转型的当下，因为利益分配和自身遭遇等各种原因，社会上存在一些对社会不满的群体，他们频频掀起泄愤事件。"社会泄愤事件"的显著特征是大多数参与者与事件本身并没有直接的利益关系，他们的卷入主要是表达对社会的不满，是以发泄为主的一种"泄愤冲突"（于建嵘，2010：5）。当下中国积累了一些社会矛盾，而环境问题的出现往往为不满和怨恨等情绪提供了宣泄契机。泄愤者的到来会深刻影响抗争事件的走向。一方面，他们会借环境抗争事件将自己装扮为利益相关者，围殴警察甚至围攻政府机关，导致社会秩序的紊乱；另一方面，维权型环境抗争者容易受到情绪煽动，使得利益表达行为的性质发生变化。

凑热闹是混合型抗争的又一维度。凑热闹是无直接利益相关者在围观心理的作用下卷入环境抗争行动中，是不明真相的个人或群体在传言、谣言以及他人挑唆下，到抗争事件现场围观、起哄，并会出现从众行为。当前，中国邻避运动此起彼伏，其中就有不少人并非利益相关者，他们在并不了解事件真实状况的背景下卷入抗争事件中。在浙江余杭区中泰乡居民抗议垃圾焚烧发电项目①事件中，贵州、广西、四川等地的务工人员就卷入抗争事件中。比如，在西湖区一家公司上班的四川籍女子何某当天是在朋友的煽动和蛊惑下，深夜赶到现场参与打砸事件。何某声称："听同事说的，她说'余杭那边在打仗'，我说'打什么仗'，那个事情我一点都不知道，她说'造垃圾场你不知道'，我说'我不知道'，然后她问我'你要不要去看一下'，我就说'随便'，然后就去拿了一个石头砸了一辆警车的窗户。"② 在此事件中，当地村民是在维护自身的合法权益，表达合理的利益诉求。但是，如果不加以识别和甄别，将所有参与群体性事件的人员都视为维权型环境抗争者，则与客观事实不符，会导致真伪混淆，也有悖于研究的客观性。

---

① 2014 年 5 月中旬，因为担心生活垃圾焚烧发电项目对生活环境造成污染、对身体健康造成损害，杭州市余杭区爆发了环境抗争事件，并出现了封堵高速公路、省道和打砸车辆等现象，引起了社会广泛关注。

② 《余杭中泰事件后续 53 名犯罪嫌疑人被刑拘》，东方新闻，http://news.cntv.cn/2014/05/14/VIDE1399997759201873.shtml。

（二）混合型抗争的产生机制

当前，混合型抗争呈现不断扩大化的趋势，它背后存在特定的社会机制和运行机制。整体上看，混合型抗争的产生机制包括以下三个维度。

1. 社会的原子化和人们的逐利心理

人类具有逐利的本能。当前，中国社会正处于急剧转型进程中，价值观念发生了深刻变化，使得逐利心理进一步蔓延。随着社会的原子化，道德规范滑坡和谋利现象比较突出，出现了利益挤压道德空间的问题。近年来，老人碰瓷、食品安全以及非法疫苗案等社会热点问题的出现，不断拷问着社会公德、良知和秩序。政府部门的监管不力自然是主因，但扭曲的利益观是更深层次的原因。谋利型抗争就是在这一宏观社会背景下产生的。环境污染或环境风险的出现为谋利行为提供了契机，谋利者试图借此事件分得一杯羹。同时，违法成本低（造假行为被发现概率少）以及法不责众心理也为谋利提供了滋生的土壤。当然，大连"7·16"溢油事件中的谋利现象具有一定的客观性，那就是基层官员和某些养殖户的利益共谋是谋利行为出现和扩大化的重要原因。

2. 社会转型加速期的社会矛盾和怨恨心理

在快速的现代化进程中，中国积累了一些社会矛盾，特别是社会分层的固化、社会不公以及贪腐等问题引起了群体的不满，甚至出现了极端情绪人群。有研究指出，面对同一个外部刺激，极端情绪群体往往会投入极大的心理能量做出反应，相比于普通人群，他们具有更高的从极端情绪到极端行为的转变概率（桂勇等，2015）。在一定的情境下，情感激化和怨恨转化是群体事件成型的重要因素（陈颀、吴毅，2014；成伯清，2009；刘能，2004）。

当前，社会上弥漫的仇官、仇富和仇警等心理，容易通过特定的环境议题进行释放和转移。在很大程度上，具有怨恨心理的社会群体往往是环境抗争的重要推手，他们在维权名义的掩护下将环境抗争推向高潮，并将之向群体性事件方向转化。在这项议题中，大量人群的集聚容易引发围观效应，而一旦政府部门处置不力或失当，特别是滥用警力后，很容易导致事件的升级。在此过程中又可能会催生传闻和谣言，导致情绪渲染和怨恨心理的再生产。于是，那些曾经遭遇过社会不公或存有不满心理的群体就会借机"泄愤"。大量的抗争事件表明，泄愤者的搅入不但影响了正常的利益诉求表达行动，而且会使得抗争事件的性质发生变化。很多时候，怀有怨恨情绪的人的煽风点火会超出维权型环境抗争的预期行为框架，产生很多的非预期性后果，从而使得正常的利益诉求表达转化为非法的社会治安事件。当前，在邻避类环境抗争事件中，类似问题已经呈现扩散和蔓延的趋势。

3. 地方政府的"维稳恐惧症"

地方政府既不能忽视农民的环境抗争，也不要将之视为洪水猛兽，而应当通过建立有效的利益表达机制促进问题的解决。但正如应星（2011：113）指出的，在地方政府那里，"稳定"最理想的衡量指标就是零信访，尤其是无集体上访和无进京上访。《关于做好芜家区 7·16 油染事故渔业损失补偿工作的通知》明确要求："坚决杜绝越级上访、大规模集体访和进京上访"，并且"号召党员、干部发挥模范带头作用，合理提出诉求，如实反映情况；不参与、不支持、不组织、不操纵上访活动和违法乱纪活动"。显然，当地政府在溢油赔偿处置工作中，对信访特别是"越级上访""大规模集体访"和"进京上访"有着特殊的敏感性。

当前，在环境事件中，地方政府依然面临巨大的维稳压力。同时，僵硬的维稳模式挤压了民众正常的利益表达渠道，使农民不得不拉拢更多的人员以壮大抗争队伍，为自身抗争谋取资源。而这恰恰是混合型抗争内部不同目标取向能够兼容的关键原因。在混合型抗争框架中，存在不同的目标取向，从理论上说，它们可能会相互排斥，但事实上，它们并不是泾渭分明的或彼此割裂的，更不是水火不容的，而是存在很多勾连和交织，形成了"你中有我、我中有你"的格局。特别是在环境抗争的造势阶段，维权者与谋利者存在相互勾连和各取所需的特征。一方面，谋利者只有披着维权的外衣、借助维权的名义才能谋求私利，因而积极向环境抗争队伍靠拢，并且具有参加抗争性集聚的动力机制。此外，泄愤者和凑热闹者也是借助维权型环境抗争的外衣粉墨登场的。另一方面，维权者往往力量薄弱、组织化程度低，难以与抗争对象形成势均力敌的格局，他们需要借助和利用谋利者、泄愤者以及凑热闹者的力量制造声势和规模效应，以应对组织化的大型污染企业。在此过程中，他们甚至会惺惺相惜。这是抗争精英默许、主动吸收甚至动员他们参与环境抗争的重要原因。此外，由于基层政府和监管部门的信息发布机制不健全，谣言和虚假信息满天飞，也为泄愤者等群体的加入提供了基础。

六　结论

当前，环境抗争研究是在维权话语体系下展开的，"侵权—抗争"是这一主题研究的逻辑起点。这反映了农民权益被频频侵犯的历史和客观现实，但也由此强化了人们的认知惯性和判断倾向。环境抗争事件中出现了多元化的目标取向，特别是很多无直接利益相关者的卷入，使得环境抗争更趋复杂化。因此，中国经验的丰富性和深刻性，特别是社会转型加速期利益问题的复杂性，使得"侵权—抗争"的分析框架和逻辑预设遭遇着深刻挑战，这需要学界对环境抗争历程和具体情境进行深入分析，对环境抗争进行整体性诊断。另一方面，农民抗争研究取得了丰硕成果，未来的研究需要从拘泥于农民群体抗争策略的分析转向对农民抗争行为的整体性诊断。而这种整体性诊断的重要维度就是要超越具体策略的分析，通过对抗争历程、情境和类型的分析，从整体上概括农民抗争范式。

本文结合大连"7·16"溢油事件和当前环境抗争的新态势以及相关研究反思，提出了混合型抗争这一新的解释框架。在这个框架中，我们发现环境抗争中存在复杂的利益博弈和多元的目标取向，既存在维权目标，也存在谋利取向。除此之外，在抗争实践中，还存在借机泄愤者和因为凑热闹而卷入者，其中，前者是借助环境抗争事件发泄不满，后者则是在不实信息和他人唆使下卷入的。这既需要引起学界的警示，更需要引起相关政府部门的重视和研究。

混合型抗争的出现反映了中国农民抗争逻辑的变迁。一方面，当前的社会矛盾和怨恨呈现叠加态势，社会冲突演化出现了新趋势，维权者之外的群体具备了进入抗争议题的空间和外部条件。意在谋利和泄愤的群体会借助环境事件，并在维权的幌子下谋取自身的私利或发泄自身的不满，而不明真相者的卷入会使得正常的利益诉求表达活动更加纷然杂陈。另一方面，农民群体的抗争资源匮乏，他们在表达利益诉求的同时，可能会不排斥、默许、借助甚至会动员其他群体的力量，为自身行动造势，试图通过壮大抗争声势为自身谋取权益，从而使不同的目标取向得以相互兼容。与此同时，这又会使抗争事件充满不确定性，也容易使正常的利益表达步入法律规定之外，陷入非法的困境。混合型抗争这一解释框架，是对环境抗争新态势和新情况的理论回应与理论归纳，在实践层面，它有利于识别真正的受影响人群和区域，廓清维权型环境抗争的边界，推动社会治理。

混合型抗争这一解释框架不仅适用于环境抗争领域，在抗争政治这一更广阔的主题范畴中同样具有解释力。当前，维权者与谋利者、泄愤者以及卷入者时常相互渗透、纵横交错，使抗争政治显得错综复杂。就维权与谋利的混合和渗透而言，近年来的拆迁场域中出现较多。一方面，有些人遭受了利益损失，需要维护合法权益，但也有人在知悉本地将要拆迁时，忙于搭建建筑物或种树以扩大自己的利益范围。当维权者发起抗争活动时，他们也会积极响应。就维权者、泄愤者和凑热闹者的相互混合而言，不少群体性事件都有类似景象。比如，瓮安事件之所以会从单纯的民事案件演变为打砸抢烧群体性事件，就有这方面的深层次因素。这次事件的表面导火索是李树芬的死因，但背后深层次原因是瓮安县在处置群众矛盾纠纷时，有些干部作风粗暴，甚至随意动用警力。这不仅导致干群关系紧张，而且促使警民关系紧张，老百姓的意见很大（刘子富，2009：23～25）。在瓮安事件中，在利益诉求表达过程中，泄愤者和不明真相群众的卷入使得事件超出了可控范围，并且性质发生了彻底转变。此外，云南孟连事件、四川大竹事件等有着同样的逻辑可循。

从社会治理的角度看，建立健全利益受损群体的利益表达机制和权益维护机制至关重要。这是因为，在抗争政治中，维权目标取向依然是主流，维权实践中遭遇的各种体制性困境以及权利救济资源不充足依然很突出。建立健全利益受损群体的利益表达机制和权益维护机制，不但有利于维护利益受损者的合法权益，也可预防和减少谋利、泄愤和凑热闹等不同类型的掺杂与渗透，从而减少社会代价，促进社会稳定，这也是推进国家治理体系和治理能力现代化的应有之义。

165

参考文献

陈柏峰，2012，《农民上访的分类治理研究》，《政治学研究》第 1 期。

陈顾、吴毅，2014，《群体性事件的情感逻辑：以 DH 事件为核心案例及其延伸分析》，《社会》第 1 期。

陈涛，2014，《产业转型的社会逻辑》，社会科学文献出版社。

陈涛，2015，《信法不信访——路易岛渔民环境抗争的行为逻辑研究》，《广西民族大学学报》（哲学社会科学版）第 4 期。

成伯清，2009，《从嫉妒到怨恨——论中国社会情绪氛围的一个侧面》，《探索与争鸣》

第 10 期。

董海军，2008，《"作为武器的弱者身份"：农民维权抗争的底层政治》，《社会》第 4 期。

董海军，2010，《依势博弈：基层社会维权行为的新解释框架》，《社会》第 5 期。

冯仕政，2007，《沉默的大多数：差序格局与环境抗争》，《中国人民大学学报》第 1 期。

桂勇等，2015，《网络极端情绪人群的类型及其政治与社会意涵》，《社会》第 5 期。

国家海洋局海洋发展战略研究所课题组，2011，《中国海洋发展报告》（2011），海洋出版社。

洪大用，2014，《环境社会学的研究与反思》，《思想战线》第 4 期。

汉尼根，2009，《环境社会学》（第 2 版），洪大用等译，中国人民大学出版社。

黄仁宇，2006，《万历十五年》（增订纪念本），中华书局。

李晨璐、赵旭东，2012，《群体性事件中的原始抵抗——以浙东海村环境抗争事件为例》，《社会》第 5 期。

李连江、欧博文，2008，《当代中国农民的依法抗争》，载吴毅主编《乡村中国评论》（第 3 辑），山东人民出版社。

刘能，2004，《怨恨解释、动员结构和理性选择——有关中国都市地区集体行动发生可能性的分析》，《开放时代》第 4 期。

刘子富，2009，《新群体事件观：贵州瓮安"6·28"事件的启示》，新华出版社，

吕德文，2012，《媒介动员、钉子户与抗争政治——宜黄事件再分析》，《社会》第 3 期。

饶静、叶敬忠、谭思，2011，《"要挟型上访"——底层政治逻辑下的农民上访分析框架》，《中国农村观察》第 3 期。

申端锋，2010，《乡村治权与分类治理：农民上访研究的范式转换》，《开放时代》第 6 期。

谭剑、史卫燕，2014，《唤起民众治湘江》，《半月谈》第 3 期。

田先红，2010，《从维权到谋利——农民上访行为逻辑变迁的一个解释框架》，《开放时代》第 6 期。

王洪伟，2010，《当代中国底层社会"以身抗争"的效度和限度分析：一个"艾滋村民"抗争维权的启示》，《社会》第 2 期。

汪永涛、陈鹏，2015，《涉诉信访的基本类型及其治理研究》，《社会学评论》第 2 期。

吴长青，2013，《英雄伦理与抗争行动的持续性——以鲁西农民抗争积极分子为例》，《社会》第 5 期。

吴毅，2007，《"权力—利益的结构之网"与农民群体性利益的表达困境》，《社会学研究》第 5 期。

应星，2007，《草根动员与农民群体利益的表达机制——四个个案的比较研究》，《社会学研究》第 2 期。

应星，2011，《"气"与抗争政治——当代中国乡村社会稳定问题研究》，社会科学文献
　　出版社。

于建嵘，2004，《当前农民维权活动的一个解释框架》，《社会学研究》第 2 期。

于建嵘，2010，《抗争性政治：中国政治社会学基本问题》，人民出版社。

赵永康编，1989，《环境纠纷案例》，中国环境科学出版社。

周志家，2011，《环境保护、群体压力还是利益波及——厦门居民 PX 环境运动参与行为
　　的动机分析》，《社会》第 1 期。

Cable, S. & M. Benson. 1993. "Acting Locally: Environmental Injustice and the Emergence of
　　Grass – Roots Environmental Organizations. " *Social Problems* 40（4）.

Dyer, C. L. 1993. "Tradition Loss as Secondary Disaster: Long – term Cultural Impacts of the
　　Exxon Valdez Oil Spill. " *Sociological Spectrum* 13（1）.

Freudenburg, W. R. & R. Gramling. 2011. *Blowout in the Gulf: The BP Oil Spill Disaster
　　and the Future of Energy in America.* Cambridge: The MIT Press.

Gill, D. A. , J. S. Picou & L. A. Ritchie. 2012. "The Exxon Valdez and BP Oil Spills: A Com-
　　parison of Initial Social and Psychological Impacts. " *American Behavioral Scientist* 56（1）.

Gotham K. F. 1999. "Political Opportunity, Community Identity, and the Emergence of a Local
　　Anti – Expressway Movement. " *Social Problems* 46（3）.

Gould, K. A. , A. Schnaiberg & A. Weinberg. 1996. *Local Environmental Struggles: Citizen
　　Activism in the Treadmill of Production.* NY: Cambridge University Press.

Krauss, C. 1989. "Community Struggles and the Shaping of Democratic Consciousness. " *Soci-
　　ological Forum* 4（2）.

Molotch, A. & M. Lester. 1974. "News as Purposive Behavior: On the Strategic Use of Rou-
　　tine Events, Accidents, and Scandals. " *American Sociological Review* 39（1）.

Molotch, H. 1970. "Oil in Santa Barbara and Power in America. " *Sociological Inquiry* 40.

Norris, L & S. Cable 1994. "The Seeds of Protest: From Elite Initiation to Grassroots Mobili-
　　zation. " *Sociological Perspectives* 37（2）.

O'Brien, K. 1996. "Rightful Resistance. " *World Politics* 49（1）.

O'Brien, K. 2013. "Rightful Resistance Revisited. " *The Journal of Peasant Studies* 40（6）.

O'Brien, K. & L. Li. 2006. *Rightful Resistance in Rural China.* Cambridge: Cambridge Uni-
　　versity Press.

Pellow, D. N. 2002. *Garbage Wars: the Struggle for Environmental Justice in Chicago,* Cam-
　　bridge: The MIT Press.

Picou, J. S. 2000. "The 'Talking Circle' as Sociological Practice: Cultural Transformation of
　　Chronic Disaster Impacts. " *Sociological Practice: A Journal of Clinical and Applied Sociol-
　　ogy* 2（2）.

167

Scott, J. 1985. *The Weapons of the Weak*: *Everyday Forms of Peasant Resistance.* New Haven: Yale University Press.

Taylor, D. E. 1997. "American Environmentalism: The Role of Race, Class, and Gender in Shaping Activism (1820 – 1995) ." *Race, Gender & Class* 5 (1) .

Walsh, E. , R. Warland & D. C. Smith. 1993. "Backyards, NIMBYs, and Incinerator Sitings: Implications for Social Movement Theory. " *Social Problems* 40 (1) .

Widener, P. & V. J. Gunter. 2007. "Oil Spill Recovery in the Media: Missing an Alaska Native Perspective. " *Society & Natural Resources* 20 (9) .

我国环境抗争中社区自组织与民间环保 NGO 之比较

——以阿苏卫垃圾焚烧项目反建事件为例*

谭 爽 任 彤**

摘 要： 以环境维权为目的的社区自组织和以生态保护为使命的民间环保 NGO 是我国环境抗争在组织上的两大支柱。通过对 2009 年由社区自组织"奥北志愿小组"发起的阿苏卫垃圾焚烧项目反建事件和 2015 年由民间环保 NGO"自然大学"主导的阿苏卫垃圾焚烧项目反建事件进行比较分析，发现二者在组织结构、抗争目标、行动策略、社会影响等方面均存在较显著差异，这些差异导致二者在现阶段尚未形成有机联盟。对此，政府、民间环保 NGO、社区自组织等各方主体有必要共同努力，促使双方良性互动、资源互补，从而为环境抗争的理性化、环境议题的塑造、环境政策的完善和环保参与网络的构建提供支持。

关键词： 邻避运动 社区自组织 民间环保 NGO 环境抗争 垃圾处理

一 问题提出与文献回顾

近年来，中国生态环境问题不仅制约经济发展、危害公众健康，而且

* 本文受到国家社会科学基金青年项目（项目编号：17CGC2039）的资助。原文发表于《南京工业大学学报》（社会科学版）2017 年第 4 期。
** 谭爽，中国矿业大学（北京）文法学院副教授；任彤，中国矿业大学（北京）文法学院硕士研究生。

对社会稳定发展形成了严峻挑战。据原环境保护部统计，在中国信访总量、集体上访量、非正常上访量下降的情况下，环境信访和群体事件却以每年30%以上的速度上升（熊易寒，2007）。从1991~2012年全国环境统计公报来看，每年环境信访来信总数都在5万件以上，最多时达到616122件；环境信访来访每年都在2万批以上，最多时达到94798批；2011年和2012年的电话、网络投诉件数分别为852700件和892348件（张金俊，2014）。福建厦门PX事件、陕西凤翔血铅事件、北京西二旗反垃圾场事件等，都是环境事件愈演愈烈的佐证。随着环境市民社会的崛起，当前我国呈现"政府主导治理运动、无明确组织的环境群体抗争运动与NGO组织的环保运动"并存的状况（孙玮，2009）。其中，结构松散的社区自组织与民间环保NGO是抗争生成与发展的两大核心力量。前者指生存环境受到侵害的城市或农村社区居民自发形成的临时团体，现阶段我国环境群体性事件大都以之为主体，依赖居民之间的熟悉、信任和共同利益展开行动（张萍、杨祖婵，2015）。后者则指独立于政府的、非营利的、致力于保护自然资源和改善生态环境的社会组织，是近几年活跃在环保舞台上的一股新势力。为推动多元共治现代环境治理体系的构建，2014年出台的《中华人民共和国环境保护法》从多方面明确规定了公民环境参与的权利与责任。社区自组织与民间环保NGO作为我国环境市民社会的核心组成部分，在其中扮演着重要角色。社区自组织与民间环保NGO所主导的环境抗争各自有何特征？是否存在差异？优势何在？对这些问题的梳理有助于增进社区自组织与民间环保NGO之间的彼此合作，相互取长补短，以建立良好的全民环保模式。

已有研究在考察NGO和社区自组织在环境抗争中的作用与行动模式时，基本上是将二者分开为独立的对象予以探讨。一方面，关于"NGO参与环境运动"的成果可谓汗牛充栋，如Yang（2008：83~93）重点研究了近年来中国环境NGO利用互联网发展出一种"虚拟公共领域"，对环境运动产生极大推进作用；Ho（2001：833~921）强调环保组织，特别是民间环保组织对中国环境保护运动的重要性；曾繁旭（2006：24~44）通过深描"绿色和平组织"在中国建构"金光集团云南毁林"议题的过程，观察NGO如何通过严谨而富有弹性的媒体策略设计，建构出一个有制度意味的议题并获得媒体近用权，最终实现对企业与政府的监督；彭晓华等（2012：205~207）运用质化研究方法，以NGO"自然之友"为例，剖析环境运动的媒介镜像及其原因；邹东升等（2015：69~76）分析了环保NGO环境抗争理性化的社会动员模式和倡议联盟模式；等等。另一方面，以"基层社区的环境抗争"为主题的研究也比较丰富，例如何艳玲（2006：93～103）聚焦自利动机和社区保护意识高涨下所产生的各类环境冲突，并就其解决方式提出了确立政府的中立角色、开通协商性对话渠道、建构面向城市边缘群体的政治吸纳机制等原则性建议；史密斯等（2012：59～63）认为环境运动并非简单的"反对"，而应被视为一种转型计划，有助于公众参与和社区发展；崔晶（2013：167～178）分析了社区居民在环境冲突中的联合与训练，从社区治理视角强调了抗争潜在的社会学习功能；等等。总而观之，对于专业的环保 NGO 与社区自组织二者的比较研究并不多见，相关的有：乔安·卡明通过对美国环境运动的观察，比较了志愿组织和专业社团的策略差异（卢茨，2012：88～103）；周志家（2011：1～34）以厦门 PX 事件为例，分析了公民自行组织的草根运动的产生机理、影响因素，指出居民参与环境运动只体现出浅层的公民性，非政府组织的功能缺失是造成这一局面的重要深层原因之一；任丙强（2014：53～57）对我国目前环保组织驱动型与群体驱动型两种环境抗争模式及其效果进行了比较。

上述研究多为理论阐述，结合具体案例尤其是结合我国现阶段环境抗争实践的比较研究还有继续拓展与深入的空间。基于此，笔者以 2009 年由社区自组织"奥北志愿小组"发起的阿苏卫垃圾焚烧项目反建事件和 2015 年环保 NGO"自然大学"主导的阿苏卫垃圾焚烧项目反建事件为例，对两类组织进行多角度比较分析。选取该案例的原因在于，对于同一地域、同类项目而言，抗争过程中所面临的经济社会环境、政治机会结构、文化伦理背景等外因差异较小，更能客观、独立地对研究主体本身进行考量。

二　两次"阿苏卫垃圾焚烧项目反建事件"回顾

2007 年 4 月北京市发展和改革委员会发布了《北京市"十一五"期间生活垃圾处理设施建设规划实施方案》，将阿苏卫地区规划为北京市北部垃圾综合处理中心，由填埋场、综合处理厂、焚烧发电厂三部分组成，主要处理东城、西城、朝阳、昌平四个区的生活垃圾。焚烧厂的规划建设地紧邻垃圾填埋场，此处并非荒无人烟的郊区地带，而是紧邻二德庄、阿苏卫、百善、牛房圈四个村庄。此外，在距离填埋场约 3000 米处，有保利垄上、橘郡、纳帕溪谷等几个别墅区，居住有大量居民。该垃圾综合处理中心作为环境污染型邻避设施，在规划后不久便受到了周边民众的抵制。

（一）2009 年由社区自组织发起的阿苏卫反建事件

2009 年 7 月，保利垄上社区的一位居民在去小汤山政府办事时，偶然发现一份《北京阿苏卫生活垃圾焚烧发电厂工程环境影响评估公示》，之后此事便在几个社区之中传播开来。对此，社区居民采取寻找有关部门申诉、网络发帖抗议、建设反建网站等一系列活动来反对焚烧厂修建，但均未有任何收效。于是，周边小区业主所组成的"奥北志愿小组"进行了长达数月的抗议，先后组织一次 50 余辆车的"巡游"和一次超过百人规模的"和平示威"。其中保利垄上社区居民于 8 月 1 日组织了第一次小规模的私家车巡游活动。8 月 14 日，北京市市政市容管理委员会在《北京日报》上刊登了新的环评公示，希望能征求公众意见。征求公众意见的公示刊登后，居民们提出了不少意见，认为建设垃圾焚烧厂的决定不合适，期待政府能再做调查与考虑，然而北部垃圾综合处理中心的建设并未中止。社区居民无法接受这一现状，便于 9 月 4 日在农业展览馆进行"示威"，遭到制止，几位"闹事"居民被拘留。

因效果不佳，"奥北志愿小组"调整了抗争策略，经过三个多月的资料收集与整理，发布了《中国城市环境的生死抉择——垃圾焚烧政策与公众意愿》报告，内容涵盖阿苏卫现状和垃圾焚烧的发展趋势、标准设定、国外经验、可选择道路等议题，正式开启官民对话之路。2009 年年底，小组成员"驴屎蛋"（反建代表黄某网名）在凤凰卫视"一虎一席谈"节目上与北京市市政市容管理委员会总工王维平建立"走廊外交"，该研究报告为官方所知；2010 年 2 月，"驴屎蛋"作为反建代表被北京市市政市容管理委员会邀请赴日本和澳门考察垃圾处理事宜；3 月 17 日，北京市市政市容管理委员会发布的一份《关于居民反映阿苏卫填埋场及焚烧厂建设、环评相关问题的答复意见》中，明确项目暂停，将重新公开征求公众意见；同年 6 月，"驴屎蛋"自筹资金建立"绿房子"，开始探索垃圾分类处理和"自循环"之路。至此，"奥北志愿小组"的抗争活动告一段落。

（二）2015 年由民间环保 NGO 引导的阿苏卫反建事件

事隔五年后，阿苏卫循环经济园生活垃圾焚烧发电厂项目突然再次启动。2014 年 7 月 25 日，循环经济园生活垃圾焚烧发电厂项目发布第一次公示。同年 12 月 15 日，项目发布第二次公示，并针对周边村民召开了座谈会和项目专家论证会。一直关注垃圾焚烧的环保 NGO "自然大学"帮助阿苏卫周边居民重新走上反建之路，其工作人员严格依照法律程序，在门户网站上先后发起促请驳回环评报告、呼吁召开听证会、取消环评公司资质等联署行动，从公民参与不足、焚烧方案不科学、环评报告造假等方面对项目决策过程提出质疑。经过反复申请与交涉，昌平区环境保护局在 2015 年 4 月 23 日召开听证会，"自然大学"工作人员和部分公众参与会议并发表意见。但此次听证会无论是程序还是结果，均未达到预期。会议结束后的第五天，北京市环境保护局批复了这一项目。

见沟通协商未果，阿苏卫居民在"自然大学"及其引荐律师的帮助之下，针对阿苏卫循环经济园生活垃圾焚烧发电厂项目环评审批违法事宜向法院提起诉讼。一年多之后，海淀区法院于 2017 年 4 月开庭审理此案。本文撰写之时，法院还未做出最终判决，但在当事人的不懈努力下，环保部已将阿苏卫项目列入国家重点督查项目。当地居民表示，若条件具备，下一步或将尝试以"自然大学"为主体提起环境公益诉讼。

三 我国环境抗争中社区自组织与民间环保 NGO 的差异

（一）组织结构及其行动特征

由于人员构成、掌握资源等存在差异，社区自组织与民间环保 NGO 在结构、行为等方面也呈现不同特点（见表 1）。

表 1 社区自组织与民间环保 NGO 的组织结构与行动特征比较

结构与特征	社区自组织	民间环保 NGO
人员构成	各行各业的从业者	受雇且领薪的专业工作者
掌握资源	来自运动内部，分散、缺乏	来自运动外部，专业、丰富
组织理性	制度供给不足，权责模糊，以情感为支撑，决策感性理性兼具	制度完备，权责明确，以专业技能为支撑，决策理性
行动持续性	临时性团体，人员易流失，不可持续	专业化团体，人员稳定，可持续

1. 人员构成

2009 年的阿苏卫垃圾焚烧项目反建事件完全由奥北居民自行组织发起，

其中包括退休官员、学者、企业职工、律师等各行各业的从业者，他们虽然拥有共同目标，但由于缺乏垃圾处理、工程立项、公民参与等相关领域的知识储备，在行动方式上容易简单化和极端化，这也解释了为何 2009 年"奥北志愿小组"选择以"街头散步"开启其抗争之路。而"自然大学"的工作人员除了热衷于环保事业，全职、领薪、专业是他们区别于普通公众的关键特征，这一方面对其工作职责的履行有很强的约束力，使之持续、稳定地为环境抗争提供指导；另一方面丰富的工作经验也使其能够对垃圾焚烧项目进行科学、深入的考察，找准其中的风险点与违法违规之处，使抗争在法律框架内有的放矢地进行。

2. 掌握资源

相较而言，民间环保 NGO 比社区自组织的社会资源更稳定、专业、丰富。首先，在物资资源方面，民间环保 NGO "自然大学"作为正式组织，具有来自外部的固定经济来源，可持续支持其环保行为。而"奥北志愿小组"这类社区自组织则主要依靠内部成员集资，数量、稳定性等缺乏保障。其次，在人力资源方面，民间环保 NGO 拥有联系密切的同行、大众媒体、专业精英、意见领袖等，能获取对抗争的专业指导，如"自然大学"一直在微博上与同行"国家水卫队""垃圾分类指引""环评微听证"等 NGO 以及中德可再生能源合作中心王某、北京师范大学历史学博士毛某、公众与环境研究中心马某等民间环保人士频繁沟通，共同进行有关信息的分析与传播。而社区自组织虽然成员多元化，但相应的人际网络也比较分散，专业性不足，很难在环境抗争过程中提供有效支持。综上，民间环保组织在各方面都比社区自组织占据更有利的资源，因而也拥有更多的行动选择。

3. 组织理性

组织理性可以从两个方面考察。第一，组织是否具有正式完备的内部制度。与民间环保 NGO "自然大学"相比，"奥北志愿小组"主要受业主间约定俗成的规则所约束，并无成文条例对成员的职务、权责等进行规定，这种相对松散的结构既不利于提升行动效率，也难以控制事态发展，容易出现"有组织的不负责任"。反之，"自然大学"有明确层级结构和职责分工，可规避上述问题。第二，组织的行动方式是否理性。作为社区自组织，"奥北志愿小组"以居民对垃圾焚烧站的恐惧、厌恶，对政府与企业管理者的不满等个人情绪为支持力量，以"维护个体权益"为单一目标，其决策难免存在简单、短视、极端等问题。而作为正式组织的民间环保 NGO，"自然大学"拥有垃圾处理领域经验丰富的工作人员、精通环境法律法规的专业精英、成熟完备的决策机制，故在 2015 年反建过程中，始终以技术疏误、法律程序失当等为切入点，环环相扣向政府与企业施压以达到目的，克制而有序。

4. 行动持续性

2009 年的阿苏卫垃圾焚烧项目反建事件以"驴屎蛋"等民意领袖为核心，当项目停建的目的达到后，聚集起来的业主也随之散去，2015 年项目复建时，曾动力十足的"奥北志愿小组"因为各种原因无法再聚集。相较之下，"自然大学"等民间环保 NGO 始终致力于生态守护、污染防控、环境法治等工作，无论对阿苏卫循环经济园生活垃圾焚烧发电厂项目的抗争是否成功，均不会阻断其在环保领域的相关努力。这印证了长期以来社会运动研究中所得出的结论：正式运动组织比非正式运动组织更能维持自身发展，这不仅是因为它依赖领薪的职员完成组织任务，而且是因为一个正式结构能在领袖和环境发生变化时仍然保持连续性（Staggenborg，1988）；反之，一个完全由非正式组织构成的运动比那些包含正式组织的运动更短命（冯仕政，2013；陈占江、包智明，2014），因为它往往针对具体事件，难以与其他社会问题或其他地区联系，特殊而孤立，缺乏持续行动的基本条件。

（二）抗争目标及其策略选择

目标与策略对环境抗争的结果起到决定性作用。社区自组织与民间环保 NGO 在这两者上存在很大差异（见表 2）。

175

表 2　社区自组织与民间环保 NGO 的抗争目标与策略选择比较

抗争目标与策略选择		社区自组织	民间环保 NGO
抗争目标		目标单一，即项目停建或迁址，协商空间较小	目标多元化，接受阶段性目标的达成，协商空间较大
策略选择	资源动员策略	以参与性策略为主，擅长人力动员	以专业性策略为主，擅长资金动员
	抗争行动策略	体制内常规手段与体制外破坏性手段相结合	体制内常规手段

1. 抗争目标的差异

（1）社区自组织。目标局限，缺乏延展性，对抗性明显，协商空间较小。2009 年的"奥北志愿小组"为阿苏卫循环经济园生活垃圾焚烧发电厂项目停建进行了执着而顽强的抗争，但对于垃圾处理技术是否科学、焚烧站是否会选址别处等问题并不关心。这说明，社区自组织作为抗争的直接受益人，联合起来是为了"环境维权"而并非真正意义上的"环境保护"。虽体现为集体行动，但实质上仍属于"私人领域的环保行为"（常跟应，2009）。停建或迁址作为唯一诉求，其局限性导致谈判空间狭小，进一步加剧了公众与政府或企业的冲突（谭爽、胡象明，2015）。但不可否认的是，这种抗争给有关部门施加的压力非常大，更容易达到预期目的。

（2）环保 NGO。目标宏观、多元，对抗性较弱，协商空间较大。除了对具体项目的诟病，"自然大学"等民间环保 NGO 更关注与未决政策相关的议题（乔安·卡明，2012），如"环评前置""污染评价标准""垃圾分类管理""环评公司资质审查"等。他们以"公共领域的环保行为"为己任，并愿意接纳任何一个阶段性议题的成功。由于并不执着于停建这个单一目的，自然降低了其与项目方的对抗程度，使协商更容易形成，但同时削弱了抗争压力，不利于核心目标达成。

2. 策略选择差异

迪阿尼和多拉提从行动层面对社会运动组织进行分类时，提出了考察其策略的两个维度：资源动员策略和实现政治效能的行动策略（Diani & Donati，1998）。以此为基础，下面对社区自组织和民间环保 NGO 进行如下比较。

（1）资源动员策略。和所有社会运动一样，环境抗争所需要的资源主要是资金与人力，两类团体在二者上各有优势。"奥北志愿小组"这类社区自组织倾向于使用"参与性策略"，即在结构上保持开放，以共同的利益诉求与心理基础为纽带，以熟人关系和互联网为助力聚集公众，并在线上线下的互动中不断激发个体的参与热情，效果显著。但因其专业性和可持续性不足，加上行动中鲜明的对抗特征，往往难以得到资金方面的支持。相反，民间环保 NGO 则擅长运用"专业性策略"，即利用其组织稳定、愿景明确的特点，通过有吸引力的项目和成熟的募捐手段，以互惠的方式吸引政府、企业、基金会、媒体、公众等潜在捐赠者的支持，效率较高。但民间环保 NGO 运作的规范性与严密性容易拒人于千里之外，其抗争目标的广泛性与分散性也不利于获得公众认同，虽可与少数精英联合，却始终面临怎样动员足够人力的问题（Porta & Diani，2007）。

（2）抗争行动策略。社区自组织的策略是在审时度势下采取"依法抗争"与"依势抗争"的有机结合（陈占江、包智明，2014）。一方面，在情势缓和或集体行动遭到挫败时，尝试通过反映情况、申请听证会、诉诸法律等方式进行合法性维权。如"奥北志愿小组"撰写了《中国城市环境的生死抉择——垃圾焚烧政策与公众意愿》报告并转发给政府官员、专家学者、两会代表等一切可能起作用的人，成功开启"政府—民间"沟通之路（汤涌，2010）。另一方面，在得不到预期回应必须施加更大压力时，则动员更多居民转向游行、示威等途径，并借助传媒力量向社会传播，争取来自非直接利益相关群体的道义支持，希望通过把事情闹大以获得"来自高层的正义"（O'Brien & Lianjiang Li，2006）。"奥北志愿小组"在第一次"集体散步"效果不彰时，进一步游说周边楼盘业主加入，并组织万人签名活动，正是基于这样的考虑。

而与很多 NGO 一样，"自然大学"在 2015 年反阿苏卫循环经济园生活垃圾焚烧发电厂项目全过程中的行为都非常克制、理性。他们主要是以《环境影响评价公众参与暂行管理办法》等有关法律为基础，指出项目决策过程中若干违法违规之处，在门户网站上发起叫停项目环评、环评公开、召开听证、取消 Z 公司环评资质等主题的公众联署活动，并将 100 多个单位和 1000 多人签名的听证会申请提交北京市环保局，获批后再组织居民参与会议，有礼有节地表达诉求。这既缘于作为专业的民间环保 NGO 组织对法律武器的运用非常娴熟，也因为受制于我国民间环保 NGO 的角色定位和必须挂靠行政单位的制度规定，其通常不会采取"硬碰硬"的方法，而更倾向于选择谈判、调解、诉讼等制度内途径。

（三）行动效果及其社会影响

环境抗争作为"志在促进某种社会变革，有许多人参与并持续一定时间的集体行动，其结局与所造成的后果是十分复杂的。不能仅仅围绕抗争本身的诉求对成败进行评价，而应该拓宽视野，考察更广泛影响"（冯仕政，2013）。因此，对社区自组织与民间环保 NGO 倡导的抗争行动，必须从多角度进行评估。本研究借鉴 Heijden（1999：199 - 221）提出的方法，从程序性影响、结构性影响、敏感度影响与实质性影响四个方面比较 2009 年与 2015 年两次抗争行动的效果及社会影响（见表 3）。

177

表 3　2009 年与 2015 年阿苏卫反建事件的行动效果与社会影响比较

影响因素	2009 年阿苏卫事件 （社区自组织发起）	2015 年阿苏卫事件 （民间环保 NGO 引导）
程序性影响	对政府决策程序提出质疑，但并未有效敦促其调整	对重大项目的立项程序起到很好的规范作用
结构性影响	推动《北京市生活垃圾管理条例》出台	无明显表现
敏感度影响	得到媒体持续关注，在环境保护、公众参与等方面对社会产生影响	媒体曝光有限，社会影响不显著
实质性影响	成功阻止项目修建	未成功阻止项目修建

1. 程序性影响

程序性影响即一个行动在影响有关当局决策过程方面的成就。这一点在 2015 年"自然大学"所引导的阿苏卫垃圾焚烧项目反建事件中体现得非常明显。从"叫停环评，修补制度缺陷"开始，到"申请召开环境保护行政许可听证会"和"促进驳回环评报告"，再到"要求公开环境保护许可听证会"，整个行动均是以对项目立项程序的质疑入手，呼吁进行调整。虽然最终并未在听证会上得到满意答复，但已在很大程度上促进了政府决策的科学化与民主化。相比之下，"奥北志愿小组"的抗争更专注于"项目停建"，虽也指责政府决策，但只是作为工具性策略。

2. 结构性影响

结构性影响即一个行动在改变有关当局政治、法律或其他制度方面所取得的成就。2009 年，"奥北志愿小组"经过多次与政府部门交涉，由对抗到对话，最终不仅阻止了垃圾焚烧项目上马，也促成了我国首部规范垃圾处理的地方性法规《北京市生活垃圾管理条例》的出台（李东泉、李婧，2014）。由于外部环境制约和自身策略选择，"自然大学"在这方面并无突出表现。

3. 敏感度影响

敏感度影响即一个运动在改变有关当局和民众的价值、认知及态度，从而提高其对该问题的敏感度方面所取得的成就。这种成就的取得在很大程度上依赖于媒体对事件的传播。2009 年阿苏卫垃圾焚烧项目反建事件以百余名奥北居民的"集体散步"为起点，引发诸多主流媒体跟踪报道，继而凤凰卫视"一虎一席谈"针对阿苏卫事件制作专题节目，之后又因官民一同考察垃圾处理技术和《北京市生活垃圾管理条例》的颁布多次登上媒体头版头条，仅当年就发布有关新闻 400 余篇，使环境保护、垃圾处理、邻避冲突、政策参与等成为热议话题，对公众、政府、企业、学者、NGO 等均产生了不同程度的影响。而 2015 年的抗争因"自然大学"始终坚持在体制内行动，遏制了冲突局面，新闻话题度较六年前大大降低，除了《财新周刊》《界面》等少数媒体撰文报道，几乎没有受到更多关注。

4. 实质性影响

实质性影响即该运动在达到其具体目标和要求方面所取得的成就。"奥北志愿小组"尽管作为社区团体，在组织结构、决策水平等方面均有不足，却依靠其感性与理性兼具的抗争策略在 2009 年的阿苏卫垃圾焚烧项目反建事件中取得了胜利，而"自然大学"却受制于诸多内外因素，未能阻止垃圾焚烧项目修建。

四 结论与讨论：从"差异"迈向"合作"

综合上文对环境抗争中社区自组织和民间环保 NGO 的比较分析，我们发现环境抗争中社区自组织和民间环保 NGO 各具特征，在达成的社会影响上各有优势。社区自组织作为自发集结的临时群体，在组织稳定性、行动理性等方面尚有欠缺，但因成员具有共同的利益诉求与情感体验，更能维持抗争动力，向单一目标不断发起冲击并获得成功。只是虽有个别行动推动了相关政策法律的完善与改革，总体上仍彼此孤立、影响分散。且当问题的解决达不到心理预期时，民主式的维权极有可能演变为暴力式的冲突，反而不利于经济发展与社会稳定（欧阳宏生、李朗，2013）。相较之下，民间环保 NGO 能将抗争纳入法制化轨道，使之理性、有序进行。同时，作为公益性主体，NGO 有助于将议题从单纯追求利益的"环境维权"拓展为关乎全社会的"环境保护"，既敦促政府决策模式改善，又为公众参与环境保护提供空间，促使其环境价值观得到改善，引导"普通公民"向"生态公民"转变。但由于 NGO 并不擅长构建身份认同与塑造共识，故在以之为主导力量的环境抗争中，公众参与的广度、深度与力度大都存在局限，致使抗争的爆发力与冲击力不足，甚至阻碍实质性目标的达成。

如上差异往往导致二者在环境保护行动中彼此"脱嵌"，合作不足。2009 年"奥北志愿小组"的主要成员"驴屎蛋"曾说："当我们在反焚行动中最需要 NGO 的时候，NGO 既没有敏感性，也没有给予我们专业上、理论上的指导和道义上的支持。"（刘海英，2011）而 2015 年公众力量的分散又使得"自然大学"引导的抗争强度有限。这并非个案，在 2007 年厦门反 PX 项目、沪杭反磁悬浮项目等具有全国性影响的抗争运动中，民间环保 NGO 也被舆论批评为"集体失语"（何平立、沈瑞英，2012），故张萍等（2015）在对我国近十年环境群体性事件的分析中指出："我国环境抗争主要高发于城市居委会和农村村镇一级的基层社区，底层参与明显，组织化程度很低。其中，环保 NGO 的参与非常少，只在十余起事件中有出现，不到总数的 5%。"究其原因，或与我国民间环保 NGO 的生存背景有直接关系：由于需要挂靠政府部门以获取合法身份，在面对与公权力的冲突事件时，其不得不保持"沉默"，采用不反对、不支持、不组织的"三不"策略，或在事后通过理性、冷静的方式表达态度，而这恰恰是民间环保 NGO 饱受社会公众尤其是抗争者诟病，以至于二者难以在环境维权事件中有效协同的原因。

作为环境运动的两大支柱，社区自组织可作为催化剂迅速汇聚民力、鼓舞士气、积极应对，民间环保 NGO 则可发挥其专业能力为已形成的社区组织拓展目标、提供资金、培育公众、规划行动。唯有二者的良性互动、资源互补，才能使环境诉求的理性表达、潜在环境议题的呈现和环境政策的完善成为可能，使紧密的环境保护参与网络得以形成，使我国的环境市民社会更加茁壮成熟。为达至此目的，各相关主体需在如下四方面继续努力。

首先，政府在环境抗争治理时，既要重视社区自组织在环境维权方面的影响力，在第一时间主动给予有效反馈，力求将群体性事件遏制在萌芽状态。同时，也必须肯定民间环保 NGO 在抗争中的积极功能，赋予其一定行动空间，以便于作为桥梁帮助政府和社区自组织实现良性沟通，达到缓和公众对抗情绪、规范公众参与行为、培育公众参与能力的目标。

其次，民间环保 NGO 应具有对环境抗争的敏感性并选用恰当的策略。民间环保 NGO 行动的根本目的在于环境理念传播与环保行为培育，其专业性与技巧性虽更胜一筹，但由于并不擅长建构身份认同与塑造共识，相较于社区自组织，在公众动员方面存在缺陷。而环境抗争恰是重要的切入点，阿苏卫垃圾焚烧项目反建事件中的"自然大学"正是通过与维权居民的

"共患难"从而赢得其信任,逐步实现了垃圾分类减量理念的渗透。因此,在环境抗争发生时,民间环保 NGO 一方面应及时给予当事人专业知识、社会资源等方面的制度内援助,用理性缓解冲突;另一方面则应因势利导,嵌入社区网络,争取公众信任,使环境公共领域得以搭建。

再次,社区自组织应主动寻求民间环保 NGO 帮助,实现理性维权。集体抗争的冲击力固然大,但最终易使事态陷入僵局,无法从长远破解环境难题。而社区力量与民间环保 NGO 合作,不仅能够帮助社区公众在制度内有序有力表达民意,实现维权的可持续性,推动问题根本解决;更有助于社区社会资本进入环境公共领域,在民间环保 NGO 的支持下实现公民的广泛"绿化"。

最后,民间环保 NGO 与社区自组织应求同存异,共同为环境问题的解决提供助力。虽然本文论述了两类组织的诸多差异,但不可忽略的是,二者依然有诸多共同点,比如双方行动的出发点,虽有公益与私利之别,但最终都指向环境保护,目标一致;又如,与公权力或经济体相比,二者均处于弱势,故都希望在环境保护行动中获得外界支持,而对方恰是其有力补充……这些同质性为双方的合作提供了良好的基础,若二者能关注到环境抗争中彼此孤立与分散的状态,剖析其深层原因与改善策略,从差异迈向合作,将有效推动多元环境保护力量的联合,建立合作型的环境市民社会结构。

参考文献

常跟应,2009,《国外公众环保行为研究综述》,《科学·经济·社会》第 1 期。

陈占江、包智明,2014,《农民环境抗争的历史演变与策略转换——基于宏观结构与微观行动的关联性考察》,《中央民族大学学报》(哲学社会科学版)第 3 期。

崔晶,2013,《中国城市化进程中的邻避抗争:公民在区域治理中的集体行动与社会学习》,《经济社会体制比较》第 3 期。

冯仕政,2013,《西方社会运动理论研究》,中国人民大学出版社。

何平立、沈瑞英,2012,《资源、体制与行动:当前中国环境保护社会运动析论》,《上海大学学报》(社会科学版)第 1 期。

何艳玲,2006,《"邻避冲突"及其解决:基于一次城市集体抗争的分析》,《公共管理研究》第 4 卷。

克里斯托弗·卢茨,2012,《西方环境运动:地方、国家和全球向度》,徐凯译,山东大学出版社。

李东泉、李婧，2014，《从"阿苏卫事件"到〈北京市生活垃圾管理条例〉出台的政策过程分析：基于政策网络的视角》，《国际城市规划》第 1 期。

刘海英，2011，《重回垃圾议题之尴尬与期待》，http://www.chinadevelopmentbrief.org.cn/news - 13468.html，2011 年 5 月 20 日。

马克·史密斯、皮亚·庞萨帕，2012，《环境与公民权：整合正义、责任与公民参与》，侯艳芳、杨晓燕译，山东大学出版社。

欧阳宏生、李朗，2013，《传媒、公民环境权、生态公民与环境》，《西南民族大学学报》（人文社科版）第 9 期。

彭晓华、宗晨亮，2012，《与媒体共舞：以"自然之友"为例考察中国本土环境运动的媒介镜像》，《新闻传播》第 4 期。

乔安·卡明，2012，《志愿社团、专业组织和美国环境运动》，载克里斯托弗·卢茨主编《西方环境运动：地方、国家和全球向度》，徐凯译，山东大学出版社。

任丙强，2014，《环保领域群体参与模式比较研究》，《学习与探索》第 5 期。

孙玮，2009，《转型中国环境报道的功能分析——"新社会运动"中的社会动员》，《国际新闻界》第 1 期。

谭爽、胡象明，2015，《我国邻避冲突的生成与化解——基于"公民性"视角的考察》，《吉首大学学报》（社会科学版）第 3 期。

汤涌，2010，《阿苏卫的"垃圾参政者"》，《中国新闻周刊》第 10 期。

熊易寒，2007，《市场"脱嵌"与环境冲突》，《读书》第 9 期。

曾繁旭，2006，《NGO 媒体策略与空间拓展：以绿色和平建构"金光集团云南毁林"议题为个案》，《开放时代》第 6 期。

张金俊，2014，《"诉苦型上访"：农民环境信访的一种分析框架》，《南京工业大学学报》（社会科学版）第 1 期。

张萍、杨祖婵，2015，《近十年来我国环境群体性事件的特征简析》，《中国地质大学学报》（社会科学版）第 2 期。

周志家，2011，《环境保护、群体压力还是利益波及：厦门居民 PX 环境运动参与行为的动机分析》，《社会》第 31（1）期。

邹东升、包倩宇，2015，《环保 NGO 的政策倡议行为模式分析：以"我为祖国测空气"活动为例》，《东北大学学报》（社会科学版）第 17（1）期。

Diani M. & Donati P. R. 1998. "Organizational Change in Western European Environmental group: A Frame - work for Analysis." *Environmental Politics* 8（1）：13 - 34.

Ho P. 2001，"Greening without Conflict? Environmentalism, NGOs and Civil Society in China". *Development and Change* 32（5）：893 - 921。

Heijden Havd. 1999. "Environmental Movements, Ecological Modernization and Political Opportunity Structures." *Environmental Politics*，8（1）：199 - 221。

中国环境社会学（第四辑）

J. O'Brien & Lianjiang Li. 2006. *Rightful Resistance in Rural China.* Cambridge：Cambridge U-niversity Press.

Porta D. D. & Diani M. 2007. *Social Movements：An Introduction.* Oxford：Blackwell.

Staggenborg S. 1988. "The Consequences of Professionalization and Formalization in the Pro - Choice Movement. " *American Sociological Review* 53（4）：585 - 605.

Yang Guobing. 2008, "Weaving a Green Web ：The Internet and Environmental Activism in China. " *China Environment Series*, 6：83 - 93.

沉默的大多数？媒介接触、社会网络与环境群体性事件研究[*]

卢春天　赵云泽　李一飞[**]

摘　要： 那些遭受环境伤害的群体会是沉默的大多数吗？基于 2014 年在西北四省县（区）对农村居民的调查数据显示，农村居民在经历环境危害后，有62.5%的人会进行各类的环境抗争行为，只有37.5%的人选择沉默。通过二分类逻辑斯蒂（Logistic）回归分析发现，媒介接触在农村居民的环境抗争中起了显著的促进作用，具体表现为传统媒介的"接触强度"和新媒介的"信任度"对农村居民的环境抗争的促进作用较为明显。而以往在城市居民环境抗争中有着积极影响的社会网络在农村居民的环境抗争中则没有发挥显著的作用。随着乡村媒介技术的发展和普及，不同的媒介接触及其信任度是造成环境抗争或沉默行为选择差异的一个重要原因。

关键词： 媒介接触　社会网络　农村居民　环境抗争

一　引言

过去 30 多年中国经济的快速发展大幅度提升了国民的生活水平，同时也带来了一系列的环境问题，并引发了一系列环境群体性事件。2003 年中国综合社会调查数据表明，城市居民在遭受环境危害后，只有 38.29% 的人

---

* 原文发表于《国际新闻界》2017 年第 9 期。本研究为国家社会科学基金项目"我国城乡居民环境意识的比较研究"（项目编号：13BSH027）的阶段性研究成果。

** 卢春天，西安交通大学人文学院社会学系教授；赵云泽（通讯作者），中国人民大学新闻学院副教授；李一飞，西安交通大学人文学院社会学系硕士研究生。

进行过各类的抗争，而未进行任何抗争的人占比高达61.71%。有学者认为是中国社会差序格局的结构使得多数人在保护环境利益的问题上选择了沉默，并称之为"沉默的大多数"（冯仕政，2007）。由于2003年的全国调查数据只调查了城市居民环境抗争行为，没有对中国农村居民的环境抗争进行调查，因而目前学界对农村居民环境抗争知之甚少。

环境群体性事件如厦门PX项目事件表明，环境抗争者可以在短时间"应者如云"，产生强大的社会效果，这与智能手机的普及和移动网络的发展密切相关。抗争主体把对现实世界的描述与其自身的真实感受发布到各类网络平台上，使得不同时空下有着相同生活体验的个体极易产生情感共鸣，进一步扩大了传播的范围。媒介技术的迅速发展使得城乡的数据鸿沟得到缩短，越来越多的农村居民能够扩大媒介接触和信息传播的选择范围。根据中国互联网网络信息中心发布的《第35次中国互联网发展状况统计报告》，截至2014年12月，我国网民中农村网民占比达27.5%，规模达1.78亿，较2013年年底增加188万人。当越来越多的农村居民通过各类媒介了解外界信息，这会对他们的行为产生什么样的影响？

媒介的发展使得当下环境抗争呈现新的特征，抗争主体通过媒介赋权，增强了话语的叙述能力和动员能力，形成线下和线上合力，给政府形成一定的压力（孙壮珍、史海霞，2016）。当前，我国环境抗争性事件呈现从东南沿海向中西部欠发达地区、从城市向农村或城乡接合部转移的高发态势，农村地区成为环境群体性事件爆发点，但容易受到学界忽视。西北农村地区作为生态资源脆弱地区，民众更容易遭受各类环境危害，从而引发环境抗争行为。相比十多年前的中国城市居民，中国农村居民媒介接触及媒介使用也发生了巨变。在遭受环境危害后，中国农村居民还是"沉默的大多数"吗？如果不是，是否因为他们更多地接触各类媒介信息，而能够在环境利益受损时不再沉默？这些问题将是本文关注的焦点。

二　文献综述

目前对农村居民环境抗争行为的研究可分为两个层次：宏观层次和微观层次。在宏观层次上，主要将环境抗争行为看作一个集体行为，关注环境抗争行动"何以可为"、"怎样为之"与"何以可能"（罗亚娟，2015）。在解释框架上主要有三种，即"依法抗争"的解释框架（李连江、欧博文，

2008）、"选择性沉默"的解释框架（冯仕政，2007）及"依情理抗争"的解释框架（罗亚娟，2013）。这三个解释框架分别从不同的视角和理论出发点尝试为农民的环境抗争行动提供解释依据，并且对媒介在其中的作用做了一定的理论分析。与媒介有关的环境抗争的研究，主要理论出发点有资源动员理论、社会运动组织理论、社会建构论和框架理论。

资源动员理论将大众媒介看作一种环境运动和抗争中的资源形式，借助传媒资源，公众可以表达诉求、明确立场、传播运动和抗争经验等（塔罗，2005：64）。从社会运动组织的角度出发，大众媒介可以使环境运动和抗争得到广泛关注，从而能争取到更多参与者，并且获得大众对运动与抗争理念的了解与认同。而从社会建构论出发，媒介不仅对公众舆论有建构性的定义作用，还可以对环境事件本身有建构作用，在一定程度上推动环境运动与抗争的进程（Gamson & Modigliani，1989）。现代传播媒介的发展对环境抗争的影响还体现在媒体对环境事件的报道有助于将其"问题化"，可促进问题的解决，媒体对环境污染原因的深度挖掘和情绪性表达会影响环境抗争主体对抗争成果的预期（陈涛，2014）。框架理论也是分析媒介与环境运动的常用方法，主要通过环境运动案例分析不同媒介在环境运动中的行为和作用（Benford & Snow，2002），如曾繁旭、戴佳、王宇琦（2014）通过对我国成功反核电站抗争行动的研究，探究了媒介在环境抗争中的作用。

在环境抗争的微观层面研究中，冯仕政（2007）将环境抗争定义为个体行为，是"个人或家庭在遭受环境危害之后，为了制止环境危害的继续发生或挽回环境危害所造成的损失，公开向造成环境危害的组织和个人，或向社会公共部门（包括国家机构、新闻媒体、民间组织等）做出的呼吁、警告、抗议、申诉、投诉、游行、示威等对抗性行为"。通过对2003年中国综合社会调查数据的分析，他认为大多数人在遭受环境危害后选择沉默的方式，是因为他们在覆盖整个社会的差序格局中处于不利位置，缺乏通过抗争来维护自己利益所需要的资源。差序格局的视角本质上属于社会网络观和社会地位观的结合，即个人的能力大小和社会经济地位的高低，在很大程度上决定了他在自身所构造的网络中的地位，而网络地位高意味着能支配和调动资源的能力强，对自身遭受环境危害进行抗争的可能性也更高。

当前从媒介接触的视角去考察个体的环境抗争行为的实证研究还是比

较少的，但如果把环境抗争行为看作广义上个体公共事务参与行为的一种，这方面的文献及其理论还是可以给本文的研究提供一些参考的。媒介在当今信息社会发挥着举足轻重的作用。国外对媒介与公共事务参与关系的研究存在两种截然不同的观点：一种是媒介消极论，该观点认为媒体的负面报道或恶意攻击会造成公众对公共事务参与的热情下降（Robinson，1976）；另一种是媒介积极论，该观点认为媒体暴露有利于提升公民的责任义务感，从而促进公民的政治信任和政治参与（Norris，1996）。在国内的研究中，基于 2008 年全国代表性农村样本数据，有研究者发现"媒介消极论"在中国农村缺乏解释力，各种形式的媒介接触对农民温和型政治参与行为有积极作用（陈鹏、臧雷振，2015）。媒介技术的发展，尤其是以移动互联网为基础的媒介技术的发展全面渗透到使用者的日常生活和工作中，大幅度地拓宽了农村居民获取各类信息的渠道，那么不同类型媒介接触又是如何对公众环境抗争产生影响的呢？

通过对媒介类型的进一步分类，有研究发现不同性质的媒介接触对农村青年公共事务参与的影响并不一致：传统媒介接触对农村青年公共事务参与有正向作用，而以互联网为基础的新媒介接触却表现为负向影响（李天龙、李明德、张志坚，2015），或短期内没有显著影响（张蓓，2017）。有研究将公共参与行为进一步划分为制度化的政治参与行为和非制度化的政治参与行为，通过对中国综合社会调查 2006 年的数据进行分析，发现互联网的日常使用可以扩大城市居民中的非制度化政治参与行为（陈云松，2013）。即使在考虑到农村与周边中心城市这一地理距离空间变量后，农村居民在公共事务的参与上，也体现了传统媒介和新媒介接触影响方向的不同（卢春天、朱晓文，2016）。同样的，不同媒介的信任度对公共事务参与也有影响，有研究发现人们对地方媒体及地方政府的信任会对基层投票行为有显著影响，而中央媒体和中央政府的信任却没有影响（李丹峰，2015）。类似的，有研究通过对媒介信任因子的分析，发现媒介信任因子对公民社区志愿服务有显著影响（梁莹，2012）。那么针对环境抗争行为，不同媒介类型及其信任度是否也对其有影响？

综合已有的媒介接触和环境抗争的相关文献，可以发现以往研究中存在不足之处。首先，尽管有不少关于媒介使用（接触）与公共事务参与行为的文献，但是有关媒介接触和环境抗争行为的文献比较缺乏，现有关于环境抗争的文献更多使用个案研究的方法，缺乏利用大规模问卷调查的实证分析。其次，多数针对环境抗争的文献主要采用整体性或者过程性的视角分析媒介在环境抗争中的作用，缺乏从个体层次了解新、旧（传统）媒介使用及其信任度和环境抗争行为之间的关系，对个体抗争的媒介影响因素缺乏量化分析。最后，尽管已有的研究表明城市居民的社会网络在个体的环境抗争中能够发挥一定作用，但在农村居民的环境抗争中是否也表现出同样的行动逻辑，抑或媒介使用和社会网络的共同作用是否对环境抗争产生影响，有待实证分析。

三　研究假设

媒介接触对环境抗争的影响首先表现在媒介接触的强度上。基于媒介是不是"把关人"角色和互动性的强弱，本文将媒介的类型分为两类：传统媒介和新媒介。传统媒介以电视、报纸、广播为主，内容主要是单向流动的讯息，有较为严格的"把关人"；新媒介指以互联网为基础的新型媒介，内容是双向流动的，甚至多向流动的讯息，"把关人"的角色弱化。无论是传统媒介接触还是新媒介接触，都会给公众带来包括环境事件在内的信息，使其获得各种环境抗争行为策略，继而引发他们的抗争行为。基于此，本文提出如下假设。

假设1：媒介接触强度越高，农村居民环境抗争行为的可能性越大。

假设1-1：传统媒介接触强度越高，农村居民越倾向于选择环境抗争。

假设1-2：新媒介接触强度越高，农村居民越倾向于选择环境抗争。

其次，农村居民的环境抗争还和他们对媒介的信任度密切相关。无论是媒介消极论还是积极论，都强调了媒介的信息传播功能，差别在于消极论强调了接受者因为对媒介的不信任而对这些信息失去兴趣，继而对环境抗争产生消极作用；积极论则强调，因为接受者对媒介信任，从而提升了对环境维权的兴趣。对不同类型媒介的信任，使得他们对媒介传播的信息有着不同的偏好，进而影响他们的行为选择。因此，提出如下假设。

假设 2：对媒介的信任度高，他们就越有可能参加环境抗争。

假设 2-1：对传统媒介信任度越高越倾向于选择环境抗争。

假设 2-2：对新媒介信任度越高越倾向于选择环境抗争。

最后，社会网络或社会资本对公共事务参与的效应研究已经在国内外得到证实。目前已有的研究也表明城市居民的社会网络对其环境抗争行为有积极影响（冯仕政，2007）。那么居住在农村地区的居民，其与外界的联系越多，获得的各类信息或者能够动员的资源也越多，是否就越有可能参加环境抗争？本文将社会网络分为两类：横向社会网络，即具有相同社会地位和权力的人联结在一起；垂直社会网络，即占有不同等级社会地位或权力的人联结在一起。因此，提出如下假设。

假设 3：不同水平的社会网络联系对环境抗争有积极影响。

假设 3-1：横向社会网络联系对环境抗争有积极影响。

假设 3-2：垂直社会网络联系对环境抗争有积极影响。

四 数据和变量测量

本文基于 2014 年在西北四省县（区）对农村居民的调查数据设计研究，样本覆盖 63 个乡镇的行政村，总计发放问卷 1650 份，其中有效问卷 1561 份。该调查收集了被调查者详细的家庭背景信息、媒介接触信息、环境危害及抗争方面的信息等内容。本文依据研究设计，选取其中曾遭受过环境危害的农村居民为分析样本，共计 503 人，分析这些曾遭受过环境危害的农村居民的环境抗争行为与其媒介接触及社会网络的关系。在所选取的样本中，收入变量缺失值最多，有 30 个，其他变量缺失值都不超过 5 个。在预先的分析中发现，收入用均值替代和所有缺失值删除情况下，模型除了系数大小有微小变化外，其他均保持不变，为了分析的简化，本文展示缺失值删除后样本（469 人）的结果。

本文的因变量是二分类的变量，由"过去 3 年中有过农村居民的环境抗争行为"测量。其中进行过环境抗争行为的赋值为 1，没有进行环境抗争的赋值为0。自变量主要与农村居民的媒介接触及社会网络相关。对农村居民媒介接触的测量主要分为媒介接触强度和媒介信任两方面。媒介接触强度主要是对农村居民看书、读报刊、听广播、看电视、上网、使用电子邮件、使用腾讯QQ及微信的接触频率赋予不同的值，即将"每天数次""每周数次""每月数次""每年数次"和"从来不用"这五个选项分别依次赋予从4到0的数值，将看书、读报刊、听广播和看电视的数值加总得到传统媒介接触强度，将上网、使用电子邮件、使用腾讯QQ和微信加总得到新媒介接触强度。媒介信任是指对报刊、广播电视、互联网、手机所传播内容的信任情况，这里采取了同媒介接触变量类似的赋值方法，即从"不信任"=0至"非常信任"=4，并将报刊和广播电视的得分加总，生成传统媒介信任程度，将互联网、手机的得分加总，生成新媒介信任程度。

社会网络分为横向社会网络和垂直社会网络，横向社会网络在问卷中设置为两道题目。问题1："您认识的亲戚朋友是否有在城市工作过的？"回答项："1.有，2.没有。"回答为"有"的赋值为1，回答"没有"的赋值为0。问题2："如果有在城市工作的亲戚朋友，是否经常联系？"回答项："1.经常联系，2.偶尔联系，3.从不联系。"分别赋值为：从不联系为0，偶尔联系为1，经常联系为2。对这两个问题的回答加总，构成横向社会网络联系，取值范围从0到3。对垂直社会网络也设置了两道题目。问题1："您认识的亲戚朋友是否有国家干部？"回答项："1.有，2.没有。"对回答为有的赋值为1，没有的赋值为0。问题2："如果您认识的亲戚朋友当中有国家干部，是否经常联系？"回答项："1.经常联系，2.偶尔联系，3.从不联系。"分别赋值为：从不联系为0，偶尔联系为1，经常联系为2。对这两个问题的回答加总，构成垂直社会网络联系，取值范围从0到3。

控制变量主要是性别、年龄、民族、教育年限、婚姻情况、家庭收入。其中男性赋值为1，女性赋值为0。年龄为连续变量。民族为汉族赋值为1，其他少数民族赋值为0。教育年限的衡量通过对不同受教育程度的换算得出，分别对不识字赋值为0年，小学为6年，初中为9年，高中及中专为12年，大专为15年，本科及以上为16年。婚姻状况中，已婚赋值为1，未婚为0。为了使家庭收入服从正态分布，这里取了自然对数形式（见表1）。

表1 自变量的描述

	样本数	均值	标准差	变量说明
性别	469	0.65	0.47	男=1，女=0
年龄	469	39.70	9.44	连续变量
民族	469	0.90	0.29	汉族=1，非汉族=0
教育年限	469	10.08	2.66	连续变量
婚姻情况	469	0.91	0.27	已婚=1，非已婚=0
收入（对数）	469	10.16	0.97	收入取自然对数
传统媒介接触强度	469	9.96	3.57	取值从0~16
新媒介接触强度	469	6.95	5.77	取值从0~16
传统媒介信任度	469	5.26	1.82	取值从0~8
新媒介信任度	469	4.42	1.97	取值从0~8
横向社会网络联系	469	1.74	1.23	取值从0~3
垂直社会网络联系	469	0.88	1.20	取值从0~3

五　数据分析结果

（一）遭受过环境伤害的群体还是沉默的大多数吗？

中国综合社会调查2003年的数据中有76.6%的人报告自己或家人曾经遭受环境危害，相比之下，西北四省农村调查数据有过这样经历的人群比例只有34.75%。但是，那些经历环境危害的人群，正如冯文所说的是沉默的大多数，只有38.29%的人会采取抗争行为，而2014年西北调查数据却有65.25%的人会采取各类抗争行为（见表2）。这种变化表明，至少对西北农村地区的居民而言，在遭受环境伤害后不再是沉默的大多数。

表2　2003年与2014年分别遭受环境危害后居民有无抗争的比例

单位：%

	无抗争	有抗争	总计
2003年中国综合社会调查	61.71	38.29	100
2014年西北四省农村调查	34.75	65.25	100

（二）西北农村居民遭受环境危害后的各类环境抗争行为

表3显示的是2014年西北农民遭受环境危害后的抗争行为，其中向乡

镇政府和村委会反映的比例最高，为55.56%；其次是向地方政府投诉，比例为15.69%；紧接着是向制造污染的单位或个人直接提出抗议，占15.03%；而向大众媒体投诉的比例为4.9%；采取游行、示威的比最少，为0.33%。从中可以看到，这些抗争行为更多的是个体性的寻求环境权益保护的行为，是为了争取在体制内寻求帮助，采取极端措施的很少。这就在一定程度上印证了"依法抗争"是主要的行为策略。

表3　西北农村居民遭受环境危害后的各类环境抗争行为

环境抗争行为	人数（人）	占比（%）
向制造污染的单位或个人直接提出抗议	46	15.03
向地方政府投诉	48	15.69
向乡镇政府和村委会反映	170	55.56
向大众媒体投诉	15	4.90
游行、示威	1	0.33
通过民间环保团体反应	14	4.58
其他	12	3.92
合计	306	100

（三）Logistic 回归模型结果

为了证实提出的三个假设，本文首先考察了社会人口经济变量对环境抗争行为的影响。模型1显示收入、年龄、教育年限、民族、婚姻状态对环境抗争行为的影响不显著，只有性别变量对环境抗争行为有显著的影响且回归系数为正数。可见，相对于女性，男性从事环境抗争行为的比值比是女性的1.63倍（$e^{0.49}$）。考虑到包括西北农村在内的广大农村中更多的是"女主内，男主外"的家庭分工模式，就不难理解男性在从事环境行为抗争中的积极性更高。

在模型2和模型3分别加入媒介接触的两个指标：新、旧媒介的接触强度和新、旧媒介的信任度。结果表明，就媒介的接触强度而言，尽管其回归系数都为正数，但是只有传统媒介的接触强度对环境抗争行为有着显著的影响，传统媒介接触强度每增加一个单位，发生环境抗争行为的比值比就增加14%（$e^{0.132}-1$），假设1-1得到证实。在对媒介的信任度上，结果显示，对新媒介的信任度越高的人，也越有可能从事环境抗争行为，而传统媒介的信任度影响并不显著。也就是说，新媒介的信任度每增加一个单位，发生环境抗争行为的比值比就增加17%（$e^{0.161}-1$），假设2-2得到数据的支持。从这一数据也可以看出，农村居民在接触传统媒介和新媒介方面的特点和心理诉求是不一样的。传统媒介由于存在较严格的"把关人"，因此对传统媒体的信任基本上不成问题，由此对传统媒体的接触强度成为引发行为后果的一个重要因素；而新媒介由于"把关人"的缺失或者弱化，对新媒介的信任度却成为一个显著变化的因素，而接触新媒介的强度似乎并未引起显著的行为变化。相比接触传统媒介，人们接触新媒介更容易被理解为一种日常放松或者填补空余时间的行为，而接触传统媒介则被认为是一种具有仪式感的行为或者有目的性的"正式行为"。

模型4中在模型3的基础上加入横向和垂直社会网络联系变量，结果表明传统媒介的接触强度和新媒介的信任度仍然保持显著的积极影响，横向和垂直社会网络对环境抗争的影响方向不一，但无论是横向社会网络还是垂直社会网络都对环境抗争行为没有显著的影响，因此假设3-1和假设3-2都没有得到数据的证实。横向社会网络对环境抗争没有显著影响的结果和以往运用该数据对农村公共事务参与的发现类似：横向社会网络对乡村公共事务参与（参加村民会议、选举投票、参加集体文娱、参加农田水利）没有影响（卢春天、朱晓文，2016）。垂直社会网络的回归系数为负且没有显著影响的结果，和已有研究运用2012年中国综合社会调查数据考察社会网络对农村居民公共事务参与的结果类似（张蓓，2017）。结合以往的研究结果和本文的数据结果，可以推断无论是横向社会网络还是垂直社会网络对农村居民个人环境抗争行为的影响均可以忽略。

表4　Logistic 模型统计结果

	模型 1	模型 2	模型 3	模型 4
男性	0.490 * (0.213)	0.550 * (0.220)	0.511 * (0.222)	0.538 * (0.224)
年龄	-0.011 (0.012)	-0.005 (0.014)	-0.013 (0.015)	-0.012 (0.015)
汉族	-0.258 (0.353)	-0.306 (0.361)	-0.191 (0.367)	-0.301 (0.373)
教育年限	0.038 (0.038)	-0.022 (0.042)	-0.021 (0.042)	-0.019 (0.044)

	模型 1	模型 2	模型 3	模型 4
已婚	0.051 (0.413)	0.045 (0.422)	0.133 (0.429)	0.148 (0.432)
收入（对数）	-0.073 (0.107)	-0.084 (0.110)	-0.070 (0.110)	-0.073 (0.112)
传统媒介 接触强度		0.132 *** (0.030)	0.119 *** (0.032)	0.117 *** (0.032)
新媒介 接触强度		0.025 (0.022)	0.013 (0.023)	0.017 (0.023)
传统媒介 信任度			0.006 (0.066)	0.005 (0.067)
新媒介信任度			0.161 ** (0.061)	0.160 ** (0.061)
垂直社会网络				0.115 (0.099)
传统媒介强度				-0.153 (0.100)
常数	1.291 (1.133)	0.314 (1.181)	-0.533 (1.235)	-0.544 (1.252)
样本数	469	469	469	469
pseudo R^2	0.013	0.053	0.068	0.072

注：括号内是标准误；* $p < 0.05$，** $p < 0.01$，*** $p < 0.001$。

六　结论与讨论

环境问题是现代化进程的副产品。随着中国社会转型的深入，与环境污染有关的抗争行为也将持续不断。尽管已经有不少文献从宏观层面探讨过环境抗争行为中各类媒介和社会网络所起到的作用，但是鲜有文章从实证的角度去探索媒介接触和社会网络对农村居民环境抗争的影响。通过对2014年西北农村调查数据的分析，可以发现受到环境伤害的个体不再是沉默的大多数，这一转变可以理解为，伴随着过去十多年中国媒介技术的发展和普及，媒介接触及信任在农村居民的环境抗争中扮演了重要的角色，而以往在城市居民环境抗争中起到动员作用的社会网络则在乡村社会环境抗争中呈现另外的逻辑。

首先，传统媒介接触强度越高，农村居民环境抗争行为发生的可能性就越大。以往的调查研究已经揭示出在农村地区以电视、广播、报纸等为主的传统媒介有着根深蒂固的地位，如傅海在考察我国农村居民的媒介接触状况、价值评判和心理期待时发现，当前农村居民接触率最高的依然是电视，其次是报纸和互联网媒介，并且农村居民对中央媒体有较高的认知与接触，对网络媒介的继续发展有较高期待，传统媒介的影响力对农村居民不言而喻（傅海，2011）。而且已有不少研究表明了传统媒介在农村公共事务政治参与中的促进作用（张蓓，2017；卢春天、朱晓文，2016）。农村居民在绝大多数时间里通过传统媒介了解时事动态、农业科学技术、法律法规等各式各样的信息，那么在遭遇环境危害时，他们处理的经验方法大多是从这些媒介上获取的信息。所以传统媒介接触强度对农村居民环境抗争行为有促进、引导、规范的作用，会更多地引导农村居民走向合理、合法的制度化抗争路径。

其次，新媒介作为近年来依托智能手机和互联网发展起来的新事物，随着技术发展和时间推演在农村地区的影响力会越来越大。尽管在新媒介的接触强度上这种影响尚不具有统计学意义上的显著性，但这并不意味其对环境抗争的动员没有起到促进作用。其中可能有两个原因：一是公众在虚拟的新媒介空间发起了自身的环境抗争行为，如在微博或者微信朋友圈披露环境污染等行为，这些线上抗争行为有可能挤压了线下行动的时间，而本文研究设计中的环境抗争更多的是线下行为；二是新媒介的使用扩大了非制度化的抗争，已有研究表明互联网的日常使用可能会扩大城市中的非制度化政治参与（陈云松，2013），而本文在环境抗争的测量上更多的是围绕制度化的抗争展开，这有可能造成统计上的偏误。新媒介的信任度对环境抗争行为产生显著影响，可以推断新媒介扮演了双向的因果机制角色：一方面对新媒介信息的信任让居民将缺场空间中环境伤害的体验和经历投射到他们的现实空间，这有可能引发情感的共鸣，从而引发抗争行为；另一方面抗争主体也需要利用新媒介平台来制造环境抗争议题，扩大社会影响。

最后，横向联系和垂直联系的社会网络对环境抗争有不同的影响方向，但是这两类社会网络对环境抗争行为的影响都没有达到统计学上的显著性。这一结果和社会网络在城市居民环境抗争行为中起积极效应不同。到底是什么因素导致社会网络在城市居民和乡村居民中发挥了不同的效应？可能的原因有两个。一是拥有横向社会网络多的人往往是乡村社会中有较高声望的人，如费孝通在《乡土中国》中所指出的，乡村社会追求的是"无讼"社会（费孝通，2004：77～84）。因环境伤害问题采取体制内的维权是迫不得已的办法，较高声望的人往往顾及面子，最后才会行动。二是拥有垂直社会网络多的人意味着有不少亲戚朋友在政府机关、事业单位工作，而很多时候环境抗争在乡村社会中等同于"给政府挑麻烦"，而且目前的抗争多数在体制内寻求解决，为了避免影响到体制内的亲戚朋友，他们往往保持沉默或者私下解决。

　　本研究的意义主要体现在两个方面：一方面是运用媒介接触的视角考察媒介对农村居民环境抗争行为的影响，这是对以往环境抗争研究中媒介作用从宏观层次向微观层次的推进；另一方面是从经验的层面证实了以往在城市环境抗争中起着积极作用的社会网络在农村环境抗争中并没有显著影响。当然，本研究也存在以下的不足：一是数据样本局限于中国西北四省的农村居民，还需要更大范围内的调查来检验研究的推广性；二是由于只是截面数据，对农村居民环境抗争行为增多是不是由于社会网络作用的消退而引发及媒介接触效应的增多之间的稳健性因果机制还需要追踪调查。

参考文献

陈鹏、臧雷振，2015，《媒介与中国农民政治参与行为的关系研究》，《公共管理学报》第 3 期。

陈涛，2014，《中国的环境抗争：一项文献研究》，《河海大学学报》（哲学社会科学版）第 1 期。

陈云松，2013，《互联网使用是否扩大非制度化政治参与——基于 CGSS 2006 的工具变量分析》，《社会》第 5 期。

费孝通，2004，《乡土中国》，北京大学出版社。

冯仕政，2007，《沉默的大多数：差序格局与环境抗争》，《中国人民大学学报》第 1 期。

傅海，2011，《中国农民对大众媒介的接触、评价和期待》，《新闻与传播研究》第 6 期。

梁莹，2012，《媒体信任与公民的社区志愿服务参与》，《理论探讨》第 1 期。

李丹峰，2015，《媒体使用、媒体信任与基层投票行为——以村/居委会换届选举投票为例》，《江苏社会科学》第 1 期。

李连江、欧博文，2008，《当代中国农民的依法抗争》，山东人民出版社。

李天龙、李明德、张志坚，2015，《媒介接触对农村青年线下公共事务参与行为影响的实证研究》，《新闻与传播研究》第 9 期。

卢春天、朱晓文，2016，《城乡地理空间距离对农村青年参与公共事务的影响——媒介和社会网络的多重中介效应研究》，《新闻与传播研究》第 1 期。

罗亚娟，2013，《依情理抗争：农民抗争行为的乡土性——基于苏北若干村庄农民环境抗争的经验研究》，《南京农业大学学报》（社会科学版）第 2 期。

罗亚娟，2015，《差序礼义：农民环境抗争行动的结构分析及乡土意义解读——沙岗村个案研究》，《中国农业大学学报》（社会科学版）第 4 期。

孙壮珍、史海霞，2016，《新媒体时代公众环境抗争及政府应对研究》，《当代传播（汉文版）》第 1 期。

西德尼·塔罗，2005，《运动中的力量》，吴庆译，译林出版社。

曾繁旭、戴佳、王宇琦，2014，《媒介运用与环境抗争的政治机会：以反核事件为例》，《中国地质大学学报》（社会科学版）第 4 期。

张蓓，2017，《媒介使用与农村居民公共事物参与的关系研究——基于 CGSS 2012 数据的实证分析》，《江海学刊》第 3 期。

Benford, R. D. and D. A. Snow. 2002. "Framing Processes and Social Movements：An Overview and Assessment." *Annual Review of Sociology* 6（1）：611 – 639.

Gamson, W. A. and Modigliani A. 1989. "Media Discourse and Public Opinion on Nuclear Power：A Constructionist Approach." *American Journal of Sociology* 95（1）：1 – 37.

Norris, P. 1996. "Does Television Erode Social Capital? A Reply to Putnam." *Political Science and Politics* 29（3）：474 – 480.

Robinson, M. J. 1976. "Public Affairs Television and the Growth of Political Malaise：The Case of The Selling the Pentagon." *American Political Science Review* 70（2）：409 – 432.

第四单元
环境治理与绿色发展

复合型环境治理的中国道路[*]

洪大用[**]

摘 要：在中央持续地、切实地推进生态文明建设的背景下，中国环境治理正在出现新趋势、新特点，已经迈入复合型环境治理的新阶段，即面向整体环境的、依托整体环境的、为了整体环境的综合治理和社会变革阶段。在环境认知更加清晰、环境政策设计更加完善的基础上，中国环境治理道路日趋彰显其中国特色：中国环境治理之路是应对复合型环境挑战之路；是发展中大国的突围之路；是在社会主义公有制基础上的前进之路；是为了人民群众的根本利益而特别强调充分发挥"关键少数"作用之路；是一条自我调整、自我消化、自我创新之路。

关键词：环境治理 中国特色 复合型治理 环境认知 环境政策

党的十七大提出"建设生态文明"，十八大提出要把生态文明建设放在突出地位，融入经济建设、政治建设、文化建设、社会建设各方面和全过程，努力建设美丽中国，实现中华民族永续发展。十八届三中全会从若干方面提出了加快生态文明制度建设，建立系统完整的生态文明制度体系。2015年以来，中国生态文明制度建设明显地进入快速的、实质性的推进阶段。继2015年1月1日正式实施"史上最严"的新环保法之后，5月5日，《中共中央 国务院关于加快推进生态文明建设的意见》（以下简称《意见》）正式出台；7月13日，环境保护部发布《环境保护公众参与办法》；8月9日，中共中央办公厅、国务院办公厅印发的《党政领导干部生态环境损害责任追究办法（试行）》（以下简称《办法》）正式施行；9月11日，

* 原文发表于《中共中央党校学报》2016年第3期。

** 洪大用，中国人民大学社会学系教授，中国社会学会环境社会学专业委员会会长。

中央政治局通过《生态文明体制改革总体方案》。2015 年年底召开的十八届五中全会继续强调坚持绿色发展理念，将生态文明建设纳入"十三五"规划，强调以提高环境质量为核心，实行最严格的环境保护制度，到 2020 年达到生态环境质量总体改善的目标。

生态文明的提出和建设实践，直接针对中国日趋严峻的环境状况，强调坚持绿色可持续发展，坚持节约资源和保护环境的基本国策，坚定走生产发展、生活富裕、生态良好的文明发展道路，加快建设资源节约型、环境友好型社会，形成节约资源和保护环境的空间格局、产业结构、生产方式、生活方式，达至人与自然和谐发展的现代化建设新格局。可以说，生态文明是中国共产党和政府在汲取人类文明的优秀成果、总结中外工业化城市化进程的经验和教训、着眼人类未来可持续福利的基础上而做出的自主的、科学的选择，代表了人类文明的发展方向，必将进一步丰富中国特色社会主义建设的内涵。历史地看，在中央持续地、切实地推进生态文明建设的背景下，中国环境治理正在出现新趋势、新特点，已经迈入复合型环境治理的新阶段，在环境认知更加清晰、环境政策设计更加完善的基础上，环境治理日趋彰显中国特色。

一 中国环境认知日渐清晰

环境认知是环境治理的前提。直接而言，环境认知是人们对环境状况的了解和认识。但实际上环境认知并不局限于此，它至少包括五个方面的基本内涵：一是对直接环境状况的认知，包括环境发生了什么变化、有着什么样的环境后果及社会经济后果以及环境变化的趋势是什么等；二是对待环境变化的态度，包括对环境变化是否有严重后果的判断，环境状况变化是否应该得到关注以及何时、采用什么方式进行应对等；三是对环境治理策略的选择意向，包括是应用技术手段还是重视制度变革，是采用行政管制、市场刺激、社会监督还是依靠自愿约束等；四是对环境治理的社会经济影响的判断，包括是加剧社会经济负担，还是促进社会经济转型等；五是对待人类社会与自然环境关系的整体态度，包括是挑战自然，还是尊重自然、顺应自然、保护自然等。

应该说，中国环境认知日渐清晰的过程是符合环境认知发展规律的，因为这种认知受到人们对以下三大规律认识的影响。一是环境系统自身的运行规律，包括环境系统中要素的缺失或者添加究竟会产生什么形式、什么程度、什么向度的影响，环境系统自身承受变化的阈限和能力又是如何。二是环境系统与社会系统互动的规律，包括环境系统对社会系统的支撑形式、范围和能力等，以及社会系统影响环境的形式、范围和程度等，也包括环境与社会互动的长期趋势。三是社会运行规律，包括社会系统的构成、各子系统之间的关联状态和互动关系，以及各子系统内部各要素之间的关联状态和互动关系等。人们对这些规律的认识是一个逐步深入、不断完善的过程，不可能一蹴而就。

如果从 1972 年中国政府参加第一次联合国人类环境会议算起，中国现代环境治理已有 40 余年的历史。回顾这段历程，我们可以看到，随着环境科学研究和社会经济发展实践的不断深入，中国共产党和我国政府对环境的认知与判断日渐清晰完整，大致呈现以下六个方面的转变趋势。

一是从回避环境问题到直面环境问题。在中国环境治理的最初阶段，政府内部对社会主义条件下是否存在环境问题尚有激烈的争论，即便是 1983 年环境保护被确定为基本国策，但在实际工作中环境问题得到重视的过程还是非常缓慢的。从 1990 年开始，国家环保局才连续发布《中国环境状况公报》，公布我国环境变化的相关信息，该公报现在已经成为人们认识和把握中国环境状况变化的重要窗口。

二是从对局部环境威胁的认识转向认识到环境的整体威胁。随着对环境变化趋势的认识和把握，我们由最初局限于对工业"三废"的关注已经拓展到对整体环境风险的认知，充分意识到了资源约束趋紧、环境污染严重、生态系统退化的严峻形势，认识到加强环境治理是关系人民福祉、关乎民族未来的长远大计。正如习近平总书记所说："生态兴则文明兴，生态衰则文明衰。"（习近平，2003）

三是从实际上的边发展边治理甚至先发展后治理转向优先环境治理。在 20 世纪 90 年代以前，尽管我们通过加强环境管理取得了一定的环境保护效果，但并没有扭转环境状况整体恶化的趋势，经济优先论、经济决定论在事实上制约了环境治理进程。进入 21 世纪，特别是党的十八大以来，党和政府已经明确了坚持以节约优先、保护优先、自然恢复为主的方针，强调从源头上扭转生态环境恶化趋势。2015 年年初实施的《中华人民共和国环境保护法》（以下简称"新环保法"），其立法目的也已由过去的"为保护和改善生活环境与生态环境，防治污染和其他公害，保障人体健康，促进社会主义现代化建设的发展"，调整为"为保护和改善环境，防治污染和其他公害，保障公众健康，推进生态文明建设，促进经济社会可持续发展"。

四是从一般性的环境治理倡导和规划转向切实、持续、具体的环境治理制度建设。1979 年 9 月颁布的《中华人民共和国环境保护法（试行）》第一次从法律上要求各部门和各级政府在制定国民经济和社会发展计划时必须统筹考虑环境保护。但是，"六五"和"七五"期间，环境保护都没有系统、全面地纳入国民经济和社会发展计划，环保工作的可操作性受到很大影响。进入 20 世纪 90 年代，在 1992 年正式编制全国环境保护年度工作计划的基础上，从"九五"开始政府才正式将环境保护规划纳入国民经济和社会发展总体规划中。21 世纪以来，环境治理更加重视制度建设，特别是党的十八届三中全会系统阐述了制度建设的目标，提出实行最严格的源头保护制度、损害赔偿制度、责任追究制度，完善环境治理和生态修复制度，用制度保护生态环境。《中共中央关于制定国民经济和社会发展第十三个五年规划的建议》则进一步将绿色发展作为发展的重要维度和引领纳入规划之中，而不仅仅是作为发展的一项具体内容。

五是从将环境治理看作经济发展的负担转向利用环境治理的机遇促进经济转型升级。在环境治理的早期，资金短缺是一个重要因素，将有限的财政资源投入环境治理被认为有碍经济发展、增加财政负担，国家拿不出钱来，只好通过加强管理环节——通过改进企业管理来提高环境效益。随着对环境与社会互动关系认识的日益深化，我们已经认识到环境治理将创造新的发展机遇，推动经济转型升级，"绿水青山就是金山银山"的观念日益深入人心。① 山青水绿既能让人记得住乡愁，又可以成为人民生活质量的增长点和展现我国良好形象的发力点。

六是从直接挑战环境的扩张性发展转向适应环境约束的反思性、内涵型发展。在环境治理早期，经济增长处于外延扩张的粗放型阶段，简单的环境资源化被认为是现代经济增长的必然要求，由此造成的环境污染和破坏被看作经济发展的必然产物，是现代技术发展和工业化、城镇化的必要之恶，进一步加快技术开发和经济发展是有助于解决环境问题的，经济增

---

① 《"绿水青山就是金山银山"在浙江的探索和实践》，新华网（2015－02－28），2016 年 1 月 26 日访问，http://news.xinhuanet.com/fortune/2015－02－28/c_1114474192.htm。

长的"极限"不存在。但实践表明这种认识是相当危险和错误的。从 20 世纪 90 年代中期开始，我们意识到要推动经济增长方式转变。21 世纪以来，特别是党的十八大以来，这种认识更加清晰和坚定，尊重自然规律、发展循环经济，推动社会变革和绿色发展，使发展建立在资源能支撑、环境能容纳、生态受保护的基础上，已经成为新的共识和坚守。

从面向公众的问卷调查数据看，对中国环境认知日渐清晰的趋势也是非常明显的，环境议题已经成为公众和媒体非常熟悉并高度关注的重要议题之一。笔者在 1995 年曾经参与组织全民环境意识调查，调查数据表明有 23.6% 的被访者连环境保护这个概念都"不知道"；16.5% 的人认为自己的环保知识"非常少"；66.9% 的人认为"较少"；16.1% 的人认为"较多"；只有 0.5% 的人认为自己有"很多"的环保知识。此外，大部分城乡居民对有关环境保护的政策法规缺乏了解，认为自己"很了解"和"了解一些"的人只占 31.8%，其中认为"很了解"的人仅占 0.5%；认为自己"只是听说过"的人占 42%；根本没有听说过有关环保政策法规的人占到了 26.2%。但是，笔者参与设计的 2010 年中国综合社会调查数据则表明，70% 的受访者已经意识到中国面临的环境问题"非常严重"和"比较严重"，65.7% 的受访者表示对环境问题"非常关心"和"比较关心"，表示"完全不关心"的只占 3.1%（洪大用，2014）。

二　中国环境政策日益完善

环境政策是实施环境治理的重要工具，通常是由政府经法定程序制定并发布实施的，体现了政策制定者对于环境的认知。随着我们对环境系统自身运行规律、环境系统与社会系统互动规律和社会运行规律认识的逐步深化，我们对环境状况及其治理的认识也日益清晰。相应的，我国环境政策也在发展演变中日益完善，一个更加科学合理的环境政策体系正在形成，我国正在迈向复合型环境治理的新时代，即面向整体环境的、依托整体环境的、为了整体环境的综合治理和社会变革时代。具体而言，这样一种治理转型大致体现在以下七个方面。

一是对环境政策的目标有了更加科学的认识和界定，从偏重单个环境要素和单一环境功能的管理日益转向针对整体性环境系统和复合型环境功能的管理，更加强调以改善环境质量为核心，实现生态环境质量总体改善。

比如说，以往监测水污染主要采用的指标是化学需氧量、氨氮排放总量等，监测空气污染的指标主要是可吸入颗粒物（PM10 或者 PM2.5 等）、二氧化硫、氮氧化物等。对于水污染的防治，环保部门实际上也只是监管企业污水处理和城市污水处理厂运行情况，并未涉及其他水体功能的管理。党的十八届三中全会、五中全会和《意见》则明确提出要落实整个国土空间的用途管制，建立空间规划体系，划定生产、生活、生态空间开发管制界限，同时利用卫星遥感等技术手段，对自然资源和生态环境开展全天候监测，健全覆盖所有资源环境要素的监测网络体系，对资源环境承载能力进行整体监测预警。相关文件强调要以保障人体健康为核心、以改善环境质量为目标、以防控环境风险为基线，严格监管所有污染物排放，实行企事业单位污染物排放总量控制制度，实施山水林田湖统筹的生态保护和修复工程。

二是在环境政策的约束对象方面从主要针对直接污染主体扩展到约束所有的关联主体，特别是从注重督企到督企、督政并重。比如说，以前的环境政策主要关注直接污染者和破坏者，强调谁污染、谁付费，谁开发、谁保护，要求建设项目执行"三同时"（防治污染项目和主体工程同时设计、同时施工、同时投产）制度，等等。这些政策在促进环境治理过程中确实发挥了重要作用，在今后特定的环境治理领域仍将继续坚持和完善。但是，在推进生态文明建设的过程中，所有社会主体，包括生产者和消费者、破坏者和受益者，企事业单位、公众和政府，都在不同方面、不同程度上负有环境责任，都需要接受环境政策的约束和规制。党的十八届三中全会就指出，要加快自然资源及其产品价格改革，全面反映市场供求、资源稀缺程度、生态环境损害成本和修复效益；逐步将资源税扩展到占用各种自然的生态空间；完善对重点生态功能区的生态补偿机制，推动地区间建立横向生态补偿制度；探索编制自然资源资产负债表，对领导干部实行自然资源资产离任审计；等等。

三是在环境政策工具方面从主要依靠行政管制逐步扩展为综合运用法律、经济、技术、社会、行政等多种手段。事实上，2006 年召开的第六次全国环境保护大会就提出了环保工作要实现"三个转变"，[①] 其中一个重要

---

① 一是从重经济增长轻环境保护转变为保护环境与经济增长并重，在保护环境中求发展；二是从环境保护滞后于经济发展转变为环境保护和经济发展同步，努力做到不欠新账，多还旧账，改变先污染后治理、边治理边破坏的状况；三是从主要用行政办法保护环境转变为综合运用法律、经济、技术和必要的行政办法解决环境问题，自觉遵循经济规律和自然规律，提高环境保护工作水平。

转变就是强调环境政策工具的组合运用。2015 年年初实施的新环保法对此予以了规范和强调。《意见》提到的"健全生态文明制度体系",实际上包括健全法律法规、完善标准体系、健全自然资源资产产权制度和用途管制制度、完善生态环境监管制度、严守资源环境生态"红线"、完善经济政策(特别是健全价格、财税、金融等政策,激励、引导各类主体积极投身生态文明建设)、推行市场化机制、健全生态保护补偿机制、健全政绩考核制度、完善责任追究制度等多项更为全面的内容。

四是在环境政策的创新主体方面从主要依赖政府逐步走向政府、市场和社会的协同创新。党的十八届三中全会明确提出要发展环保市场,推行节能量、碳排放权、排污权、水权交易制度,建立吸引社会资本投入生态环境保护的市场化机制,推行环境污染第三方治理。新环保法第六条规定,"一切单位和个人都有保护环境的义务"。其中,地方各级人民政府应当对本行政区域的环境质量负责;企业事业单位和其他生产经营者应当防止、减少环境污染和生态破坏,对所造成的损害依法承担责任;公民应当增强环境保护意识,采取低碳、节俭的生活方式,自觉履行环境保护义务。第九条还规定:"各级人民政府应当加强环境保护宣传和普及工作,鼓励基层群众性自治组织、社会组织、环境保护志愿者开展环境保护法律法规和环境保护知识的宣传,营造保护环境的良好风气。教育行政部门、学校应当将环境保护知识纳入学校教育内容,培养学生的环境保护意识。新闻媒体应当开展环境保护法律法规和环境保护知识的宣传,对环境违法行为进行舆论监督。"此外,新环保法还专门规定了信息公开和公众参与的有关条款。

五是在环境政策基本取向方面有从扩大和改进供给向更加严格的需求管理转变的趋势。在以往环境治理的实际工作中,可以说还存在一些不够科学的政策取向——假定环境资源是可以无限供给的,至少是可以通过技术进步和制度建设不断改进和扩大供给的——这样一种政策取向在降低环境风险紧迫程度的同时,实际上是在持续扩大环境风险。随着对环境治理规律认识的深化,环境政策的新取向更加强调尊重自然、顺应自然、保护自然的生态文明理念,更加强调科学合理地管理人类社会需求。党的十八大报告就提出:"要按照人口资源环境相均衡、经济社会生态效益相统一的原则,控制开发强度,调整空间结构,促进生产空间集约高效、生活空间宜居适度、生态空间山清水秀,给自然留下更多修复空间,给农业留下更多良田，给子孙后代留下天蓝、地绿、水净的美好家园。"《意见》也强调："树立底线思维，设定并严守资源消耗上限、环境质量底线、生态保护红线，将各类开发活动限制在资源环境承载能力之内。合理设定资源消耗'天花板'，加强能源、水、土地等战略性资源管控，强化能源消耗强度控制，做好能源消费总量管理。"

六是在政策关联性方面有从实际分割走向高度整合的趋势。在以前的环境治理实践中，环境政策与其他社会经济政策之间实际上有着相对分割的倾向，环境保护在一些时候成了环境保护部门的自说自话。即便是针对具体的污染治理，往往也牵涉多个行政部门，各部门政策缺乏协调和统筹，大大影响了环境治理效率。比如说，在水污染防治方面，表面上看环保部门是主要责任人，但实际上关联到住建委、城管、农业、水利、发改委、经信委、规划、国土资源、卫生、渔业以及水资源保护机构和政府其他公用事业部门，远远不只是"九龙治水"的局面。为了促进环境政策的进一步关联和整合，党的十八大明确提出要把生态文明建设放在突出地位，融入经济建设、政治建设、文化建设、社会建设各方面和全过程，这实际上强调了为促进环境治理要推动系统性、整体性、协同性的社会变革。党的十八届三中全会进一步明确了一些制度建设的方向，比如说健全国家自然资源资产管理体制，统一行使全民所有自然资源资产所有者职责；完善自然资源监管体制，统一行使所有国土空间用途管制职责；建立陆海统筹的生态系统保护修复和污染防治区域联动机制；等等。《意见》更强调："建立以保障人体健康为核心、以改善环境质量为目标、以防控环境风险为基线的环境管理体系，健全跨区域污染防治协调机制。"

七是在环境政策执行问责方面从侧重于强调环保部门问责到加强党委政府整体问责的趋势。党的十八届三中全会提出要对领导干部实行自然资源资产离任审计，建立生态环境损害责任终身追究制。新环保法对地方各级人民政府、县级以上人民政府环境保护主管部门和其他负有环境保护监督管理职责的部门的问责事项做出了详细规定。《办法》明确指出，上述制度适用于县级以上地方各级党委和政府及其有关工作部门的领导成员，中央和国家机关有关工作部门领导成员以及上列工作部门的有关机构领导人员。该办法强调了地方各级党委和政府对本地区生态环境和资源保护负总责，党委和政府主要领导成员承担主要责任，其他有关领导成员在职责范围内承担相应责任。[①] 由此环境政策执行问责实际上已经演化成对党委和政府执政能力的问责，环境治理体系和治理能力的现代化已经被看作国家治理体系和治理能力现代化的重要组成部分，事关中国特色社会主义制度的完善和发展，事关中国社会朝向现代化的整体转型。

三　环境治理道路日趋彰显中国特色

随着对环境认知的日渐清晰和环境政策制定与执行的日益完善，我国坚持绿色发展、建设生态文明的步伐更加坚定。在此背景下循序推进的复合型环境治理，有望大大提升我国环境治理能力，缩短环境治理攻坚克难的时间跨度，加快环境质量的改善进程，从而走出具有中国特色的环境治理道路。环境治理道路的中国特色是由我国环境问题、基本国情、体制基础和国际环境等因素决定的，是一个逐步实践、日趋彰显的过程。

第一，中国环境治理之路是应对复合型环境挑战之路。当下中国，高速发展所造成的环境问题复合效应日趋明显，环境治理难度加大。由于后发优势的影响，后发展国家的工业化进程在时间上被高度压缩。例如，英国、美国完成工业化分别花了 200 年、135 年，而日本、韩国仅分别花费 65 年、33 年（洪大用，2013）。在中国，加上特定发展模式的积极推动作用，我们长期保持了很高的发展速度。在此背景下，复合型环境挑战首先表现在空间上的普遍性。可以说，从天空到地上再到地下、从陆地到海洋、从中心城市到偏远农村，都面临环境挑战。其次，复合型环境挑战表现在时间上的叠加性。也就是说，在快速的大规模的工业化进程中，各种性质的环境问题集中爆发、交互叠加。当前，中国面临前工业化时期、工业化时期以及后工业化时期的各种环境问题，这显然比发达国家分阶段出现的问题要严峻得多。再次，复合型环境挑战还表现在环境诉求的多样性，这种多样性还因各地区、各部门、各行业以及各人群的差异而强化。最后，复合型环境挑战也表现在国内环境压力与全球环境压力复合并存，从而压缩了我们应对环境问题的时间和空间。为了应对这种史无前例的复合型环境挑战，我们可以借鉴的环境治理模式是极其有限的，我们的实践本身就是

[①] 《党政领导干部生态环境损害责任追究办法（试行）》印发，新华网（2015 - 08 - 17），2016 年 1 月 26 日访问，http://news.xinhuanet.com/2015 - 08 - 17/c_1116282540.htm。

一种创造，因而必然是具有中国特色的。

第二，中国环境治理之路是发展中大国的突围之路。改革开放以来中国经济发展取得了举世瞩目的成绩，在减缓贫困、提高人民生活水平方面的成绩尤其突出。到2014年年末，中国GDP总量位居世界第二。但人口多是我国的基本国情。按照2014年年末中国大陆总人口136782万人计算，我国人均GDP约为7485美元（约合人民币46531元），仍然落后于很多国家，仅为美国的13.7%，与美国相差至少50年，在全世界排在90位左右。所以说，我国仍然是一个发展中国家，落后的生产力与人民群众日益增长的物质文化需求之间的矛盾依然是我国社会的一个基本矛盾。不仅如此，我国作为发展中大国还具有底子薄、资源环境禀赋差和发展不平衡等特点，从而大大增加了环境治理的难度。比如说我国人均耕地、淡水、森林仅占世界平均水平的32%、27.4%和12.8%，矿产资源人均占有量只有世界平均水平的1/2，煤炭、石油和天然气的人均占有量仅为世界平均水平的67%、5.4%和7.5%，而单位产出的能源资源消耗水平则明显高于世界平均水平。我国石油、铁矿石等的进口量和对外依存度不断提高，其中石油对外依存度已从21世纪初的32%上升至2012年的57%（洪大用，2013）。另外，由于环境系统自身的运行极其复杂，长期累积的复合性的环境破坏以及对环境治理的长期欠账，一些地区的环境状况在短期内难以修复，甚至不可逆转。而地区之间、城乡之间长期不均衡的发展，不仅有着弱化环境治理共识的消极影响，加大了环境治理难度，而且在事实上创造了环境压力在区域间转移的可能和机会，并且不断诱发新的问题。由此，中国要在发展阶段就大力推进积极有效的复合型环境治理，是具有空前挑战和难度的。不走这条路不行，走出来了就是中国特色之路。

第三，中国环境治理之路是在社会主义公有制基础上的前进之路。社会主义的价值取向和制度基础为有效的环境治理提供了本质上的可能性。社会主义的本质是解放生产力，发展生产力，消灭剥削，消除两极分化，最终实现共同富裕。它坚持"以人为本"，着眼于人类整体的和长远的利益，以全体社会成员的全面自由发展为目标，追求整个社会关系的和谐。它以生产资料的公有制作为基础的制度结构，努力控制那种为了资本集团一己之私利的"生产"和"发展"。相对的，资本主义的价值取向和制度安排恰恰是造成全球生态环境危机的重要根源，因为它的本质是无限追求资本集团之私利，总是着眼于少数人的眼前利益，制造着不断扩大的贫富差距，由此内在地制造着社会分割、社会紧张和社会冲突，从而不可能真正地凝聚社会共识以推动环境治理，并且不可避免地以各种变化了的形式在实质上持续加剧生态环境危机，比如伴随着全球化进程的生态殖民主义就是一种新的形式。但是，当前中国仍然处在社会主义初级阶段，这样一个阶段既为改进环境治理提供了重要的制度前提，也使之面临巨大挑战。中国特色的环境治理之路就是不断改革和完善社会主义制度，最大限度地发挥制度本身的优越性，在不断解放生产力、发展生产力并抑制资本主义式的种种弊端、抵御资本主义在全球范围内的威胁和压力的基础上，持续地改善环境质量之路，这条道路与西方资本主义条件下的环境治理之路有着本质的不同。

211

第四，中国环境治理之路是为了人民群众的根本利益而特别强调充分发挥"关键少数"作用之路。中国社会主义体制的一大优势是集中力量办大事。在办大事的过程中，政府的导向、协调、组织和监督作用十分重要，各级政府的领导干部尤其重要。方向明确了、目标确定了，关键因素就在干部（袁勃，2015）。习近平总书记强调，各级领导干部在推进依法治国方面肩负着重要责任，全面依法治国必须抓住领导干部这个"关键少数"。这一重大判断同样适用于中国环境治理领域。相比于广大党员和人民群众，领导干部虽是"少数"，但身处关键岗位、关键领域、关键环节，只有领导干部自身头脑清醒、意志坚定、素质过硬、工作过硬，我们的环境治理才会有效推进。或许正是基于这种认识，中央制定并下发了《办法》，强化党政领导干部生态环境和资源保护职责，对地方党委和政府主要领导成员、有关领导成员和政府有关工作部门领导成员的问责情形进行了详细规定，并要求党委及其组织部门在地方党政领导班子成员选拔任用工作中，按规定将资源消耗、环境保护、生态效益等情况作为考核评价的重要内容，对在生态环境和资源方面造成严重破坏负有责任的干部不得提拔使用或者转任重要职务。同时，该《办法》还要求参照有关规定执行乡（镇、街道）党政领导成员的生态环境损害责任追究制。这样一条强调领导责任的、自上而下的改进环境治理之路并不排斥坚持人民主体地位，充分调动广大人民群众的积极性、主动性和创造性，但是更加适合中国基本国情，与西方国家的环境治理道路有明显的区别。

第五，中国环境治理之路是一条自我调整、自我消化、自我创新之路。在加强环境保护日渐成为全球发展基本理念、国际范围内的环境保护压力日渐加大的背景下，我国环境治理不能重复西方之路，几乎没有空间和机会透过环境污染和资源压力的国际转移来改进国内的环境治理（张晓，1999）。更重要的是，中国承受过西方发达国家的污染转移和环境挤压，自身深受其害。"己所不欲，勿施于人"，是中国古训。作为一个负责任的发展中大国，中国推进环境治理只能依靠内部消化。中国自主适应、把握和引领经济发展新常态，提出创新发展新理念，注重实现经济增长动力转换、经济发展方式转换和新旧发展模式转换，正是走中国特色环境治理之路的切实举措。在大力推进生态文明建设的进程中，我国将会大力推进环境保护的技术创新、组织创新、制度创新和观念创新，切实提高经济发展的资源环境效益，大力发展环保产业，加强和改进需求管理，形成节约资源和保护环境的空间格局、产业结构、生产方式、生活方式，从而创造性地走出人与自然和谐发展的新道路。

参考文献

洪大用，2013，《关于中国环境问题和生态文明建设的新思考》，《探索与争》第 10 期。

洪大用，2014，《公众环境意识的成长与局限》，《绿叶》第 4 期。

胡锦涛，2012，《坚定不移沿着中国特色社会主义道路前进　为全面建成小康社会而奋斗》，《人民日报》11 月 18 日，第 1 版。

习近平，2003，《生态兴则文明兴——推进生态建设，打造"绿色浙江"》，《求是》第 13 期。

袁勃，2015，《领导干部要做尊法学法守法用法的模范　带动全党全国共同全面推进依法治国》，《人民日报》2 月 3 日，第 1 版。

张晓，1999，《中国环境政策的总体评价》，《中国社会科学》第 3 期。

环境问题的技术呈现、社会建构
与治理转向[*]

陈阿江[**]

摘　要：现有建构主义视角的环境问题研究，超然于环境问题的物质状态与环境治理。有必要区分环境问题的物质状态、技术状态呈现及社会关注；技术呈现与社会关注既有关联又相对分离。环境治理实践中的"去问题化"策略，旨在解决社会显现度较高的环境问题，减少社会矛盾和冲突，但也存在着环境风险与社会风险。"民标"在环境治理中的应用，凸显了环境治理问题的社会特征，即从单向度重视国家和技术到多向度重视国家—社会、技术测量—民众感受。

关键词：环境问题　技术呈现　社会建构　"民标"　环境治理转向

一　导言

1995 年，汉尼根出版了《环境社会学：社会建构主义者视角》，就环境问题的建构主义阐释逻辑进行了系统研究。2006 年出了第二版[①]。建构主义视角环境社会学教科书的出版，大致反映了建构主义理论在环境社会学领域的发展状况。在建构主义与真实主义的论争中，建构主义者明确和强调

---

[*]　原文发表于《社会学评论》2016 年第 31 期。本文受到国家社会科学基金"村民环境行为与农村面源污染研究"（项目编号：12BSH021）的资助。

[**]　陈阿江，河海大学环境与社会研究中心主任、社会学系教授。

[①]　参见 John Hannigan, *Environmental Sociology*：*A Social Constructionist Perspective*, *Rroutledge*, 1995. 2006 年第二版时省去了副标题 *A Social Constructionist Perspective*。洪大用等据第二版译出《环境社会学》，2009 年由中国人民大学出版社出版。

了自己的立场与角色。建构主义者争论说，把建构主义阐释理解为否定环境风险的存在是一种错误的简化论。建构主义者认为："需要更加细致地考查社会的、政治的以及文化的过程，通过这些过程，特定的环境状况被定义为不可接受的、有危险的，并由此参与创造了所认知的'危机状况'。"（汉尼根，2009：30）

在现实环境问题呈现得十分复杂的情况下，建构主义的阐释路径有其独特的魅力。汉尼根以"全球气候变化"话题为例，说明建构主义者是如何回应的（汉尼根，2009：31）。建构主义者超然于"真""假"之争议，有别于以往的环境问题研究取向。事实上，建构主义者不仅企图开辟一条与传统的科学主义解释迥异的新路线，而且对环境问题的解决策略及其实践似乎也不予关心。以"全球气候变化"事件为例，"全球气候变化"虽然仍处于争议中，但一个不争的事实是，无论是发达国家还是发展中国家，实际上已在"全球气候变化"这一议题上有所行动了。应对"全球气候变化"的行动既与"真""假"关联，又是现实的环境治理的实践。

笔者认为，建构主义视角的环境问题研究存在两方面的局限。首先，建构主义者只对"社会事实"感兴趣，而对物质世界的真实状态太过超然。诚然，真实世界的科学研究还在进行中，还不够清晰，社会科学家也可能对社会层面的议题更感兴趣。但在现实世界中，无论何时何地，环境问题的真实状态其实很难回避。其次，建构主义者关注的重心是环境问题的建构过程与建构结果，而未能对后续的环境问题解决即环境问题的治理进行分析。在现实世界中，大多数情况下环境治理是伴随着环境问题的出现而要付诸实践的。鉴于此，笔者根据中国环境问题及环境治理实践，从"技术呈现"与"社会建构"入手分析环境问题，并就中国环境治理实践中出现的新情况进行分析。

环境问题①大致可以从三个不同的层面呈现出来：物质世界的真实状态、技术测量所呈现的状态以及社会感知的状态。

物质世界的真实状态是什么样的？哲学有可知论与不可知论、唯实论与唯名论之分野，本文不予展开讨论。按照现代科学的一般立场，虽然当前的科技手段还可能达不到对某物质世界的真实状态的全部认知，但可以

---

① 为了便于表述，本文只研究"环境问题"而不讨论"环境议题"，本文所指的"环境问题"只限于"环境污染问题"。

接近认知。

本文着重讨论目前技术手段能够测量或推知的状态，笔者称之为"技术的呈现"。社会感知（感受、认知）所获得的状态，笔者称之为"社会事实"或"建构的社会事实"。严格意义上讲，技术所呈现的状态也是"社会建构"的一种，但为了表述方便，笔者把环境问题的"技术呈现"部分从社会建构中离析出来。简单地说，环境问题的"技术呈现"与"社会建构"既有重合的地方，又有相对分离的地方，而社会事实的相对独立恰恰是后文所讨论的"去问题化"策略得以实施的社会认知基础。

本文的最初想法源自 2009 年春有关苏鲁两省"跨界污染"的调查。鉴于地方政府以及媒体所呈现的与我们实地调查所了解到的情况有明显的差异，笔者提出了"显性污染""隐性污染"及"污染的隐性化"假设。2013 年以来，因国家社科基金课题"村民环境行为与农村面源污染研究"需要，课题组对太湖流域、巢湖流域等地进行实地调查，包括进行水质检测，笔者对本文主题有了更深入的认识。

二 环境问题的技术呈现与社会关注

虽然今天的技术已迅速发展，但并非所有的污染问题都可以被认识清楚。典型的如面源污染的氮、磷等营养物质的来源构成问题，不同的技术专家、不同的部门有不同的说法。此外，即使某个"环境事实"在专家那里是清楚的，到公众层面也不见得是清晰的。比如，目前空气中细颗粒物（PM2.5）的含量已可测量，据此可以判别空气在某些方面的污染程度。但是，在人类历史的长河中，它长期无法得到测量，更没有可供可判别的标准。进一步，即使一些重点城市公布了空气污染测量结果，但居民对具体所处环境的空气质量其实并不是很清楚，更何况还有一些未查明的将来可能是污染的物质。此外，人们即使能像利用天气预报一样利用空气质量指数，实际上也仍然需要根据自己的生活经验、日常体验等对此加以判别。这就是说，环境问题既涉及真实的物质世界运行状态，也与物质状态的技术呈现有关，还与社会的感知密切关联。

环境问题的技术测量结果与社会感知之间存在差异。苏杨、席凯悦的研究显示，环境客观指标好的地方，所测到的民众的主观感受反而比较差，说明技术测量结果与社会感知之间存在不一致的情形（苏杨、席凯悦，

2014）。笔者用另一组数据分析民众对空气质量的关注。以中国知网"中国重要报纸全文数据库"为依据，对"雾霾""空气污染"两个词在数据库"报纸全文"栏中进行检索，在其他检索条件相同的情况下，获得15年的相关数据（见图1），并据此进行分析。

图1　2000~2014年中国重要报纸对"空气污染""雾霾"的关注度

（1）"中国重要报纸全文数据库"涉及"空气污染"的报道，2000~2014年的报道量之和为119314项。从2000年的1522项增加到2006年的10045项，6年内快速增长。2006年至2012年基本稳定在1万多项，2013年、2014年基本稳定在1.5万项。最近这两年，"空气污染"有较高的关注度。

（2）对"雾霾"的关注与对"空气污染"的关注形成鲜明对照。2013年、2014年两年"雾霾"的报道量占15年全部报道量的94.7%。2014年关于"雾霾"的报道量约是2012年的28倍、2011年的42倍和2010年的96倍。数据表明，"雾霾"是在最近热起来的，而2013年、2014年又是"大热"的年份。

作为自然现象的"雾"在历史上一直存在。空气中的微细粉尘，历史上也一直存在。假如说2014年"雾霾"有所增加，但并不是前年度的数十倍增长量。很显然，公众对"雾霾"关注的增长，大大超出了"雾霾"以技术测量所呈现的状况。

2013年，雾霾被建构为广为知晓的环境问题，是科技、媒体、政府、民众的广泛参与以及相互推动的结果。2013年以来，公众对雾霾的科学认识在增加，政府也在承认和强化雾霾的社会问题性质。比如，2013年12月上旬，南京进行"空气污染红色预警"，宣布全市中小学停课两天。与以往环境问题的应对略有差异，从"PM2.5"概念的引进，地方政府在较短的时间里提出了应对措施。2013 年 9 月，《京津冀及周边地区落实大气污染防治行动计划实施细则》出台；2014 年年初，《四川省大气污染防治行动计划实施细则》审议通过。

可见，环境问题及其治理既与污染物质相关，又有其相对独立的社会建构的一面。这样的差异不仅体现在普通民众的感受与认知上，而且体现在环境社会学的研究成果上。崔凤、秦佳荔对 LY 纸业公司形成的"隐形环境问题"进行案例分析，进而总结出"隐形环境问题"的基本特征（崔凤、秦佳荔，2012）。石超艺用业已呈现的技术数据，分析上海的环境状况。她反对那种认为上海市的环境质量已迈过环境质量倒"U"曲线拐点的结论，认为上海环境质量的变化之一是"显性环境明显改观，隐形污染形势仍很严峻"。不少不易觉察的隐形环境污染，"比如被视为'空中死神'的酸雨仍然相当严重，2007 年以来，酸雨发生率一直高达 70% 以上，平均 pH 在4.7 以上……"（石超艺，2012）比对两文的"隐形污染"，二者存在差异。石文中的"隐形污染"主要依据业已呈现出来的技术数据，而崔文中的"隐形环境问题"主要依赖报道所呈现出来的"社会事实"，着眼于社会层面。

三 "去问题化"的环境治理策略

2009 年春，笔者负责的课题组在淮河流域进行调研。先期抵达现场的博士生就苏鲁两省"跨界污染"进行了调查。课题组到达后，他们兴奋地告诉笔者，苏鲁两省 9 县已经建立了联席会议机制，有效解决跨界污染问题。乍一听很兴奋，困扰学界、政界的跨界污染问题已经得到有效解决。但细一想，感觉作为"顽疾"的跨界污染那么快地得到解决是否可能？对此笔者提出质疑，并于次日访问沭河沿岸居民，特别是对从事水产养殖的村民进行调查。从沿河村民及水产养殖户反映的情况看，因污染问题影响渔业生产的情况已基本得到解决——这确实是联席会议机制所发挥的作用，但这并不是说物质层面的污染问题已经得到根本解决。

通过回溯中国知网 2007 年以来的相关文献，我们了解到苏鲁建立的联席会议机制确实解决了不少环境问题。如早些时候的山芋淀粉加工厂在生产过程中产生的废水常常是未经过处理就直接排入河道。

> 防止淀粉废水流入到沭河，在红薯进入收获季节之前，东海县环监局按照鲁苏边界联席会议要求，对沭河沿岸各乡镇村街加大了宣传力度，对辖区内的小淀粉加工企业进行自查和互查，严厉打击小淀粉加工企业。……东海县环保局和郯城县环保局组成了10余人的联合执法组，采取白天检查、晚上抽查的方式对沭河沿岸的所有非法淀粉加工企业进行了仔细检查。同时，加快推进马铃薯淀粉加工业结构调整。（颜旻、邱少军，2009）

此外，通过跨界协作联合，一些重大污染事故得以处理。比如，2007年11月，某货车在高速公路郯城段发生事故，29.3吨苯酚全部泄露。山东郯城环保部门接报后迅速通报下游的江苏邳州、新沂两地环保部门，共赴现场、联合处置，为下游的污染防控争取了时间。再如，2009年1月，临沂一家企业排污致使下游邳州境内多条河流砷超标，两地政府共同努力，开展合作治污，使滞留于邳州境内的百万方污水全经处理达标后排放（刘传松，2011）。诸如此类的新闻报道说明了联席会议机制的成效。

但课题组实地调查了解到了正面宣传报道所没有呈现的情况。就实地调查所见，沭河平时断流，村民利用局部有水的地方进行网箱养鱼。在联席会议机制建立之前，企业排污造成死鱼的事时有发生，但由于"跨界"，问题很难得到妥善解决。联席会议机制实行以后，村民的网箱养鱼基本得到了保障。其要点如下。

第一，从事网箱养鱼的村民可以获得上游排污的信息。如果沭河上游邻省企业排放污水，排污企业所在县的环保局通过联席会议机制通知影响地的县环保局，县环保局再通知渔业养殖户，使他们提前做好准备。假定污水排放通过的时间比较短，甚至不妨把网箱收上，让鱼暂时躲避一下过境污水。

第二，通过联席会议建立环境影响赔偿机制。联席会议机制建立之前，由于地方保护主义，村民如果向外省企业追索赔偿几乎是不可能的。但联席会议机制建立以后，村民如果确实因为邻省企业污染而造成水产损失，可以把相关信息、证据告知本县的环保局，再由本县环保局与排污企业所在县的环保局联系，该县环保局再与企业联系。由此，索赔的官方路径得以通畅。

这样，因污染造成的死鱼事件得以减少，或虽有死鱼事件产生但因得到赔偿而不至于使养殖户倾家荡产，也因此避免了激烈的社会矛盾与社会冲突。此外，因污染事件而产生的对政府的环境治理不力、政府外部形象不好等问题也得以解决。刘传松的研究表明，东海、郯城通过合作与协商，使因水污染造成养鱼户损失这一信访案件得到妥善解决（刘传松，2011）。

但这并不意味着上游企业不排污了，或者污染企业已经进行了有效的治理。因此，实质性的环境污染依然存在。在这里，存在着"显性问题的隐性化"，或者"显性问题"被解决而"隐性问题"依然存在。而这样的实践形态，在国内的环境治理实践中并不是绝无仅有的，如南京外秦淮河治理就呈现了相似的逻辑。外秦淮河通过治理从黑臭河变成了一条观光游览的景观河，但笔者所负责的课题组对外秦淮河清凉门大桥下水质的测量表明，氨氮的平均值为 15.01mg/L，是国家 V 类水上限的 7.5 倍（陈阿江，2015）。河流污染严重而居民和媒体感觉良好，形成鲜明的对照。

上述环境治理策略不能说没有解决问题，也不能说已经真正解决了问题。环境治理的重点是根据社会反响，有选择地去解决社会热点问题、焦点问题。虽然与我们通常所指称的"面子工程"或"政绩工程"有一定关系，但也不能简单地指责为"面子工程"或"政绩工程"。这样的环境治理只能是一种过渡形态的治理方式，环境风险、社会风险依然存在。可见，环境问题的复杂性、多面性，需要极高的智慧去应对。

四　环境治理的转向

如果上述治理策略主要还是基于应急的话，那么一些地区的环境治理新探索，如"民标"的提出与实践则体现了环境问题的解决要从人出发、以社会为本的新理念，凸显了环境治理中的社会特征。

从目前能够查阅到的文献看，江苏省常州市最早提出了"民标"概念。2006 年 11 月，在常州市建设国家生态城市动员大会上，市委、市政府强调"建设国家生态市，既要重视'国标'，又要重视'民标'，即人民群众把握的标准"。需要达到的"民标"，是"人民群众的直接体验"（匡启键，2006）。常州市把生态市的"民标"概括为"水是清的，天是蓝的，山是青的，景是美的，晚上睡觉是宁静的，每天空气是清新的，城市空间是绿色的，居住环境是优美的，在常州生活是舒适满意的"（匡启键，2006）。

要理解"民标"，必须从"民标"与"国标"相对应的一对范畴去理解。"民标"—"国标"可以从两个维度进行解读。首先是国家与社会的范畴："国标"强调的是国家权威的、合法的、强制的标准；而"民标"则强调底层的、基层老百姓心目中的环境好与坏。其次是技术测量与民众感受的范畴："国标"以科学为基础，以技术测量指标为主要评判手段；"民标"则以民众的主观感受和体验为依据。

曾几何时，环境污染程度或环境治理效果总是以官方发布的为权威，以技术数据为准则。首先，无论是官方发布的还是专家提供的技术数据，其可靠性是建立在完善的机制之上的。如果机制不完善，其数据的可靠性就很难得到保障。其次，即使官方的、专家的数据本身是可靠的，普通民众并非能轻而易举获得。再次，假使官方的、专家的可靠数据是可获得的，也存在民众对权威数据理解的困难，或者误读。最后，如果双方的信任出现危机，老百姓往往将数据视为游戏。面对国家与社会的矛盾、技术测量与民众感受日益加深的沟通危机，作为民众基本生存和生活要件的环境，日益需要民众的参与和合作。"民标"的应用，正是社会现实的迫切需要，也是应对上述危机的有效举措。

在涉及环境问题及环境治理效果的评判方面，"民标"概念逐渐在地方环保部门得到应用。如针对泰兴市经济开发区某化工企业，泰兴市环保局负责人请开发区及周围的15名村民代表，以"鼻子闻、眼睛看"的方式给企业的废气治理成效"打分"、验收（佚名，2013）。泰兴市环保局在以民众的"舒适度"作为环境执法检查的重要依据之后，信访量明显下降。由于泰兴市化工产业总量比较大，环境污染问题比较突出，民众的抱怨声很大。在把民众的感受作为重要的标准之前，泰兴市民众因环境污染而上访的人数居前列。"民标"实施以后，上访量明显下降。

中国现实中环境治理策略实践的变化，在某种程度上与环境治理的总体性转变相契合。"治理"及"环境治理"语义的变化恰好反映了环境治理的总体性转变。所以，我们不妨对"治理"及"环境治理"语义演变进行梳理。

若要澄清"环境治理"概念，须追述"治理"的含义。综合《现代汉语词典》及《辞海》不同时期的版本，"治理"的基本含义可以归纳为三个方面。

一是指"处理、整修"，通常与河道等复杂物质对象有关。如果加以适当引申，则是指人类利用一定的技术、工具，耗费一定的资源、资金，通过一定组织方式对物质对象进行处置。中文"环境治理"的早期含义就是这个意思。

二是指"统治、管理"，是国家或政府的重要政治活动。在这里，治理的主体是国家或政府官员，被统治或管理的对象为民众。

三是"指公共或私人领域内个人和机构管理其共同事务的诸多方式的总和"，它是西方话语翻译后所得。英文 governance 曾经有多种译法，除了治理，还有"管治""共管共治"等多种译法。governance 这个概念的产生及普及也是西方政治和社会历程演变的见证。根据治理的特征，可以进一步了解其含义。"治理不是一套规则，也不是一种活动，而是一个过程；治理过程的基础不是控制，而是协调；治理既涉及公共部门，也包括私人部门；治理不是一种正式的制度，而是持续的互动"（夏征农、陈至立，2009：2953）。治理意味着传统统治思维的终结，其对现代社会解构的后现代特征显而易见。

2015 年开始实施的新版《中华人民共和国环境保护法》，没有出现"环境治理"这个组合词。但在第五条、第二十八条、第三十条和第五十条均提到"治理"，通过文本语境可以发现，其含义仍为第一种释义，即"处理、整修"的意思。

网络情况则不同。目前"环境治理"已是网络热词，在百度上可以搜索到 6000 万以上的词条。中国知网篇名中含"环境治理"的文献为 6227 篇（2015 年 12 月 8 日）。"环境治理"包含两类含义：一是在原本意义上使用，即"处置环境污染"或"解决环境问题"的意思，是以人为主体处置物质对象，自然科学、工程技术学科大多在此意义上使用；二是等同于英文的 environmental governance，强调环境作为一种公共事务，在解决过程中多主体共同参与协调，公共管理、政治学、法学研究大多在后一种含义上使用。从第二层含义的广泛使用，我们不难推知"环境治理"的社会性日益受到重视。

五　结论与讨论

环境问题及其治理可以从三个层面考查。首先是真实的物质世界状态。其次是技术测量层面，即在目前的科学认知与技术条件下，我们对某个环境污染问题可以了解到的情况。事实上，现代社会大多秉持这样的理念，即制度与政策的设计是以科学技术所了解的事实为依据的。再次是社会感知状态。社会感知与技术呈现，既有一致的地方，又有相对分离的地方。在中国环境治理实践中，技术呈现与社会感知相对分离的原因是多方面的。

首先，在环境治理过程中，技术是随着现实的需要在实践中逐步完善的。技术的相对不成熟是一个常态。像面源污染、雾霾等问题，其成分的来源构成仍然没有弄清楚。

其次，现代社会充满着权力关系。环境问题涉及诸多专门技术，因此，就过去的实践看，负责专门技术的部门及地方政府利用专有技术行使特权的例子并不新鲜：信息不公开或者只公开对自己有利的信息；利用科层制体制的复杂性，增加公众获得信息的成本或难度；对测量结果进行有利于自己的解释；等等。

最后，随着环境问题的凸显，信任关系正在发生着变化。环境群体性事件的爆发及急剧增加的信访量，凸显了民众与企业、民众与地方政府之间信任关系的弱化。在2010年前后的数年间，因民众反对，多个垃圾焚烧发电项目被迫搁置。这些投资少则上亿元、多则十多亿元的垃圾焚烧发电项目被搁置，造成了巨大的浪费。这些问题的产生，与对民众环境感受的忽视密切关联。在过去的若干年，企业以追求经济效益为由、地方政府以追求经济指标为由忽视民众对良好环境的基本需求，以或真或假的技术指标来压制民众。

强调民众对环境状态感受的重要性，是因为在某些时间、某些地方存在的明显的偏颇。与此同时，也存在民众对技术不了解、误读"环境污染"的情况。笔者注意到某垃圾焚烧发电厂的照片被贴到网上，所指污染严重的"证据"竟然是从烟囱中冒出的水蒸气。现实中还有许多类似的误读。

对民众感受的重视，至少解决了局部的问题，这是值得肯定的一方面。从现实看，环境问题的解决并不容易。就物质层面而言，污染一旦产生，必须用一定的技术加以应对。但物质的物理、化学过程的逆向推进是很困难的。污染的处理会涉及成本问题，这往往与某地所处的经济发展阶段有很大关系。没有一定的经济实力，有些环境问题很难解决，或者在经济学家看来很不划算。另外，环境问题在某种意义上已经与我们的经济运行体制、社会生活方式紧密关联。正如"跑步机"（the treadmill of production/the treadmill of consumption）理论所显示的（Gould, Pellow & Schnaiberg, 2008; Schnaiberg & Gould,, 1994），环境问题与经济运行体制和我们的日常生活紧紧交织在一起。

虽然环境问题不易解决，但地方政府无疑面临着各方面的压力，比如媒体的报道、学者和社会大众的批评等。就像以前以 GDP 考核地方官员的政绩一样，现在环境污染对某些地方政府官员构成了很大的政治压力。不仅如此，因环境污染事件而引发的社会冲突、上访等事件也是影响当前中国社会稳定的焦点性问题，是重要的政治问题。这些因素进一步促使"去问题化"策略得以不断应用。在当前环境污染问题十分严峻的情况下，"去问题化"策略有其积极意义。

但是，"去问题化"策略毕竟是基于短期目标、基于社会感知而产生的环境治理策略。因此，它存在着环境风险与社会风险，甚至某种程度上还可能误导公众、误导视听，并有可能延迟环境污染的技术解决方案。因此，如果仅以此应对热点问题、焦点问题，显然还是不够的。

环境治理中"民标"概念的提出，或者说"国标"与"民标"的并重，是与环境问题与环境治理的复杂性特征相契合的。环境问题与环境治理社会层面的重视，实际上也契合了环境治理理念的转变。当然，要想取得有效的治理效果，就要考虑民众的感受和需求，仍然需要坚持科学的理性策略。

参考文献

陈阿江，2015，《技术手段是如何拓展环境社会学研究的?》，《探索与争鸣》第 11 期。

崔凤、秦佳荔，2012，《论隐形环境问题——对 LY 纸业公司的个案调查》，《河海大学学报》（哲学社会科学版）第 4 期。

汉尼根，2009，《环境社会学》，洪大用等译，中国人民大学出版社。

匡启键，2006，《常州：既重"国标"又重"民标"》，《新华日报》2006 年 11 月 6 日第 B02 版。

刘传松，《跨流域环境污染联合处置机制初探——以苏鲁边界环保联席治污为例》，《北方环境》第 5 期。

石超艺，2012，《上海市的环境质量探讨——兼谈环境库兹勒茨曲线理论》，《河海大学学报》（哲学社会科学版）第 4 期。

苏杨、席凯悦，2014，《环境质量与公众认知比较：自民生指数观察》，《改革》第 9 期。

夏征农、陈至立，2009，《辞海》第 6 版，上海辞书出版社。

颜旻、邱少军，2009，《苏鲁联手清查小淀粉跨界污染》，《连云港日报》2009 年 11 月 11 日 A2 版。

佚名，2013，《泰兴采用"民标"验收化工整治》，2013 - 06 - 24，http://www. jyz. gov. cn/ bumenxinwen/105624. html.

Gould, K. A. , D. N. Pellow & A. Schnaiberg. 2008. *The Treadmill of Production：Injustice and Unsustainability in the Global Economy.* Boulder：Paradigm Publishers.

Schnaiberg, A. & K. A. Gould. 1994. *Environment and Society：The Enduring Conflict.* New York：St. Martin's Press.

环境保护制度建设与民营企业环保投入研究[*]

陈宗仕　刘志军[**]

摘　要：基于 2012 年全国民营企业调查数据，采用制度同构理论，系统考察了强制性、规范性和模仿性因素对民营企业环保投入的影响。结果显示省区环境规制对企业环保投入有强制性同构，二者关系呈倒"U"形，我国绝大部分省区位于曲线左侧。这表明考察政府规制的曲线刺激效应非常重要。结果进一步显示企业环保投入不存在规范性同构，而模仿性同构非常明显。本研究总体表明中国企业的制度同构特征不同于北美组织，推进了制度同构理论的研究。

关键词：环保投入　制度同构　环境规制　倒"U"形　模仿性同构

一　问题的提出

哪些制度因素会影响企业的环保投入，以及各制度因素的影响机制如何？随着近年来我国社会各界对加强环境保护的呼声越来越高，学界迫切需要进行更深入细致的探索并提出合理的建议。

目前对中国企业环保投入的研究大多侧重于环境规制性因素，这些研究忽略了其他制度要素及其相应机制，而且测量方式的不同也导致结论不

---

* 原文发表于《广西民族大学学报》（哲学社会科学版）2017 年第 6 期。本研究受到国家社科基金项目"企业社会责任的制度社会学分析"（项目编号：15BSH106）的资助。

** 陈宗仕，浙江大学公共管理学院社会学系副教授；刘志军，浙江大学公共管理学院社会学系副教授。

一。新制度主义学派运用制度同构理论（DiMaggio & Powell，1983）来解释企业组织架构设置、变迁和行为等各种现象，并提出三种影响机制，但文献进一步显示北美和欧洲顶级学术期刊分别侧重于不同的同构机制（Mizruchi & Fein，1999）。本文将结合我国制度特征，批判性地运用该理论框架，探索影响我国民营企业环保投入的影响因素和机制。现有文献发现影响企业环保行为的因素包括市场因素，比如供应商、消费者、金融市场，还包括行业、企业规模等。而更多文献显示制度是影响企业环境行为的最重要因素之一（Liu et al.，2010；Delmas，2002；Stafford，2002）。国内研究也开始从制度角度探索环境规制对企业环保投入的影响，不过这方面的文献还比较少。陶岚、刘波罗（2013）发现环境规制越强，企业环保投入越多。而唐国平、李龙会、吴德军（2013）揭示了环境规制对企业环保投入的影响是先抑制、后促进。也有学者从微观机制探讨环境规制对企业环保投入的影响（薛求知、伊晟，2015）。这些研究显示环境规制对企业环保投入的影响不一致，存在线性或非线性关系。另外，不少研究显示环境规制对其他经济、组织现象的影响几乎都是非线性的。

目前研究还存在以下亟待完善之处。首先，现有研究几乎都聚焦于正式的环境规制如何影响企业环保投入，而对其他制度性要素关注很少。在对中国企业环境行为的研究中，唯一的例外是 Liu 等（2010）的研究，该研究运用制度同构理论考察了多种制度要素对江苏常熟132家企业的环境管理的影响。但该项研究局限在一个城市，缺乏对中国不同地区环境规制差异的考察。其次，现有研究对环境规制的测量存在差异，而大多研究依据研究目的择其一进行分析，缺乏对其他测量方式的稳健性检验。测量方式的不同，也可能导致研究结论的不尽一致。

本文选取民营企业为研究对象，批判性地运用制度同构理论，从多个角度考察影响企业环保投入的制度因素和相应机制，揭示我国企业的制度同构特征；同时以两种方式测量并检验环境规制对环保投入的影响，力图进一步完善企业环保投入的制度分析研究。

二　理论和假设

DiMaggio 和 Powell（1983）提出了颇有影响的制度同构理论，他们认为制度通过强制性、规范性和模仿性三种机制形塑组织结构和行为。当企业受所依赖组织或社会期望的压力，尤其是政治影响的压力，强制性同构就会发生。当企业面临不确定性时，往往需要模仿其他成功企业的做法，这时模仿性同构就会起作用。组织因为同辈群体的压力而服从所期望的行为规范，被称为规范性同构；而规范性同构压力的形成往往需要专业性的群体网络。制度同构理论随后被大量运用在组织的制度分析研究中。

然而现有实证研究大多根据时代话语主流，选择性地侧重某一同构机制而忽略其他，即制度同构理论的应用存在主流知识分子的社会建构因素（Mizruchi & Fein，1999）。Mizruchi 和 Fein（1999）通过对 1984～1995 年发表在北美顶级刊物上关于制度同构的 160 篇实证研究分析，发现绝大多数研究仅仅关注了模仿性同构，而只有少数研究关注了其他方式的同构。他们认为北美学界对模仿性同构情有独钟而忽略外部强制制度因素，是和北美当下组织研究强调市场、自主交易，弱化权力强制的主流趋势是一脉相承的。他们进一步揭示，欧洲期刊的 12 篇研究则相对较多地关注强制性和规范性同构。我们认为这种差异或许与不同政府在市场中的强弱有关。很多研究显示北美政府相比欧洲政府对市场的干预要弱（Matten & Moon，2008；Hall & Soskice，2001）；不过，部分非顶级期刊的文献揭示美国政府对组织同样存在或多或少的约束。

中国的制度历史和环境与北美、欧洲有着很大的差别，因此我们认为，影响中国组织行为的制度因素及其机制与西方存在很大不同。不同于北美的小政府—大市场，中国的强政府模式具有悠久的历史，中华人民共和国成立以后曾在相当长一段时期里执行计划经济体制。市场经济改革以来，政府依然在市场中扮演重要的角色。很多研究揭示中国政府在市场中仍具重要的作用，对组织行为影响深远（Haveman et al.，2017；Hofman，Moon & Wu，2015；Witt & Redding，2013）。此外，前述国内学界关于政府环境规制对企业行为影响的研究也揭示了环境规制存在线性或非线性的影响。因此，政府的强制是考察影响我国企业环保投入不可忽略的重要因素。另外，这些年中国的一些行会、商会、工商联等企业联合组织在加强行业自律等方面也逐渐发挥作用（Deng & Kennedy，2010），当然相比欧洲强大的法团主义要弱得多。然而对这些组织规范性影响的定量研究还很少，为数不多的研究显示不存在影响中国企业行为的规范性机制（Haveman & Wang，2013；Liu et al.，2010）。不过，这些研究结论还有待进一步验证。最后，中国近四十年的经济转型给市场带来了很大的不确定性（Haveman et al.，2017），

227

而不确定性是模仿机制的根源。在这一点上，中国的市场环境可能更接近新自由主义下的北美，而与重视福利、市场相对稳定的欧洲存在很大区别。换言之，模仿性机制将可能是影响中国企业环保投入的重要机制之一。

（一）强制性影响假设

DiMaggio 和 Powell（1983）明确指出，政府命令是迫使组织行为趋同的强制性因素之一。政府规制对企业的强制性约束还取决于政府在市场中的强弱程度。相比于欧洲，北美的政府在市场中的作用较弱，同时在以减少政府干预为核心的新自由主义潮流中，北美顶尖学者也漠视政府对企业的强制性影响。而中国被视为典型的强政府模式，政府对企业的干预和影响很深也很广泛。因此，我们倾向于认为中国政府的环境规制对民营企业的环保投入存在强制性压力。

然而，政府的强制性规制对企业行为的影响并非线性的。早期的制度学派强调制度环境对组织的外在控制以及组织对制度环境的服从，后来学者们认为组织会依据自身利益对制度环境进行战略性的接受、妥协、逃避、抵制（杨典，2013）。环境规制对企业行为也有类似的非线性影响（王杰、刘斌，2014；张成等，2011；Zhang et al.，2008；Stafford，2002）。我们认为，就环境规制对企业环保投入的影响而言，存在因规制强弱的省际空间差异，在环境规制力度较弱的省份，企业会在能承受的范围内抽取部分利润进行环保投入，同时随着规制力度在省份间的增强，企业会逐渐增加环保投入，但刺激效应会减弱。当某些省份规制力度超过某临界值，或者说超过这些省份企业可以承受的范围，企业可能会采取各种方式规避甚至减少环保投入。由此，我们做出如下假设。

假设1：环境规制对企业环保投入的影响并非线性的，即省区环境规制强度与企业环保投入呈倒"U"形关系。

（二）规范性同构假设

规范性同构更侧重于共同体的联结、信仰和价值观。DiMaggio 和 Powell（1983）指出制度影响组织结构和行为的一个重要机制为规范性机制。这种规范性压力具有道德基础，关涉什么事应该做（Marquis，Glynn & Davis，2007）。影响组织的规范性机制主要是专业协会的完善和增长给组织带来的同行压力（Palmer，Jennings & Zhou，1993）。

在关于企业环境行为的文献中，有研究显示行业协会对企业环境行为起着重要的规范性作用（King & Lenox，2000）。在中国，民营企业的一个重要联合组织形式为工商联。相比于很多由政府支持任命的行业协会，工商联具有较高的自主性（Deng & Kennedy，2010）。近年来，当加强环境保护越来越被提上党和政府的工作议程，工商联也积极为增加企业环保投入建言献策。在2012年的"两会"上，全国工商联提出了拓展企业融资渠道、推动环保产业发展的提案（陈湘静，2012）。在2013年的"两会"上，工商联环境商会倡议加快环境立法，并在未来10年应加大环保投入，达到10万亿元（郑晓波，2013）。工商联在环境议题上的积极倡议、建言，某种程度上既代表了部分工商联会员的呼声，也会对其他会员产生积极的规范性压力。这样，加入工商联的民营企业在环保投入方面因为规范性压力，要比非工商联会员积极。因此，我们得出如下假设。

229

假设2：工商联会员企业的环保投入要比非会员企业的环保投入高。

（三）模仿性同构假设

DiMaggio 和 Powell（1983）认为组织在环境充满不确定性的时候会模仿其他成功企业的做法。他们会模仿周边企业的做法，因为他们彼此跟踪对方的信息，并测试实践的相关情况。不同于规范性压力要求的应然性，模仿性同构关注实然性，即其他组织是怎么做的（Marquis，Glynn & Davis，2007）。新制度主义理论认为，模仿同构的一个重要条件是市场的不确定性。Havemen 等（2017）认为中国的经济转型带来了很高的不确定性。面临不确定的市场和政策环境，中国民营企业在决策环保投入时，可能会参考市场上其他企业的做法。行业内的企业行为往往是企业决策的一个重要认知分类。隔离机造成的行业界限使得企业决策者往往对同行的企业关注远远多于对其他行业企业的关注，这也得到很多实证研究的证实（Chen & Cao，2016；Haveman & Wang，2013；Ahmadjian & Robinson，2001）。因此，我们得出如下假设。

假设3a：同行业的环保投入水平会积极影响企业的环保投入。

近年来的研究越来越关注组织所在的地域对组织的影响（Haveman & Wang，2013；Marquis，Glynn and Davis，2007）。企业决策者们非常关注同一地域的企业行为，通常会在当地的一些场所进行交流。Haveman 和 Wang（2013）发现，中国省级区域成为企业模仿其他企业的一个重要地理区域分类。我们也认为企业决策者对同省企业行为的关注远远高于对其他省企业的关注，因为众多研究显示我国经济组织的竞争主要在省内（陈宗仕、郑路，2015；白重恩等，2004；周黎安，2004）。因此，我们得出如下假设。

假设3b：同省企业的环保投入水平会积极影响企业的环保投入。

三　研究方法

（一）样本来源

本研究的数据来自2012年全国民（私）营企业调查，这是由中共中央统战部、全国工商联、国家工商行政管理总局和中国民（私）营经济研究会主持的。该调查的调查对象是民营企业的法人代表。调查样本涵盖中国境内31个省（区、市）的所有民营企业，而且涉及各个行业、各个发展阶段和规模，覆盖面广、代表性强，是研究民营企业较为通用的数据来源。

（二）因变量

本研究的因变量为环保投入，在现有文献基础上，选取"企业2011年为治理污染的投入费用/2011年的销售收入"来衡量企业2011年环保投入强度。

（三）自变量

本研究的自变量分别为三种制度同构变量。强制性同构变量以环境规制强度来衡量。目前，国内外学者主要从以下几个角度来度量环境规制：一是用环境规制机构对企业排污的检查和监督次数来衡量（Brunnermeier & Cohen，2003）；二是从环境规制政策上考察环境规制强度的高低（陶岚、刘波罗，2013）；三是以污染物排放达标率构建环境管制综合指数（原毅军、谢荣辉，2014；唐国平等，2013；李玲、陶锋，2012；傅京燕、李丽莎，2010）；四是用治污投资占企业总成本或产值的比重来衡量（Lanoie et al.，2008；Gray，1987）；五是用治理污染设施运行费用来衡量（赵红，

2007）；六是用环境规制下的污染排放量变化来度量（Domazlicky & Weber，2004）。各个指标均在一定程度上存在不足（张成等，2011）。

根据数据的可得性，本文首先参照并综合了国际上比较通用的第一种和第二种方式，即用环境法制监管强度来衡量环境规制强度。具体做法是以省（区、市）年度环境行政处罚案件数除以省（区、市）规模以上工业企业个数的比率来测量法制监管强度。由于本研究的因变量为 2011 年民营企业的环保投入，制度变量需要考虑制度的滞后影响；同时，为了克服政策制度环境的年度波动，本研究利用了《中国统计年鉴》《中国环境年鉴》数据，分别计算了 2008～2010 年各省环境法制监管强度，然后求各省三年算术平均值。为了和后面稳健性检测的环境规制综合指数保持一致，法制监管指数涵盖除去西藏的 30 个省份（见图 1）。

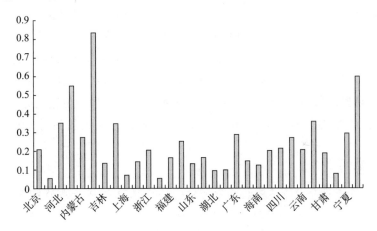

图 1   各省环境规制指数（法制监管）

资料来源：原始数据来自《中国统计年鉴》《中国环境年鉴》，部分省份名称略。

规范性要素包括组织联合形式。本研究以样本中的企业是否加入工商联合会来测量组织联合形式。Haveman 和 Wang（2013：41）特意区别了模仿性机制与其他两个机制的不同，他们认为在不确定性情况下，企业不会选择参照群体的最高水平或最低水平进行模仿，而是模仿参照群体的平均水平。因此，在影响企业环保投入的模仿性因素方面，我们参照现有文献做法（Chen & Cao，2016；Haveman & Wang，2013），以同行业除去测试企业以外的其他所有企业的环保投入均值来测量行业模仿因素，以同省（区、市）内除去测试企业以外的其他所有企业的均值来测量省区模仿因素。

（四）控制变量

我们控制了如下可能影响企业环保投入的变量。①企业绩效：用 ROS 即企业 2011 年的利润与销售额之比来衡量企业绩效。②企业规模：用企业用工人数的自然对数来测量企业规模。③企业年龄。④行业：建立了有较高环境影响的行业或污染行业哑变量，并将农业、采矿业、制造业、交通运输以及电力煤气水归为污染行业（Brammer & Millington，2005）。⑤出口：用企业是否出口来衡量（是为 1，否为 0）。⑥企业主的受教育程度：受教育程度分为 6 个等级：1. 小学及以下；2. 初中；3. 高中、中专；4. 大专；5. 大学；6. 研究生。⑦企业主的政治联系：我们以企业主是否为人大代表或政协委员来衡量（是为 1，否为 0）。

（五）模型和方程

由于受访民营企业的特征差异较大，因此在除去缺失值后，在进入实证分析之前，我们还需要对模型变量在样本 1% 和 99% 分位数处做缩尾（winsorize）处理。本研究的有效样本最终包括 3344 个观测值。在 3344 个观察值中，2191 家企业的环保投入为 0，这里存在角点解问题，我们需要采用 Tobit 模型进行回归分析。因为 Tobit 模型适用于这种正值连续分布且正概率取零值的数据结构，Tobit 估计可以确保无偏、一致的估计。回归方程如下：

$$\text{环保投入} = \beta_0 + \beta_1 \text{环境规制} + \beta_2 \text{环境规制}^2 + \beta_3 \text{工商联会员} + \beta_{3a} \text{业均环保投入} + \beta_{3b} \text{省均环保投入} + X\delta + \varepsilon$$

四 分析结果

（一）描述性统计

表 1 显示共有 3344 个观测值完全具备了我们所需要的信息。民营企业的环保投入均值为 0.005，即 2011 年民营企业平均用于治理污染的投入费用占当年销售额的 0.5%。制度要素变量显示以法制监管测量的环境规制均值为 0.224，有 61.2% 的企业主加入工商联。业均环保投入与省均环保投入均为 0.005。民营企业销售净利率均值为 0.098，有 57.9% 的企业属于污染性行业，有 12.1% 的企业在 2011 年有出口贸易。民营企业在 2011 年的平均

年龄为8.2年。企业主平均受教育程度接近大专，有43.3%的企业主是人大代表或政协委员。统计结果显示，主要变量的相关系数大多在0.2以下，最大的也只有0.49，远远低于经验文献的0.70多重共线性阈值。同时，包括所有变量的回归总模型中的VIF为3.1，远远低于阈值10（Ryan，1997）。这意味着各变量间不存在多重共线性的问题，采用Tobit回归模型是合适的。为了进一步检验多重共线性问题，我们还采取了逐步回归。表2中的模型1仅仅回归控制变量，然后我们将环境规制、工商联会员和模仿性因素等自变量逐一添加进模型2、模型3和模型4中。模型4实则为全部变量的回归。表2显示经过逐步回归，从模型2到模型4所有解释变量的显著性都没有发生实质性改变，这进一步印证了我们前面对多重共线性不严重的判断。

表1　主要变量描述性统计

变量	观测数	均值	方差	最小值	最大值
环保投入	3344	0.005	0.020	0	0.152
环境规制（法制）	3344	0.224	0.172	0.054	0.835
工商联	3344	0.612	0.487	0	1
业均环保投入	3344	0.005	0.009	0	0.094
省均环保投入	3344	0.005	0.012	0	0.143
销售净利率	3344	0.098	0.226	-0.830	1
企业规模（log）	3344	3.799	1.692	0	9.756
企业年龄	3344	8.226	5.216	0	22
污染行业	3344	0.579	0.494	0	1
出口企业	3344	0.121	0.327	0	1
受教育程度	3344	3.938	1.100	1	6
政治联系	3344	0.434	0.496	0	1

（二）回归分析结果

假设1预测环境规制对企业环保投入的影响并非线性，企业环保投入会因环境规制在省区间的增强而提高，当环境规制在某些省份达到临界点，这些省份企业的环保投入会随着环境规制的增强反而减弱，即省区环境规制强度与企业环保投入呈倒"U"形关系。表2中的模型4显示各省份的环境规制强度对企业环保投入影响的一次方系数是正向的，在0.05水平下显著，这说明存在强制性同构。同时结果显示环境规制的二次方系数是负向的，在 0.01 水平下显著，这意味着环境规制对企业环保投入的刺激效应并非单调递增（或递减）的。这种刺激效应的系数在不同省份差异微弱显著，即随着规制强度由弱变强，对企业环保投入的刺激是先促进后抑制或倒"U"形的影响，这个结果支持了假设 1。经推算，拐点为 0.496，我国除了山西、辽宁和新疆，其余省份都在拐点左侧。

表 2　企业环保投入的 Tobit 回归（以法制监管衡量环境规制）

环保投入	模型 1	模型 2	模型 3	模型 4
企业绩效	0.0370 *** (0.0039)	0.0364 *** (0.0039)	0.0362 *** (0.0039)	0.0343 *** (0.0039)
企业规模	0.0063 *** (0.0007)	0.0062 *** (0.0007)	0.0061 *** (0.0007)	0.0058 *** (0.0007)
企业年龄	− 0.0005 *** (0.0002)	− 0.0004 *** (0.0002)	− 0.0005 *** (0.0002)	− 0.0004 ** (0.0002)
污染行业	0.0156 *** (0.0019)	0.0158 *** (0.0019)	0.0158 *** (0.0019)	0.0143 *** (0.0019)
出口企业	0.0036 (0.0024)	0.0037 (0.0024)	0.0037 (0.0024)	0.0045 * (0.0024)
受教育程度	− 0.0017 ** (0.0008)	− 0.0016 ** (0.0008)	− 0.0016 ** (0.0008)	− 0.0015 ** (0.0008)
政治联系	0.0060 *** (0.0019)	0.0060 *** (0.0019)	0.0052 *** (0.0020)	0.0050 ** (0.0020)
环境规制		0.0449 *** (0.0169)	0.0454 *** (0.0169)	0.0352 ** (0.0168)
环境规制^2		− 0.0476 ** (0.0195)	− 0.0480 ** (0.0195)	− 0.0355 * (0.0194)
工商联			0.0024 (0.0022)	0.0024 (0.0022)
业均环保投入				0.3199 *** (0.0866)
省均环保投入				0.2888 *** (0.0571)
常数项	− 0.0537 *** (0.0040)	− 0.0601 *** (0.0047)	− 0.0604 *** (0.0048)	− 0.0605 *** (0.0047)

环保投入	模型 1	模型 2	模型 3	模型 4
观察值	3344	3344	3344	3344
左侧截取数	2191	2191	2191	2191
Chi^2	417.01	424.16	425.39	470.05
伪 R^2	-0.1998	-0.2032	-0.2038	-0.2252
Log likelihood	1252.01	1255.59	1256.20	1278.53

注：$***p<0.01$，$**p<0.05$，$*p<0.1$，双尾检测。

假设 2 认为工商联会员企业会形成同辈群体的规范性压力，共同履行环境责任，因此工商联会员企业在环保投入上要比非会员企业积极。然而表 2模型 4 显示工商联会员企业的系数约为 0.002，结果在统计上不显著，拒绝了假设 2，即工商联会员间并没有在环保投入方面形成规范性压力。

假设 3a 和假设 3b 分别从行业和省的角度考察模仿性因素影响，预测民营企业将会模仿行业内其他民营企业以及省内其他民营企业的环保投入行为。表 2 模型 4 显示业均环保水平和省均环保水平均对民营企业的环保投入具有显著的积极作用，系数分别约为 0.320、0.289。这个结果分别支持了假设 3a 和假设 3b。我们的结果显示行业模仿系数大于省区模仿系数，说明行业的隔离机制比省份隔离机制对企业主的决策影响更深，这与现有文献发现一致（Haveman & Wang，2013）。

最后，就控制变量的影响而言，与大多企业环境行为文献（Konar &Cohen，1997；Gray & Deily，1996）一致的是，企业绩效、企业规模对企业环保投入的影响是积极正向的。本研究还表明企业年龄对环保投入的影响是负向显著的，但其影响非常小。另外，分析结果显示，污染行业的环保投入比例比非污染行业要大，出口企业的环保投入要高于非出口企业。企业主个人特征方面，结果显示企业主的受教育程度对环保投入的影响是负向的。企业主的政治联系对企业环保投入有积极作用。

（三）稳健性检验

学者们使用了多种方式测量环境规制的强度，但每种方式都存在一定不足。因此我们借鉴了国内学者的一般做法（原毅军、谢荣辉，2014；傅京燕、李丽莎，2010），编制环境规制综合指数来测量环境规制强度，并以此来检验结果的稳健性。我们选取各省份废水排放达标率、二氧化硫去除率、工业烟尘去除率、工业粉尘去除率和工业固体废物综合利用率五个单项指标构建环境规制的综合测量体系。本文构建环境管制综合指数的具体过程如下。

首先，采用极值法对各项指标的数据进行标准化处理，将各指标取值换算为 [0，1] 的取值，以消除指标间的不可公度性和矛盾性。

$$R_{ij} = \frac{X_{ij} - \min(X_j)}{\max(X_j) - \min(X_j)} \qquad (i = 1, 2, \cdots, 30; j = 1, 2, \cdots, 5) \qquad (1)$$

公式（1）中，X_{ij} 为第 i 个省（区、市）的第 j 类污染物指标的原始值，$\min(X_j)$、$\max(X_j)$ 表示各省份第 j 类污染物指标每年的最小值、最大值。R_{ij} 为第 i 个省份的第 j 类污染物标准化处理值。其次，计算各单项指标的调整系数。

$$C_{ij} = \frac{T_{ij}}{P_i} \Big/ \frac{\sum T_{ij}}{\sum P_i} \qquad (2)$$

公式（2）中，C_{ij} 代表各省的各单项指标的调整系数，其含义为：将某省 i 的第 j 类污染物排放量（T_{ij}）占当年全国同类污染物排放总量（$\sum T_{ij}$）的比重与该省的工业产值（P_i）占当年全国工业总产值（$\sum P_i$）的比重进行求比。显然，该调整系数反映的是某省 i 单位工业产值排放的第 j 类污染物排放量与当年全国工业总产值排放的第 j 类污染物排放总量的比例，这种方法可以较真实地反映各省环境治理的差异程度。

最后，计算各省各项污染物的环境规制指数和总体环境规制指数。

$$E_{ij} = R_{ij} \times C_{ij} \qquad (i = 1, 2, \cdots, 30; j = 1, 2, \cdots, 5) \qquad (3)$$

$$TE_i = \sum_{j=1}^{5} E_{ij} \qquad (i = 1, 2, \cdots, 30) \qquad (4)$$

上述公式中，E_{ij} 为第 i 个省第 j 类污染物所对应的环境规制指数，TE_i 为该省的总体环境规制指数。E_{ij} 值越大，说明第 i 个省份第 j 类污染物排放受到更严格的环境规制；TE_i 值越大，代表该省的总体环境规制强度越高。同样，为了克服制度环境的年度波动，我们分别计算了 30 个省份从 2008 ~ 2010 年这三年平均的环境规制强度（统计年鉴中缺乏西藏的相关信息）（见图2）。

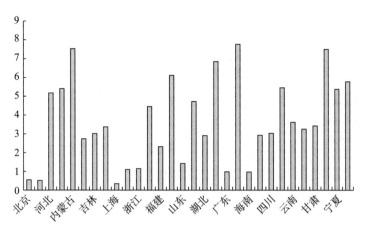

图 2 各省环境规制综合指数

资料来源：原始数据均来自《中国统计年鉴》《中国环境年鉴》，部分省份名称略。

环境规制综合指数与前面的环境法制监管指数的相关系数为 0.159，属于低度相关。我们同样采取前述的逐步回归，各个解释变量的显著性没有实质性改变，说明替代变量与其他变量间依然没有严重的多重共线性问题。结果见表 3，模型 7 的结果与模型 4 基本一致。

首先，环境综合监管强度与民营企业环保投入依然是倒 "U" 形关系，均在 0.01 水平下显著。这进一步为我们的推论提供了支持。

其次，模型 7 结果显示工商联不存在规范性压力，业均环保投入和省均环保投入水平均对民营企业环保投入具有显著的正向影响。

表 3 稳健性检测：企业环保投入的 Tobit 模型回归
（以综合指数衡量环境规制）

环保投入	模型 5	模型 6	模型 7
企业绩效	0.0372 *** （0.0039）	0.0370 *** （0.0039）	0.0351 *** （0.0039）
企业规模	0.0064 *** （0.0007）	0.0062 *** （0.0007）	0.0058 *** （0.0007）
企业年龄	− 0.0003 * （0.0002）	− 0.0004 ** （0.0002）	− 0.0003 * （0.0002）
污染行业	0.0149 *** （0.0019）	0.0149 *** （0.0019）	0.0137 *** （0.0019）

续表

环保投入	模型 5	模型 6	模型 7
出口企业	0.0052 ** (0.0024)	0.0053 ** (0.0024)	0.0055 ** (0.0024)
受教育程度	− 0.0016 ** (0.0008)	− 0.0016 ** (0.0008)	− 0.0016 ** (0.0008)
政治联系	0.0048 *** (0.0019)	0.0038 * (0.0020)	0.0040 ** (0.0020)
环境规制	0.0090 *** (0.0016)	0.0091 *** (0.0016)	0.0072 *** (0.0017)
环境规制^2	− 0.0011 *** (0.0002)	− 0.0011 *** (0.0002)	− 0.0009 *** (0.0002)
工商联		0.0031 (0.0022)	0.0029 (0.0022)
业均环保投入			0.2219 ** (0.0893)
省均环保投入			0.2779 *** (0.0569)
常数项	− 0.0664 *** (0.0047)	− 0.0669 *** (0.0047)	− 0.0647 *** (0.0047)
观察值	3344	3344	3344
左侧截取数	2191	2191	2191
Chi^2	449.98	452.01	484.88
伪 R^2	− 0.2156	− 0.2166	− 0.2323
Log likelihood	1268.50	1269.51	1285.95

注： *** $p < 0.01$， ** $p < 0.05$， * $p < 0.1$，双尾检测。

五　结果与结论

不同于以往仅仅局限于规制性要素或某个城市企业的研究，本研究利用全国性调查数据，以制度同构视角全面考察了规制性、规范性和模仿性因素对民营企业环保投入的影响。结果显示，首先，环境规制性压力对企业环保投入的影响并非线性，而是呈现倒"U"形关系；其次，工商联会员在环保投入方面并没有形成规范性压力；最后，民营企业的环保投入决策受行业和省内其他企业行为的影响很大，证实存在很强的模仿性同构。

本研究对现有文献具有以下贡献。

第一，我们以民营企业环保投入为例，揭示了中国组织不同于北美组织的制度同构特征。北美顶级期刊相关研究显示组织更多呈现模仿性同构，而很少有强制性同构，这既与北美政府奉行市场主体"守夜人"原则有关，也与顶尖学者跟随主流话语的社会建构有关。而本研究揭示在影响中国民营企业环保投入的制度因素和机制中，除了模仿性同构，还有强制性同构在发挥作用。这与我国政府在市场中的地位依旧强势有关。

第二，本研究进一步证实政府规制的强制性压力对企业的影响并不是线性的。由于规则是人为设计的，规则制定者很难精准掌握组织的承受能力，同时组织往往会依据自身状况对政府规制做出策略性的适应，包括遵守服从、规避抵制等。本研究结果显示除了少数几个省份，目前环境规制对企业的环保投入基本都有积极作用，而且环境规制还有提升的空间。另外，就规制性因素而言，目前研究的测量方式各一，而且依自身研究目的择其一适用，因此存在结论上的不同。本研究选取了两种方式，结果更为稳健。

第三，我们的研究显示民营企业在决定环保投入时主要受政府强制和市场模仿两个机制推动，而工商联合会员并没有在环保投入上形成规范性压力，这进一步说明企业在环保投入上还没有形成内化机制。工商联中呼吁加强环保投入的可能只是特定的协会或部分会员而已。因此，我国还须进一步健全和发挥工商联的作用，提升工商联会员对企业环保投入的意识。

本研究也存在一些局限，需要未来研究者关注。首先，基于数据的可得性，本研究使用的数据为横截面数据，虽然我们克服了制度环境年度波动因素，但是无法克服企业绩效、环保投入等企业要素年份波动的困难。其次，本研究仅仅检验了民营企业环保投入，我们的发现与结论未必适用于国有企业；同时民营企业总体规模偏小，因此文章结论也未必适用于大型企业。今后的研究可以顺着这个思路，利用比较长时期的面板数据来全面考察各制度要素对不同类型企业环保投入的影响。

参考文献

白重恩、杜颖娟、陶志刚等，2004，《地方保护主义及产业地区集中度的决定因素和变动趋势》，《经济研究》第 4 期。

陈湘静，2012，《全国工商联提案建议拓展环保企业融资渠道》，《中国环境报》3月12日。

陈宗仕、郑路，2015，《制度环境与民营企业绩效——种群生态学和制度学派结合视角》，《社会学研究》第4期。

傅京燕、李丽莎，2010，《环境规制、要素禀赋与产业国际竞争力的实证研究——基于中国制造业的面板数据》，《管理世界》第12期。

李玲、陶锋，2012，《中国制造业最优环境规制强度的选择——基于绿色全要素生产率的视角》，《中国工业经济》第5期。

唐国平、李龙会、吴德军，2013，《环境管制、行业属性与企业环保投资》，《会计研究》第6期。

陶岚、刘波罗，2013，《基于新制度理论的企业环保投入驱动因素分析》，《中国地质大学学报》（社会科学版）第6期。

王杰、刘斌，2014，《环境规制与企业全要素生产率——基于中国工业企业数据的经验分析》，《中国工业经济》第3期。

薛求知、伊晟，2015，《企业环保投入影响因素分析——从外部制度到内部资源和激励》，《软科学》第3期。

杨典，2013，《公司治理与企业绩效——基于中国经验的社会学分析》，《中国社会科学》第1期。

原毅军、谢荣辉，2014，《环境规制的产业结构调整效应研究——基于中国省级面板数据的实证检验》，《中国工业经》第8期。

张成、陆旸、郭路等，2011，《环境规制强度和生产技术进步》，《经济研究》第2期。

赵红，2007，《环境规制对中国产业技术创新的影响》，《经济管理》第21期。

郑晓波，2013，《工商联环境商会联合倡议：环保未来十年应投10万亿》，《证券时报》3月4日

周黎安，2004，《晋升博弈中政府官员的激励与合作：兼论我国地方保护主义和重复建设问题长期存在的原因》，《经济研究》第6期。

Ahmadjian, C. & P. Robinson. 2001. "Safety in Numbers: Downsizing and the Deinstitutionalization of Permanent Employment in Japan". *Administrative Science Quarterly* 46 (4).

Brammer, S. & A. Millington. 2005. "Corporate Reputation and Philanthropy: An Empirical Analysis". *Journal of Business Ethics* 61 (1).

Brunnermeier, S. & M. Cohen. 2003. "Determinants of Environmental Innovation in US Manufacturing Industries". *Journal of Environmental Economics and Management* 45 (2).

Chen, Z. & Y. Cao. 2016. "Chinese Private Corporate Philanthropy: Social Responsibility, Legitimacy Strategy, and the Role of Political Capital". *Chinese Sociological Review* 48 (2).

Delmas, M. 2002. "The Diffusion of Environmental Management Standards in Europe and the

United States: An Institutional Perspective". *Policy Sciences* 35 (1).

Deng, G. & S. Kennedy. 2010. "Big Business and Industry Association Lobbying in China: The Parodox of Constraining Styles". *The China Journal* 63.

DiMaggio, P. & W. Powell. 1983. "The Iron Cage Revisited: Institutional Isomorphism and Collective Rationality in Organizational Fields". *American Sociological Review* 48 (2).

Domazlicky, B. R. & W. Weber. 2004. "Does Environmental Protection Lead to Slower Productivity Growth in The Chemical Industry". *Environmental and Resource Economics* 28 (3).

Gray, W. B. 1987. "The Cost of Regulation: OSHA, EPA and the Productivity Slowdown". *American Economic Review* 77 (5).

Hall, P. & Soskice, D. (Eds.) 2001. *Varieties of Capitalisms*. Oxford: Oxford University Press.

Haveman, H., N. Jia, J. Shi & Y. Wang. 2017. "The Dynamics of Political Embeddedness in China". *Administrative Science Quaterly* 62 (1).

Haveman, H. & Wang, Y. 2013. "Going (more) Public: Institutional Isomorphism and Owner-ship Reform among Chinese Firms". *Management and Organization Review* 9 (1).

Hofman, P. S., Moon J. & Wu B. 2015. "Corporate Social Responsibility under Authoritarian Capitalism: Dynamics and Prospects of State – led and Society – driven CSR". *Business & Society* 1 – 21.

King, A. & M. Lenox. 2000. "Does It Really Pay to Be Green? An Empirical Study of Firm Environmental and Financial Performance". *Journal of Industrial Ecology* 5 (1).

Konar, S. & M. Cohen 1997. "Information as Regulation: the Effect of Community Right to Know Laws on Toxic Emissions". *Journal of Environmental Economics and Management* 32 (1).

Laonie, P., Party, M. & R. Lajeunesse. 2008. "Environmental Regulation and Productivity: Testing the Porter Hypothesis". *Journal of Productivity Analysis* 30 (2).

Liu, X, B. Liu, T. Shishime, Q. Yu, J. Bi & T. Fujitsuka. 2010. "An Empirical Study on the Driving Mechanism of Proactive Corporate Environmental Management in China". *Journal of Environment Management* 91 (8).

Marquis, C., M. Glynn & G. Davis. 2007. "Community Isomorphism and Corporate Social Action". *Academy of Management Review* 32 (3).

Matten, D. & Moon, J. 2008. "'Implicit' and 'Explicit' CSR: A Conceptual Framework for a Comparative Understanding of Corporate Social Responsibility". *The Academy of Management Review* 33 (2).

Mizruchi, M. & Fein, L. 1999. "The social construction of organizational knowledge: a study of the uses of coericive, mimetic and normative isomorphism". *Administrative science quarterly* 44 (4).

Palmer, D. , D. Jenning & X. Zhou. 1993. "Late Adoption of the Multidivisional Form by Large U. S. Corporation: Institutional, Political, and Economic Accounts". *Administrative Science Quarterly* 38 (1) .

Ryan, T. P. 1997. *Modern Regression Methods*. Vol. 655. John Wiley & Sons.

Stafford, S. 2002. "The Effect of Punishment on Firm Compliance with Hazardous Waste Regulations". *Journal of Environmental Economics and Management* 44 (2) .

Witt, M. A. & G. Wedding. 2013. "Asian Business Systems: Institutional Comparison, Clusters, and Implications for Varieties of Capitalism and Business Systems Theory". *Socio – Economic Review* (11) .

Zhang, B, Bi, J. , Yuan, Z. W. , Ge, J. J. , Liu, B. B. & Bu, M. L. 2008. "Why Do Firms Engage in Environmental Management? An Empirical Study in China". *Journal of Cleaner Production* (16) .

政绩跑步机：关于环境问题的
一个解释框架[*]

任克强[**]

摘　要：大量的雾霾天气、"癌症村"的产生以及群体邻避事件的频发彰显了环境污染问题的严峻。环境污染为什么久治不愈？本文在"生产跑步机"理论基础上提出"政绩跑步机"理论。"政绩跑步机"的利益相关方包括中央政府、地方政府、企业、NGO和普通民众等多个行动主体。其外部动力根源在于中央政府自上而下的考核机制，内部动力根源在于地方官员在政绩考核下的升迁冲动，其运行还受到产业结构特别是企业生产经营技术手段和路径依赖下旧的生产模式的影响。本文认为地方政府应对政绩考核、应对财税和防范产业空心化等压力导致政绩跑步机不断运转，这恰是环境污染久治不愈的关键所在。

关键词：政绩跑步机　环境污染　地方政府　产业结构

一　研究问题的提出

中国经济发展取得了令世人瞩目的高速增长，曾经粗放式、高消耗的经济增长模式以及政府在发展过程中对于环保的忽视使得当代中国社会正面临严峻的环境问题。2010年年底，中国取代日本成为世界第二大经济体，但与此同时，中国也超过美国成为世界上最大的能源消费国。事实上，早

---

　*　原文发表于《南京社会科学》2017年第6期。本文是江苏省社科规划青年项目"苏南工业集聚区生态文明建设研究"（项目编号：13SHC015）的阶段性成果。

　**　任克强，南京大学社会学院博士生，南京社会科学院社会发展研究所副研究员。

在 2008 年，中国就超过美国成为世界上最大的温室气体排放国。大量的雾霾天气和"癌症村"以及频发的群体性邻避事件，是中国环境污染后果最直接的表现，进一步显示了中国环境污染的严峻性。2012 年以来，环境问题特别是以只能"靠风吹霾"才能得到缓解的雾霾天气已经成为上至政府官员、下至普通民众普遍关注和热议的话题。例如在 2013 年 3 月，第十二届全国人大代表在表决通过环资委名单时，接近三分之一的全国人大代表投了反对票或者弃权票，环资委成为当时所有专门委员会当中得票数最低的。

环境污染问题的另一表现则是公众健康受损，以罹患癌症为突出表现的健康问题尤为触目惊心。目前，中国多地都出现了"癌症村"现象（陈阿江等，2013），伴随着环境污染多发，健康问题凸显，群体性邻避事件层出不穷，并引发一种新的治理困境。比较有代表性、影响较大的事件有北京、广州等地民众反对建立垃圾焚烧厂事件，厦门、大连等地反 PX "散步运动"，成都和昆明市民抗议石化类项目，上海松江民众抵制电池厂项目，以及连云港市民抗议核循环项目，等等。由环境维权引发的群体事件似有愈演愈烈之势。据统计，我国因环境问题引发的冲突事件年均增长速度高达 30%，环境冲突与传统的征地冲突、劳资冲突成为引发群体性事件的"三驾马车"（赵小燕，2014）。上述种种现象都昭示着环境污染异常严峻的现实。那么，为什么中国的环境污染得不到有效治理？

一种观点认为，环境污染的主要责任在中央政府。作为"发展型政府"，中央政府需要扮演"发展主义政府"的角色（洪大用，2012），其发展战略秉承着"发展就是硬道理"的发展逻辑，始终把经济建设放在政府职能的核心位置，进而形成了追求"GDP 至上"的行为惯性。与此同时，我国在政府绩效考核体系中形成了"压力型体制"（容敬本等，1998：28）和 GDP 竞争"锦标赛机制"（周黎安，2007）。在以经济增长为主要任期考核指标的压力型行政体制下，地方官员热衷于追逐 GDP 和税收/财源的增长（张玉林，2006），政府绩效考核高度强调 GDP 等经济指标，忽视对社会发展、可持续发展和人的全面发展等指标的考核。在"发展主义政府"思想指导下，以"高能源消耗、高污染排放"为特点的经济增长虽然提高了生产力，却过度地消耗了资源、能源，极大破坏了生态环境（何爱平、石莹，2014）。近年来，这种单纯注重经济增长、忽视环境保护的政府行为已经有了很大的改观。党的十八大以来，"美丽中国"、"绿水青山就是金山银山"、五大发展理念和绿色发展等新思维逐步确立，生态文明建设被提高到前所未有的高度。中央政府大力倡导生态文明建设，把环境指标纳入地方政府考核的指标体系，并在考核中实行环境一票否决制度（林卡、易龙飞，2014）。比如，为了有效地贯彻节能减排政策，中央政府在进行顶层设计时逐步明确了政府责任并分解目标，地方各级政府对本行政区域节能减排负总责，政府主要领导是第一责任人，实行对领导人的"一票否决"制度（包雅钧等，2013：87）。2014 年以来，中央政府更是强力推动环境治理，中国从"以经济建设为中心"步入生态文明建设切实推行和铁腕治污的新阶段。如果说中国之前的环保思路采取的是"睁一只眼闭一只眼"，通过牺牲环境以换取经济发展，生态文明只是作为一种口号的话，那么，伴随着环境安全事故一票否决制度以及经济"新常态"的确立，生态文明建设已然成为一种硬任务。"十三五"规划更是将环境和生态保护提高到史无前例的重要位置，其中《"十三五"生态环境保护规划》提出了 12 项约束性指标①，其中涉及环境质量的 8 项指标是第一次被列入。

另有一种观点认为，环境污染的主要责任在地方政府。这种观点认为，在经济发展优先的逻辑下，地方政府采取粗放型、外延式的经济发展模式，以高能源消耗换取经济增长，且对企业放松环境规制。地方政策执行者不但缺乏进行环境治理所需的财政权力和能力，而且内心缺乏对中央环境政策的认同（冉冉，2015）。地方政府不作为的根源在于现有的"委托—代理"关系问题：由于地方政府官员的升迁主要取决于上级的评价和任命，因此他们更加看重那些能够获得上级认可的政绩。此外，地方政府在环境领域的不作为还在于"考核—应对"机制的失灵。目前的干部指标考核体系中，起决定作用的硬指标仍然是经济发展和社会稳定（包雅钧等，2013：101）。以指标和考核为核心的"压力型"政治激励模式，由于其在指标设置、测量、监督等方面存在的制度性缺陷，未能对地方的政策执行者起到有效的政治激励作用。同时，中央政府的各项政治激励常常具有象征性特征，在落实到执行层面时往往模糊不清、互相矛盾。虽然中央越来越重视

---

① 12 项约束性指标分别是：地级及以上城市空气质量优良天数、细颗粒物未达标地级及以上城市浓度、地表水质量达到或好于Ⅲ类水体比例、地表水质量劣Ⅴ类水体比例、森林覆盖率、森林蓄积量、受污染耕地安全利用率、污染地块安全利用率，以及化学需氧量、氨氮、二氧化硫、氮氧化物排放总量。

环保，但由于环保指标存在不易测量等因素，地方政府常以牺牲环境指标来完成其他更具优先性的指标（冉冉，2013）。此外，地方领导人的任期和轮换制度，也导致他们难以将工作重心放在环境保护这样的长期工作上。生态和环境保护是一项具有"前人栽树、后人乘凉"属性的事业，需要进行长远的规划。多数官员在短短的任期内，通常会把有限的资源放到那些"短、平、快"的项目上，难以顾及生态及环境的治理与改善（包雅钧等，2013：102）。不过，最近三年来，中央启动环境保护督察，致力于将环境考核监督压力向下传导。作为党中央和国务院推动生态文明建设和环境保护的一项新的制度安排，中央环保督察已开始对现阶段的环境治理产生积极影响。例如，环保部从2014年开始推行定期约谈制度。环保部官网、各环境保护督查中心网站及中国环境报官网数据显示，截至2015年10月，已有25个城市或单位因为环境问题被环保部约谈，其中2014年约谈了5个，2015年约谈了20个[1]。2016年4月28日，环保部对山西省长治市、安徽省安庆市等五个地市政府主要负责同志进行约谈，督促地方政府全面贯彻实施《大气污染防治行动计划》，严格落实环境保护有关法定责任[2]。2015年，中央环保督察首次在河北试点期间，共办结31批2856件环境问题举报，关停、取缔非法企业200家，拘留123人，行政约谈65人，通报批评60人，责任追究366人[3]。很明显，地方政府面临前所未有的环境治理压力，这对其环境治理行为产生了积极影响。

我们要追问的是，在经济发展处于"新常态"和生态文明建设日益受到重视的形势下，环境污染为什么依然久治不愈？造成环境治理困境的根源是什么？本文将尝试回答上述问题。

二　从"生产跑步机"到"政绩跑步机"

西方社会也经过环境污染严重、久治不愈的阶段，学界就此现象开展了很多理论探讨和经验研究。其中，"生产跑步机"（treadmill of production）理论具有很强的代表性。

---

① 详见 http://news. xinhuanet. com/city/2015 – 10/08/c_128293197. htm。

② 详见 http://www. zhb. gov. cn/home/pgt/xzcf/201606/t20160606_353886. shtml。

③ 详见 http://www. ce. cn/xwzx/gnsz/gdxw/201607/17/t20160717_13877347. shtml。

(一)"生产跑步机"的理论阐释

"生产跑步机"理论是 Schnaiberg 于 1980 年提出的一个概念，用于指称一种在经济扩张过程中复杂的自我强化机制。这一理论的提出源于作者的两个观察：一是 20 世纪后半期，生产过程对生态系统所施加的影响发生了巨大变化，其中最显著的便是各种新技术的应用；二是社会系统对这一生产过程的社会和政治回应变化无常，其中一些人抗拒这种现代生产系统，另一些人则拥抱这些新技术并将其视为解决环境问题的良药（Allan，David & Adam，2002：15）。"生产跑步机"理论将其理论关注点置于制度和社会结构之中，可以视为一种环境的政治经济学分析（Buttel，2004）。

作为环境社会学中最主要的理论概念之一，"生产跑步机"理论享有很高的学术地位。该理论旨在说明为什么美国的环境状况在"二战"之后退化得如此之快，它对环境前景持相对悲观的论调，认为在现有的政治经济体系内，环境问题无法得到根本解决（陈涛，2011）。"生产跑步机"被认为是两个过程互动的产物：一是"技术能力的扩张"（the expansion of technological capacity），在现代工业社会，社会系统迫切需要技术能力的升级以为不断增长的人口提供经济支持；二是"经济增长的优先性"（economic growth preferences）（Schnaiberg & Gould，2009：51～60），或者说经济标准仍然是社会系统设计和评估生产过程与消费过程的基础，生态标准在其中无足轻重。生产跑步机可以进一步分为两种形式：生态性的和社会性的（Allan，David and Adam，2002：15）。

生态性的生产跑步机认为，使用有效的新技术可以生产更多的产品，因此能获得更多的利润，也因此可以投资更具生产力的技术。这种扩张需要更多的输入（原材料和能量），即更多的自然资源的提取。同时，这也意味着更多的排放。这就使得生态系统一方面成为原材料的来源，另一方面又成为有毒垃圾的投放之处。

社会性的生产跑步机则认为，在生产的循环中，越来越多的利润被用来对工厂的技术效率进行升级。与生态系统一样，工人们也在为自己的堕落播撒种子。工人生产利润，使得对节省劳动力技术的投资达到了更高的水平，最终将他们自己清除出生产的过程。

因此，在"生产跑步机"的运行中，所有的利益主体都牵涉其中，并成为该系统的一员。企业或经济组织希望获得利润并保持经济和政治环境的稳定，因此不断通过资金投入进行技术升级，从而用物质资本代替劳动力以创造更多的利润，以在不断加剧的竞争中维持甚至扩张它们的地位；工人则希望获得工作机会、更高的工资、更好的福利和工作环境，但这些获得必须依赖企业生产的扩张和投入的增加；政府则需要企业提供税收，以获得政治的稳定性甚至自身的合法性。所有的利益主体都能够在生产跑步机的运行中获取自身的利益，其结果就是"资本、劳动力和政府之间的联盟"（Allan，David & Adam，2002：15）。企业一方面需要通过技术取代劳动力来增加利润，但另一方面出于对社会安全的考虑，必须再次加速跑步机以创造更多的就业岗位并培育更多有能力的消费者。政府一方面扩大公共教育从而制造高素质的劳动者，另一方面又开放消费信贷以确保国内需求能够匹配企业不断增长的生产能力。同时，企业和政府之间的关系也在发生变化，企业从地方和中央政府的控制中自治性不断增长，而政府对于跑步机组织的依赖性也不断增长，因为政府需要获得企业的财政和政治支持。总之，生产跑步机意味着企业和政府必须通过工人生产更多的产品和服务，并使工人成为能够消费这些产品和服务的消费者，这个过程需要消耗更多的资源和能量，同时这个过程也会使工业和消费的浪费不断滋长。

（二）"政绩跑步机"的概念及其内涵

"政绩跑步机"是政府机构间围绕政绩考核激励而产生的一种重要机制。无论是经济发展还是环境保护，政府的行为往往以追求政绩为最终目标。无论是基于锦标赛机制下向上升迁的冲动，还是基于财税压力下正常运转的生存需求，只要最终诉求是追求政绩，那么这架"政绩跑步机"就如同"生产跑步机"一样，永远不会停歇。

"政绩跑步机"的利益相关方包括中央政府、地方政府、企业、NGO 和普通民众等多个行动主体。其外部动力根源在于中央政府自上而下的考核机制，内部动力根源在于地方官员在政绩考核下的升迁冲动，其运行还受到产业结构特别是企业生产经营技术手段和路径依赖下旧的生产模式的影响。此外，在"政绩跑步机"机制下，民众的监督和制约非常有限，民众的意志并不能影响地方官员的升迁以及由此而延伸的政绩选择。"政绩跑步机"的概念不仅受到"生产跑步机"概念的启发，而且受到周黎安"晋升锦标赛"概念的启迪。不过，与这两个概念相比，"政绩跑步机"的内涵更为丰富。

首先，"生产跑步机"主要从经济领域的生产和消费的角度揭示资本主义社会中存在的环境问题的发生机制，然而在中国，诸如环保这类社会问题难以脱离权力的语境，因此，单纯从经济角度进行解释不尽全面，也会使理论显得单薄。而"政绩跑步机"则通过政绩激励这一权力机制运行的侧面来解释当前环境问题的发生机制。与此同时，政绩跑步机机制离不开政府自上而下对"发展就是硬道理"的经济逻辑的推崇以及地方政府经济与产业发展的现状约束。

其次，"晋升锦标赛"的概念突出的是自上而下的压力传导机制，政府是压力型政府，它会将上级的政绩压力向下层层分解。而"政绩跑步机"机制中既包含自上而下的压力传导，又包括地方政府自下而上自发追求政绩的冲动。"政绩跑步机"除了关注中央政府与地方政府之间的压力传导机制，还关注地方政府内部的压力传导机制。

最后，针对环境问题，"政绩跑步机"事实上涉及了多个行动者。传统理论在解释环境问题时往往囿于"中央—地方关系"框架，将环境问题的产生与恶化归因于一种缺乏优化的"中央—地方关系"，尤其认为问题往往出在地方政府的执行层面。"政绩跑步机"则将包括中央政府、地方政府在内的多个行动主体纳入理论框架之内，认为目前的环境问题是不同的组织与群体进行多方博弈的结果。

总之，"政绩跑步机"概念将中央政府、地方政府、企业、NGO 和普通民众等多个行动主体纳入当前环境治理的机制中。权力的运行离不开一定的经济环境与产业结构，同时环境问题的发生根源不能脱离"中央—地方"的权力结构语境。可以说，"政绩跑步机"机制揭示了当前中国社会的环境问题是"经济惯性"与"权力惯性"共同作用的结果。

三 "政绩跑步机"影响下的环境污染机制

如上所述，"政绩跑步机"的动力根源在于中央政府自上而下的考核机制与地方官员在政绩考核下升迁冲动的相互推动。中国政府的行为是"压力型体制"下的"政绩跑步机"机制。王汉生等提出了目标管理责任制，目标管理责任制是在当代国家正式权威体制的基础上创生出的一种实践性的制度形式，它以构建目标体系和实施考评奖惩作为其运作的核心，并在权威体系内部以及国家与社会之间构建出一整套以"责任—利益连带"为主要特征的制度性联结关系（王汉生、王一鸽，2009）。如何理解上级政府对下级政府的激励和控制？"控制权"理论认为，关注和解释政府各层级间诸种控制权的分配组合，将政府各级部门间的控制权概念化为目标设定权、检查验收权和激励分配权三个维度，为分析各类政府治理模式和行为方式提供了一个统一的理论框架（周雪光、练宏，2012）。许多实证研究显示，上级政府运用目标责任制等治理机制向下级下达任务，并配以控制和激励措施，确保下级官员完成上级交代的任务，而应对来自上级政府的考核检查也成为基层政府的重要工作内容。环境污染治理也是依靠自上而下的压力传导，地方政府则是治理污染的主体。限于篇幅，这里主要分析"政绩跑步机"机制中最为重要的地方政府的行为。

（一）地方政府需要应对政绩考核压力

政绩考核对于地方政府而言永远是悬在头上的达摩克利斯之剑。上级政府考核下级的指标名目繁多，而在"以经济建设为中心"的战略定位下，这些指标又主要以"经济总量和增长速度"为核心（张玉林，2006）。对于地方政府来说，只有实现经济增长，才能在与其他地方的竞争中保持领先优势（冉冉，2013）。

在这种以 GDP 为核心的单维激励制度下，地方官员出于晋升的考虑，就会不惜以环境破坏、牺牲资源和过度消耗能源为代价，进而热衷于激励和支持本地企业，发展本地经济。现行的干部考核制度在对地方干部政绩进行评价与考核时，过于强调与其管辖地区经济发展业绩直接挂钩，尤其强化了这种"短期和本位利益"（孙伟增等，2014）。

虽然地方环境质量好坏也是考核地方政府官员政绩的一个方面，但实际上，经济增长所带来的利益比环境质量改善所带来的利益更直接、更明显。因为环境质量的改善往往不是一朝一夕就能解决的问题，其效果通常需要一个较长时期才能显示出来，而地方政府官员的任期却是相对较短的。在这种情况下，追求短期的经济利益而忽视长期的环境利益无疑是地方政府官员的一种理性选择。在以实现经济目标为主导的压力型考核体制下，地方政府官员之间的环境责任考核制在一定程度上就容易流于形式（聂国卿，2005）。在某种程度上，那些重视经济发展、忽视环境保护的官员更容易受到体制的认可，从而更容易获得晋升。

近年来，只注重经济增长、不重视环境保护的地方政府行为在一定程度上得到了抑制。中国的许多省（区、市）将领导干部环保实绩考核情况与干部任用挂钩，将环保实绩考核作为干部选拔任用的重要依据。例如，2012 年北京市政府发布的《关于贯彻落实国务院加强环境保护重点工作文件的意见》明确提出：今后所有有关环境质量的指标，如污染物总量控制、PM2.5 环境质量改善情况等，都将作为各级政府领导的考核指标，决定仕途升迁（孙伟增等，2014）。河北省原省长张庆伟表示，"钢铁、水泥、玻璃，新增一吨产能，党政同责，就地免职，必须执行"（冉冉，2015）。然而，地方政府重视经济增长以应对政绩考核的行为惯性不是一朝一夕就能彻底改变的。

（二）地方政府需要应对财税压力

除了应对政绩考核，巨大的财税压力也是促使地方政府过于看重经济增长、注重 GDP 指标的重要动力。分税制改革后，中央政府拿走了大部分财政收入，营业税改增值税后，地方政府的财政负担更加沉重。地方财政出现了巨大缺口及压力，巨大的财政压力迫使地方政府致力于发展经济。地方政府对其所辖企业无论是在经济发展层面还是在社会稳定层面都具有高度的依赖性。地方政府维持正常运转的费用往往更多地依赖其所辖企业利税的上缴。由于地方政府与所辖企业在经济利益和社会责任方面捆在了一起，地方政府将不得不倾全力维护企业的发展，而对企业的环境损害行为只能睁一只眼闭一只眼。因此即使下级地方政府的环境责任没有充分履行，上级地方政府也往往会"体谅"其难处而不予严格追究（聂国卿，2005）。

地方政府得以维持和运行的财力支撑，乃至于政府工作人员本身的工资和福利状况主要来自工商企业所缴纳的税收。在这种情况下，政府必须着力培育企业和壮大企业，以扩大税源。基层政府也就在相当程度上演变为一种"企业型的政府"或者说"准企业"，在"增长"与"污染"的关系上，基层政府往往更加关注增长，而不是污染及其产生的社会后果（张玉林，2006）。地方政府的财政压力会影响本地工业发展的模式和对污染的治理：财政压力越大，则越倾向于通过发展污染工业以获得税收收入；同时，财政压力越大，对排污企业征收的排污费就越低，以支持污染企业的发展（陈诗一等，2014：197）。尤其是在某些地区，重化工等大型企业作为地方政府的纳税大户，在地方经济发展版图中具有举足轻重的作用，地方政府将其奉为圭臬，地方环保机构面对强势部门对其袒护的行为也只能听之任之，难免渐趋"稻草人化"。地方政府必须考虑当地的经济发展问题，而发展经济所需的资源和地方财政收入有直接关联（孙伟增等，2014）。地方政府只有完成经济指标后，上一级政府才会把财政收入完全下拨。地方政府三个方面的支出都需要政府优先完成上级政府的经济指标，以获得税收返还。一是现在维稳压力较大，各种社会矛盾频发，需要较大的财政支出；二是民生支出在持续刚性增长，教育、医疗、社会保障等各方面标准的提升，需要地方政府加大财政投入；三是地方政府要创造一些有显示度的政绩，更好地为辖区居民服务，需要策划和实施一些经济发展项目，这个也需要财政资金的引导和启动。

（三）地方政府有自身的产业结构

新中国成立后，中国走了一条由投资需求带动的、以重工业为主的增长道路。20 世纪 80 年代，增长战略有所调整，转向由消费需求带动的、以轻工业为主的增长方式。到 90 年代，增长战略重新转向由投资需求带动的、以重工业为主的增长方式。重工业以能源和矿产品为主要原料。因此，进入重工业时代后，经济增长对能源和原材料的需求大为膨胀，从而推动了石油、煤炭、电力、冶金、建材、化工等初级加工部门生产的大幅度增长。这些产业的迅速增长大大加重了环境负荷（洪大用，2001：97）。

其实，现在各级政府的考核已经在淡化 GDP 业绩。上海已经取消 GDP 考核指标，各省（区、市）地方政府也纷纷调低经济指标，而把考核指标集中到提高品质和优化结构上，致力于生态文明建设与环境保护。以南京为例，近年来，南京出台了一系列环境治理的举措，但是环境质量依然没有得到显著改善，这与南京的产业结构有很大关系。数据显示，电子、石化、钢铁和汽车等传统产业依旧是南京工业的主要贡献者。2015 年，南京规模以上工业总产值达 13065.80 亿元，其中重工业总产值达 10144.20 亿元，占比高达 78%（姚建莉，2016）。作为全国著名的石化和钢铁基地，南京具有重工业发达、重化工业占比高、煤炭消费量高、排放强度高等特征。目前，石化、钢铁等传统产业占工业总量比重依然较大（中共南京市委研究室、南京市环保局联合调研组，2016）。政府的税收收入依然严重依赖其产业结构。南京是 1% 的企业完成 90% 的税收，其中，金陵、扬子石化、烟厂完成了 25% 以上的税收（中共南京市委党校编写组，2016：337）。

南京是中国的一个缩影，国内其他大部分城市也存在和南京类似的产业结构，这显示了中国作为世界工厂角色的现实。传统制造业本身也存在其特有的价值，比如美国特朗普政府上台后，正在全力推动制造业回归美国的战略。如果强力推动产业转型，就会陷入传统制造业消亡、战略性新兴产业和现代服务业还未迅速发展起来，或者还没有能力担负经济增长重任的产业空心化时期。地方政府也存在产业"空心化"的担忧，特别是以化工、钢铁等为主导产业的城市，为了防止强力关停后带来的经济断崖式下滑以及社会的不稳定，政府往往会经过一个较长的渐进转型过程，才能实现产业的腾笼换鸟和转型升级。

四　结论与讨论

学界从地方政府外部动力与压力角度，分别提出了一系列分析有关地方政府行为的分析概念，如"压力型体制""晋升锦标赛""行政发包制""逆向软预算约束""上下级之间的共谋"等（容敬本等，1998：28；周黎安，2007、2014；周雪光，2017：196、270）。在仕途的晋升激励研究方面，较有影响的分析是周黎安等人所提出的"晋升锦标赛"模式。在他看来，"晋升锦标赛"构成了地方政府官员行为的主要激励机制（周黎安，2007）。而周雪光则认为，在"官吏分流"的中国官僚组织体系中，晋升激励仅仅对主要负责人起作用，大多数基层官员的日常工作并不是来自锦标赛的激励，而主要是受到其他政府逻辑和内部过程影响（周雪光，2016）。简而言之，晋升锦标赛机制对于一般基层官员所发挥的激励效应有限。

周黎安后来又提出"行政发包制"的概念，指出中国政府的上下级之间在政权分配、经济激励、内部控制三个维度上呈现相互配合和内在一致的特征，梳理了"行政"与"发包"的关系，将政治晋升机制正式引入行政发包关系，定义了行政内部发包与行政外部发包的组织边界，使其成为解释上级激励下级的非常有说服力的概念（周黎安，2014）。但是上述解释偏重于考察上下级政府之间的关系及其衍生出来的考核应对机制，而没有从地方政府的视角来考察其自身的行为逻辑。而"政绩跑步机"则对地方政府面对环境问题久治不愈的行为进行了详细阐释。同时，"政绩跑步机"除了考虑中央和地方政府外，还考虑到了企业、NGO 和普通民众等多个行动主体及它们的行为选择，本文限于篇幅，在后续研究中将分析其他行为主体如何强化"政绩跑步机"机制。

目前，"政绩跑步机"机制对地方政府的环境治理仍然产生着内在影响。当然，我们也应该看到，国家已经在调整政绩考核方式和比重，并开始强化环境问责。经济发达地区也纷纷出台更加突出生态文明建设的新的考核机制。比如，江苏省于 2016 年 3 月出台了《江苏省党政领导干部生态环境损害责任追究实施细则》，强调在追究地方党委、政府主要领导成员责任的同时，还要依据职责分工和履职情况，对其他有关领导成员及相关工作部门领导成员的相应责任进行追究（中共南京市委研究室、南京市环保局联合调研组，2016）。关于政绩考核中的新变化及其对环境治理的影响，我们将在后续研究中进一步探讨。

参考文献

包雅钧等，2013，《地方治理指南——怎样建设一个好政府》，法律出版社。

陈阿江、程鹏立、罗亚娟，2013，《"癌症村"调查》，中国社会科学出版社。

陈诗一、刘兰翠、寇宗来、张军主编，2014，《美丽中国：从概念到行动》，科学出版社。

陈涛，2011，《美国环境社会学最新研究进展》，《河海大学学报》（哲学社会科学版）第 4 期。

何爱平、石莹，2014，《我国城市雾霾天气治理中的生态文明建设路径》，《西北大学学报》（哲学社会科学版）第 2 期。

洪大用，2001，《社会变迁与环境问题》，首都师范大学出版社。

洪大用，2012，《经济增长、环境保护与生态现代化——以环境社会学为视角》，《中国社会科学》第 9 期。

林卡、易龙飞，2014，《参与与赋权：环境治理的地方创新》，《探索与争鸣》第 11 期。

聂国卿，2005，《我国转型时期环境治理的政府行为特征分析》，《经济学动态》第 1 期。

冉冉，2013，《"压力型体制"下的政治激励与地方环境治理》，《经济社会体制比较》第 3 期。

冉冉，2015，《地方环境治理中的非政治激励与政策执行》，《中国社会科学内部文稿》第 1 期。

荣敬本等，1998，《从压力型体制向民主合作体制的转变》，中央编译出版社。

孙伟增、罗党论、郑思齐、万广华，2014，《环保考核地方官员晋升与环境治理》，《清华大学学报》（哲学社会科学版）第 4 期。

王汉生、王一鸽，2009，《目标管理责任制：农村基层政权的实践逻辑》，《社会学研究》第 2 期。

姚建莉，2016，《长三角规划宁杭城市等级之辩：杭州真的不如南京吗?》，http://news. sina. com. cn/c/nd/2016 - 06 - 17/doc - ifxtfrrc3773768. shtml。

张玉林，2006，《政经一体化开发机制与中国农村的环境冲突》，《探索与争鸣》第 5 期。

赵小燕，2014，《邻避冲突参与动机及其治理：基于三种人性假设的视角》，《武汉大学学报》（哲学社会科学版）第 2 期。

中共南京市委党校编写组，2016，《"认真践行五大发展理念 加快建设'强富美高'新南京"市管正职领导干部专题研讨班学习成果汇编》（一）。

中共南京市委研究室、南京市环保局联合调研组，2016，《宁杭生态环境建设比较分析和启示》，《南京调研》〔2016〕17 号。

周黎安，2007，《中国地方官员的晋升锦标赛模式研究》，《经济研究》第 7 期。

周黎安，2014，《行政发包制》，《社会》第 6 期。

周黎安，2016，《行政发包的组织边界：兼论"官吏分途"与"层级分流"现象》，《社会》2 第 1 期。

周雪光，2016，《从"官吏分途"到"层级分流"：帝国逻辑下的中国官僚人事制度》，《社会》第 1 期。

周雪光，2017，《中国国家治理的制度逻辑：一个组织学研究》，生活·读书·新知三联书店。

周雪光、练宏，2012，《中国政府的治理模式：一个"控制权"理论》，《社会学研究》第 5 期。

Allan Schnaiberg, David N. Pellow and Adam Weinberg. 2002. The treadmill of production and the environmental state. In Arthur P. J. Mol, Frederick H. Buttel (ed.) *The Environmental State Under Pressure：Research in Social Problems and Public Policy*. Emerald Group Publishing Limited.

Frederick H. Buttel. 2004. The Treadmill of Production：An Appreciation, Assessment, and Agenda for Research. *Organization & Enrironment*, 17 (3)：323 – 336.

Schnaiberg and Gould. 2009. Treadmill predispositions and social responses. In King and Mc Carthy (eds), *Environmental Sociology：From analysis to action*. Lanham：Rowman & Littlefield Publishers

绿色生活方式中的现代性隐喻

——基于 CGSS 2010 数据的实证研究 *

赵万里　朱婷钰 **

摘　要： 人与自然的和谐相处，体现在人们的观念和行为上。基于 CGSS 2010 年的数据分析个体选择绿色生活方式的影响因素发现，越认同自己的环境保护义务、越多接触大众传媒、居住在城市、在闲暇时间学习充电的个体行动者，越倾向于选择绿色的生活方式；是否有过非农的工作经历和受教育程度等并不显著影响对绿色生活方式的选择。现代性的发展带来了自我效能感的提升和信息获取方式的改变，这促使人反思现代性问题，而反思性就孕育着环境可持续发展的积极力量。

关键词： 绿色生活方式　现代性　反思性

一　问题的提出

目前中国的现代化建设呈现多元化的特征，其中，环境危机与环境保护并存。在社会文化与生活世界的层面上，经济增长带来物质生活的极大丰富，一方面刺激了铺张浪费、追求物质享受的消费行为，另一方面倡导人与自然和谐共处的绿色生活方式也在悄然生长。面对环境问题，除了政府自上而下大规模的财政投入，还需要人们自下而上地在观念与行动上主动转变。践行一种绿色生活方式，是个体行动者在日常生活中为保护环境

---

　*　原文发表于《广东社会科学》2017 年第 1 期。

　**　赵万里，南开大学周恩来政府管理学院社会学系教授；朱婷钰，南开大学周恩来政府管理学院社会学专业博士研究生。

所做出的努力。我们很难想象在结构制度层面，针对环境危机进行合理的宏观政策调整时，可以脱离个体层面的探索。为此，本研究希望探讨影响人们选择绿色生活方式的因素。

从理论上来说，如果我们将环境危机视为现代性的一种后果，将环境保护视为对后果的反思，我们可以看到后果与反思之间相互交织。个体行动者选择绿色生活方式，是否可以视为现代性进一步发展的结果？而现代性的发展是具体通过改变什么因素触动了反思的神经，从而影响了人们对绿色生活方式的选择，达到以反思现代性来解决现代性问题的高度？换言之，本研究从反思现代性的视角出发，将触发反思的因素视为可能影响人们选择绿色生活方式的因素，以寻找在发展中解决发展中存在的问题的突破点。

二　文献回顾及研究假设

（一）反思现代性的理论视角

自西方文艺复兴运动起，现代性的概念就开始逐渐浮现（郑杭生、陆汉文，2004）。现代性的基本精神是人可以通过理性认识世界、改造世界，人的理性代替神秘力量成为衡量万物的尺度，同时能够对自身进行反思（哈贝马斯，2011）。这样的精神促进了西方科学、工业、经济、政治、文化等体系的发展。由此，现代性的含义包含两部分：一部分是对改造世界的信心，另一部分是对改造世界的反思。现代性之所以会带来环境危机，是因为人对改造世界的自信心不断膨胀，而反思却存在滞后性。

当理性思想指导下的工业大生产，过度开发资源，破坏生态平衡，对人类的生产、生活和健康造成负面影响，所产生的水污染、空气污染、沙漠化等环境危机展现在人们眼前时，这样的危机就作为一种客观力量，仿佛剥夺了人作为主体的某些控制能力（哈贝马斯，2000）。欧洲的社会科学研究者就是将环境社会学的问题，作为对以理性为核心的现代性理论和风险理论的现实反应（down - to - earth）来进行考察（Picou，2008）。新韦伯主义环境社会学的创始人墨菲，从科技知识的增长和时刻计算自身利益的市场经济中抽取关键概念："形式合理性"，它讲求效率是第一位的。当砍光一片生长完好的老林子成为符合形式合理性的最有效行动时，也就造成了"生态的非理性"（汉尼根，2009）。因此许多学者认为现代性是个悖论，与人生存的福祉相悖，人对控制力的追求反而导致人丧失控制力，于是这些学者站在了反现代性的大旗下。然而，这些学者之所以得出这样的结论，是因为忽视了现代性的另一方面——反思性。环境危机是现代性并未充分发展的结果，解决环境危机不能靠解构现代性，而要靠充分发展现代性的反思性。基于危机感而系统地反思人的境遇，同时也是理性思想的一部分，是理性本身的体现。持生态现代化理论主张的环境社会学家从宏观的角度，提出经济发展能够和环境保护达到"双赢"，工业化所产生的环境问题，可以进一步由超工业化的途径来解决（洪大用，2012）。

（二）文献回顾及研究假设

国内学界针对绿色生活方式的关注点多集中于如何抓住绿色消费者的购买意愿，进行广告设计、细化市场产品等营销活动（何志毅、杨绍琼，2004；陈转青、高维和、谢珮洪，2014），而考察现代性与绿色生活方式的关系以及绿色生活方式的影响因素的相关研究不多。从一般意义上来讲，绿色生活方式是指树立人类与自然和谐相处、共同发展的生态理念，使绿色消费、绿色出行、绿色居住成为人们的自觉行动，让人们在充分享受社会发展所带来的便利和舒适的同时，履行应尽的环境责任。按照自然、环保、节俭、健康的方式生活，绿色生活方式可以概括为五个 R：节约资源，减少污染（reduce）；绿色消费，环保选购（reevaluate）；重复使用，多次利用（reuse）；分类回收，循环再生（recycle）；保护自然，万物共存（rescue）（吴芸，2015）。绿色生活方式作为生活方式的一种，是现代理念的体现，与生产力水平相联系；是按照社会生活生态化的要求，培育支持生态系统的生产和生活能力；是有利于生态环境和后代可持续发展的环保型生活方式（方世男，2003）。西方学者洛伦森直接将选择绿色生活方式视为人们从个体层面应对现代性危机的做法。他认为绿色生活方式是一种包括了人们一系列与环境问题相关的日常生活实践的生活模式，涉及了对日常生活实践会产生影响的不确定的环境因素的深思熟虑，并且在这个过程中对个体意义进行了引导。个体通过建构绿色生活方式的途径去面对复杂、不确定的环境问题，将其形成一种新的习惯模式。日常中的绿色生活实践可能只是一些节约用水、分类回收的小事，但是其中暗含的假设是人们对个体能力有自信，认为这些生活小事积累起来可以为改变环境问题带来影响。本研究也将验证这个暗含的假设，即假设 1：相信自己可以为保护环境做些什么的人，更倾向于选择绿色生活方式。

将地球的可持续性作为对全局的一种关注，已经侵入了个人的生活并反映到消费中，宏观性的发展和个人的行动策略是相互影响的（Connolly & Prothero, 2008）。莫尔等认为生态理性正在被释放，生态现代化也在重塑我们的日常行为方式。生态现代化的理论家提出，现代公众的生活方式是被对环境问题的认识所塑造的（贝尔，2010）。人们认识和理解环境问题的重要途径，就是大众传媒。媒体为公众提供了认识社会宏观性发展和环境问题的素材。大众传媒的作用不仅是向大众传播环境信息，而且积极建构了当前有关环境的日常工作事项（Macnaghten, 2003）。有研究表明，人们对于环保问题的关注与大众媒体的报道趋势是一致的，大众媒体建构了人们的环境意识（仲秋、施国庆，2012），且越多地接触大众传媒，公众环境关心的程度越高（朱婷钰，2015）。故本研究提出：

假设 2：居民接触大众传媒的程度越高，越可能选择绿色生活方式。

行动者选择绿色生活方式，通过改变日常行为习惯，证明自己具有了公民意识与责任。绿色生活方式不只代表一种环保美德、信息与教育的获得，更会建构出相互分享、具有认同感的暂时性社会网络和带有空间特征的地方性绿色文化（Horton, 2006）。而学者曹锦清通过对中原地区农村的考察发现，中国农民善分不善合，缺少公民意识，很难认清共同的需求并组织起来。农民能否形成自组织，是衡量现代化发展的一项指标（曹锦清，2013）。那么，居住地是否会影响人们对绿色生活方式的选择？是否城市居民更具反思性，或者务农经历是否会影响人们对绿色生活方式的选择（英克尔斯、史密斯，1992）？故本研究提出：

假设 3：相比农村居民而言，城市居民更可能选择绿色生活方式。
假设 4：相比主要从事务农工作的人而言，没有务农工作经历的人更可能会选择绿色生活方式。

英克尔斯做了大量关于人的现代性的研究，他认为大众传媒、城市生活和工作经历会培养人的现代性，学校教育也是个人现代性的有力的报警器。以往我们往往相信个人受教育程度与其父母的背景相关联，但是他利用研究样本得出的结论是，父亲的受教育程度对个人现代性的形成没有较大的帮助（龙宝新、李亚红，2006）。国内有学者用马克思关于人发展的"三阶段论"来说明人的现代性，认为人的现代性体现为对自然的认识、控制与共处的能力。在人具备了征服自然的知识后，只是拥有了相对自由，人还需要通过教育来协调好人与自然的关系（Horton，2003）。如果用布迪厄的区隔理论来解释绿色生活方式，那么可以将选择绿色生活方式视为一种阶层品位。拥有高文化资本和低经济资本的知识分子，更容易批判无限制的挥霍，并适应这种自我克制的生活方式（Horton，2003）。故本研究提出：

假设5：父亲的受教育程度不影响子女选择绿色生活方式。

假设6：居民受教育程度越高，越可能选择绿色生活方式。

要获得思想的提升，除了接受学校教育，利用闲暇时间学习充电，也容易激发个体的反思意识。相较于学校专业化、系统化的教育，当个体意识到知识的不足并主动获取知识时，他接收的信息往往是多元的，需要自己进行梳理、辨析。这个过程可以增强个体的批判能力，使其重新审视自己的日常生活轨迹和社会发展进程。故本研究提出：

假设7：在闲暇时间越多地学习充电，越可能选择绿色生活方式。

三 数据及操作化

本研究用中国综合社会调查（CGSS）2010年的数据来测量中国公民实践绿色生活方式的实际情况，并分析影响公民选择绿色生活方式的因素。CGSS 2010数据采用多阶分层概率抽样，其调查点覆盖了中国大陆所有省级行政单位，共完成问卷11713份。该数据目前是一个横向数据，它同时是CGSS项目第二期（2010~2019）追踪调查的纵向数据的基年，因此具有十分重要的意义。

本研究的因变量为绿色生活方式倾向，整理自该数据的 L 模块（环境模块），共 3672 个样本。根据上文对绿色生活方式含义的文献梳理，将六道与环境有关的居民生活实践的题目组成测量绿色生活方式倾向的量表。具体题目分别为："您经常会特意将玻璃、铝罐、塑料或报纸等进行分类以方便回收吗？""您经常会特意购买没有施用过化肥和农药的水果和蔬菜吗？""您经常会特意为了环境保护而减少开车吗？""您经常会特意为了保护环境而减少居家的油、气、电等能源或燃料的消耗量吗？""您经常会特意为了环境保护而节约用水或对水进行再利用吗？""您经常会特意为了环境保护而不去购买某些产品吗？"首先检验了问题之间的相关性，得出的相关性在 0.01 的水平下均是显著的。剔除了填答"拒绝回答"、"不知道"和"不适用"的问卷后，有效样本数为 3549。其中，男性和女性的比例分别为47.5% 和 52.5%；年龄在 25 岁以下、25～35 岁、35～55 岁和 55 岁以上者的比例分别为 8.9%、16%、44.3%、30.8%；城市居民的比例为 64.3%，农村居民的比例为 35.7%。

在数据分析中，将被访者回答的"总是""经常""有时""从不"分别赋值为 4、3、2、1。将"我居住的地方没有任何回收系统""我居住的地方没有提供无化肥农药的水果和蔬菜""我没有汽车或不能开车"的回答按均值赋值为 2.5。

自变量方面：同意个体能为环境做些什么的信心程度，这是一个定序变量（5＝完全同意，4＝比较同意，3＝无所谓同意不同意，2＝比较不同意，1＝完全不同意）；接触大众传媒的程度，在计算相关性后，用受访者在过去一年对报纸、杂志、广播、电视、互联网、手机定制消息的使用情况来衡量（5＝总是，4＝经常，3＝有时，2＝很少，1＝从不），也是定序变量，数值越高，表示受访者接触大众传媒的程度越高；是否主要从事务农工作、居住地（1＝城市，0＝农村）两个变量均为定类变量；受访者父亲及本人的受教育程度两个变量进行赋值处理后视作定距变量。受访者及其父亲的受教育程度是通过受教育年数换算后得出的，即未受过正式教育＝0，小学、私塾＝6，初中＝9，高中（职高、中专、技校）＝12，大专＝15，本科＝16，研究生及以上＝19。在闲暇时间读书充电为定序变量（5＝总是，4＝经常，3＝有时，2＝很少，1＝从不）。

四　数据分析

（一）居民践行绿色生活方式的现状

在日常生活中，有 55.6% 的被访者在不同程度上会特意将玻璃、铝罐、塑料或报纸等进行分类以方便回收（见图 1），有 51.1% 的被访者在不同程度上会特意购买没有施用过化肥、农药的水果和蔬菜（见图 2）。两个指标均过半数，说明这两项环保行为已广泛地得到人们的认可和接受。而我们需要注意的是，个体进行垃圾的分类回收、购买没有施用过化肥和农药的水果与蔬菜，不只源于主观上的环保意识，还须依靠政府、市场或社区的配套投入才能完成。这是因为个体的环保行为与具体的社会情境之间存在密切联系。德克森研究了社会情境对循环利用的影响，发现一些社会情境实际上不鼓励环保行为，个人的资源和所受的教育很难轻易跨越社会情境的局限展开行动。如果在机制上为环境行为提供保障，如广泛地宣传回收再利用，并设置系统的回收途径，垃圾分类回收就可能成为一种新的社会规范。当社会情境减少对个体行动的阻碍时，个人的资源和教育对行为的影响会体现得更加明显（Derksen & Gartrell，1993）。而在图 1 和图 2 中，可以看到 27% 的被访者居住的地方没有回收系统，24.8% 的被访者居住的地方不提供没有施过化肥、农药的水果和蔬菜。由于客观条件的限制，这

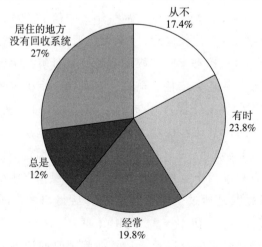

图1　经常会特意将玻璃、铝罐、塑料或报纸进行分类以方便回收

类被访者的实践绿色生活方式的潜力受到抑制，也很难看出由于个体差异性发展而来的对待绿色生活方式的不同态度。

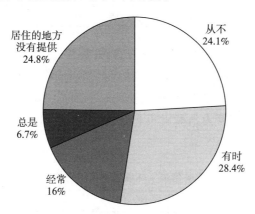

图2　经常会特意购买没有施用过化肥、农药的蔬菜和水果

263

在出行方面，近八成的被访者没有汽车或不能开车，在有车一族中，14.51%的人会不同程度地为了保护环境而减少开车（见表1），这个比例高出从不为了保护环境而减少开车者的3倍。当前中国拥有私家车的人仍属少数，该阶层可能处于社会分层中的中上层，在现代化发展中拥有了一定的经济、权力和文化资本，更善于反思环境问题，并相信个体改善环境的力量。

表1　经常会特意为了环境保护而减少开车

减少开车	总是	经常	有时	从不	没有汽车或不能开车
百分比	1.99%	3.49%	9.03%	5.82%	79.67%

在节约自然资源方面，从不为了保护环境而减少居家的油、气、电等能源消耗的比例为26.99%（见表2），从不为了保护环境而节约用水或对水进行再利用的比例为17.14%（见表3），两项指标都占有较小的百分比。数据说明，我国城乡居民在个人日常生活中具有一定的节能减排意识，并且能够将其融入实践中。

表2　经常会特意为了保护环境而减少居家的油、气、电等能源燃料的消耗

减少居家消耗	总是	经常	有时	从不
百分比	9.93%	22.62%	40.46%	26.99%

表 3 经常会特意为了保护环境而节约用水或对水进行再利用

节约用水	总是	经常	有时	从不
百分比	17.31%	31.51%	34.03%	17.14%

选择从不特意为了保护环境而不去购买某些产品的比例达到了 34.04%（见表 4），在这六项指标值中最高。这可能是由于将绿色生活方式体现于消费行为，除了人们要具有环保意识外，一方面需要较为丰富的环境知识，另一方面市场是否能够为消费者提供更为环保、性价比更高的替代商品也是影响人们购买行为的因素。

表 4 经常会特意为了环境保护而不去购买某些产品

节约用水	总是	经常	有时	从不
百分比	7.52%	16.96%	41.48%	34.04%

通过六项指标的描述性统计分析可以看出，在当前中国的社会环境下，大部分人在日常生活中都展开过保护环境的行动。但其程度不一，真正以环境保护为目的、将绿色生活方式作为常态者并不多。

（二）践行绿色生活方式的影响因素

在建立模型之前，本研究首先对变量之间的关系进行了相关分析（见表 5）。

单纯计算配对相关系数，自变量与因变量之间均呈显著正相关关系。但是在进行偏相关分析、控制了其他自变量后，工作经历、受访者及其父亲的受教育程度三个自变量与因变量之间的相关关系几乎消失了，其相关系数分别为 0.03、-0.01、0.01。由此可见，工作经历、受教育程度与绿色生活方式之间的相关关系，很可能依赖对个体能力的自信程度等其他四个自变量而起作用。因相关程度不具备显著性，为得到最佳模型有必要继续进行共线性检验。基于逐步回归结果，发现加入工作经历、受访者及其父亲的受教育程度后，都不能有效地增强模型的解释力，说明这三个变量不是独立变量，与其他的自变量存在共线性的关系。在剔除工作经历、受访者及其父亲的受教育程度三个变量后，模型的拟合优度达到最佳。因此证实了假设 5，即父亲的受教育程度不影响子女对绿色生活方式的选择；拒斥了假设 4 和假设 6，不能得出没有务农工作经历的人和受教育程度越高的人越可能选择绿色生活方式的结论。

表 5　对个体能力自信程度等自变量与绿色生活方式
之间相关系数检验

自变量	配对相关系数 （显著性）	偏相关系数 （显著性）
对个体能力的自信程度	0.24 （0.00）	0.15 （0.00）
与大众传媒的接触程度	0.31 （0.00）	0.10 （0.00）
居住地	0.27 （0.00）	0.11 （0.00）
主要从事务农工作	0.24 （0.00）	0.03 （0.11）
受访者受教育程度	0.24 （0.00）	-0.01 （0.77）
父亲的受教育程度	0.16 （0.00）	0.01 （0.57）
在闲暇时间学习充电	0.25 （0.00）	0.07 （0.00）

在考虑了变量的相关性和共线性问题后，本研究进一步对数据进行多元线性回归分析（见表 6）。用个体能为环境做些什么的自信程度（对个体能力的自信程度）、接触大众传媒的程度、居住地和闲暇时间学习充电的频率四个变量来建立模型，预测个体选择绿色生活方式的倾向。

表 6　关于个人选择绿色生活方式的 OLS 嵌套模型回归分析

	模型 1	模型 2	模型 3	模型 4
对个体能力的自信程度	0.64 *** （0.04）	0.44 *** （0.05）	0.41 *** （0.04）	0.40 *** （0.04）
接触大众传媒的程度		0.19 *** （0.01）	0.14 *** （0.01）	0.11 *** （0.02）
居住地			1.06 *** （0.12）	1.03 *** （0.12）
闲暇时间学习充电				0.25 *** （0.06）

续表

	模型 1	模型 2	模型 3	模型 4
回归方程的截距	11.64 *** (0.15)	9.66 *** (0.19)	9.72 *** (0.19)	9.77 *** (0.19)
考察的个体数	3549	3549	3549	3549
R^2	0.06	0.12	0.14	0.14

注：*** $p < 0.001$，** $p < 0.01$，* $p < 0.05$，+ $p < 0.1$，括号中为标准误。

从模型 1 可以看出，当只考虑对个体能力的自信程度，即对自己能为环境做些什么的认可程度时，可以解释约 6% 的误差，对因变量的影响是显著的。模型 2 引入变量——接触大众传媒的程度，较大地增加了模型的解释力。同时，当控制接触大众传媒的程度保持不变后，对个体能力的自信程度对选择绿色生活方式的影响就降低了。可见，相信个体具有解决环境问题的能力与接触大众传媒的程度两变量之间存在相互作用。模型 3、模型 4 说明居住在城市和在闲暇时间学习充电均对个体选择绿色生活方式有显著的正向影响，且这两个变量与接触大众传媒的程度之间也存在相互作用。在这个模型中，接触大众传媒的程度应该是一个较为核心的自变量。表 6 的数据证实了假设 1，即个体越认同自己能为环境做些什么，就会越倾向于选择绿色生活方式；证实了假设 2，即越多的接触大众传媒，就越可能倾向于选择绿色生活方式；证实了假设 3，即相比于农村居民，城市居民更倾向于选择绿色生活方式；证实了假设 7，即在闲暇时间越多地学习充电，越可能倾向于选择绿色生活方式。

五　发现与总结

假设 1 得到证实，说明个体认同自己可以为环境做些什么，既对自身改造环境的能力有信心，也体现了个体对环境危机的反思。反思作为现代性的另一面，与主体性的发展是相互联系的。吉登斯在对现代性的反思性的讨论中，特别提到了面对当代社会的生态危机，个体如何寻求解决困境的途径。他认为当前生活中全球化与个体化是相互连接的，不管是社区性的还是全球性的环境问题都可能引起个体的关注。自我以外的社会世界会影响自身的反思性认同，这给生活方式带来了开放性，使生活方式可能随反思性的变化而变化（Giddens Anthony，1991）。绿色生活方式就是通过一系列日常生活实践进行自我主体性和反思性表达的途径，这类行动者可以共享一套行动意义系统，即个体应该承担对环境的责任，这是个体化与全球化发展的一个结果。

而在当前社会，促使人们将个体化问题与全球化问题相连，打破地域性界限的力量就是大众传媒。它通过把人们没有意识到的或模糊不清的事务进行条理化，建构了个体的问题意识；通过将发生在遥远地方的事情与本土情况相联系，促使人们产生责任感与反思意识。因而接受大众传媒的程度对选择绿色生活方式具有重要影响。生活在本地社区的居民，可以通过大众传媒得到有关环境问题的信息，进而对全球性的环境问题产生关注。除此之外，大众传媒还可以充当专家系统与公众之间的桥梁，提供有关环境保护的实用性知识。公众越多地接受这样的知识，就越可能确定自己在日常生活中应该如何行动才能体现对环境的责任，并在这个过程中将行动逐渐以模式化固定下来，形成绿色生活方式。

城市化是衡量社会现代化发展的标志，农民从农村迁移到城市，不只单纯意味着第一产业向第二、第三产业转移，更意味着生活理念、生活方式将面临转变。现代城市虽然往往是传统城镇的所在地，但实际上现代城市中心是根据完全不同于旧有原则，从前现代城市的早期乡村中分离出来而确立的（吉登斯，2011）。同农村生活相比，城市无疑是现代的象征。居住在城市和农村的区别，很大一部分是表现在价值观与生活方式上，居住在城市更容易培养理性的思维方式，产生自主性和个人效能感（周晓红，1998）。因此只是有过非农的工作经历，对选择绿色生活方式并不产生显著影响，但是居住地即居住在城市或者农村却是影响选择绿色生活方式的重要变量。相比于居住在农村的人而言，居住在城市的人更倾向于选择绿色生活方式。城市面向未来的迅速发展，更有风险社会的味道，人们更容易在自主性和个人效能感的推动下，积极地应对环境危机，接受带有反思性活力的绿色生活方式。然而单纯的非务农的工作经历对于众多生活在农村的人来说，可能存在多种情况，如离土不离乡，或外出打工后再回流，他们仍然受着世代相传的宗族礼俗观念的影响，即使感受到工业秩序与农耕的不同，也很难认同其他新的价值观和生活模式。

特别值得注意的是，个人在闲暇时主动地学习充电能够激发个体的反思意识，使人在日常生活中展开保护环境的行动。相对而言，学校系统化、专业化的教育却没能有效地起到这样的效果。研究发现个人及其父亲的受教育程度并不能对践行绿色生活方式产生显著影响，因此不能说受教育水平越高的人就越倾向于绿色生活方式。出现这种结果的原因可能是多方面的，首先需要思考的是在我国的教育中是否知识结构单一、缺少对批判性思考的培育。中国传统的教育本强调对自然的审美、强调"天人合一"的和谐境界（金耀基，1999），而当西方从器物到制度再到功利性、实用性思想传入中国后，给中国带来了翻天覆地的变化。"五四"新文化运动之后，中国的传统文化教育几乎被西方的自然科学教育所代替，教育从传授"天人合一"转变为传授征服自然之法。中国从传统到现代的发展，更多的是被卷入全球化的浪潮中，而不是从传统文化中独立地发展出现代性，在中国现代理性的根基并不深厚。

相信自己可以为环境保护做些什么、更多地接触大众传媒、居住在城市、在闲暇时间学习充电，这些因素在表面上看是影响个体选择绿色生活方式的显著性因素。在更深的层面上，这些因素是由于现代性的发展，通过提升自我效能感、改变信息传播获取方式，进一步触发人的反思性，反思性落实于环境保护方面而引起的结果。因此，若要倡导绿色生活方式，不仅要在四个具体因素上面做文章，而且要考虑如何提升人的自我效能感，使个体认同自己可以为环境保护做些什么，引导个体对环境保护产生责任感；如何发展新的信息传播获取方式，将个体的日常生活实践从地域化情境中"提取出来"，与更为广阔的时间 – 空间中的环境事项联系起来，为个体的行动赋予意义；如何丰富传统的学校教育，并加强社会的学习氛围，培育能够反思现代性问题的力量。这些都是绿色生活方式中的隐喻，也是真正推动绿色生活方式的动力和最终解决环境问题的基础。

参考文献

安东尼·吉登斯，2011，《现代性的后果》，译林出版社。

曹锦清，2013，《黄河边的中国》，上海文艺出版社。

陈转青、高维和、谢佩洪，2014，《绿色生活方式、绿色产品态度和购买意向关系——基于两类绿色产品市场细分实证研究》，《经济管理》第 11 期。

方世南，2003，《生态文明与现代生活方式的科学建构》，《学术研究》第 7 期。

洪大用，2012，《经济增长、环境保护与生态现代化——以环境社会学为视角》，《中国社会科学》第 9 期。

何志毅、杨绍琼，2004，《对绿色消费者生活方式特征的研究》，《南开管理评论》第

3 期。

金耀基，1999，《从传统到现代》，中国人民大学出版社。

龙宝新、李红亚，2006，《教育现代性研究的困境与出路：人的现代性的视角》，《教育理论与实践》第 8 期。

迈克尔·贝尔，2010，《环境社会学的邀请》，北京大学出版社。

吴芸，2015，《全方位推行生活方式绿色化》，《唯实》第 10 期。

于尔根·哈贝马斯，2000，《合法化危机》，上海人民出版社。

于尔根·哈贝马斯，2011，《现代性的哲学话语》，译林出版社。

约翰·汉尼根，2009，《环境社会学》，中国人民大学出版社。

英克尔斯、史密斯，1992，《从传统人到现代人——6 个发展中国家中的个人变化》，中国人民大学出版社。

郑杭生、陆汉文，2004，《现代性社会理论的演变——从现代性理论到新发展观》，《浙江学刊》第 3 期。

仲秋、施国庆，2012，《大众传媒：环境意识的建构者——基于十年统计数据的实证研究》，《南京社会科学》第 11 期。

朱婷钰，2015，《全球化背景下中国公众环境关心影响因素分析——基于世界价值观调查（WVS）2007 年的中国数据》，《黑龙江社会科学》第 4 期。

周晓虹，1998，《流动与城市体验对中国农民现代性的影响——北京"浙江村"与温州一个农村社区的考察》，《社会学研究》第 5 期。

Connolly J. & Prothero A. 2008. "Green Consumption Life – politics, risk and contradictions." *Journal of Consumer Culture* 8 (1): 117 – 145.

Derksen L. & Gartrell J. 1993. "The social context of recycling." *American Sociological Review* 58 (3): 434 – 442.

Giddens Anthony. 1991. *Modernity and Self – identity*. Cambridge: Polity Press. .

Horton D. 2003. "Green distinctions: the performance of identity among environmental activists." *The Sociological Review* 51 (s2): 63 – 77.

Horton D. 2006. "Demonstrating environmental citizenship? A study of everyday life among green activists." *Environmental citizenship*: 127 – 150.

Macnaghten P. 2003. "Embodying the environment in everyday life practices." *The sociological review* 51 (1): 63 – 84.

Picou J. S. 2008. "In search of a public environmental sociology: Ecological risks in the twenty – first century." *Contemporary Sociology* 37 (6): 520 – 523.

附 录
2016～2017 年环境社会学方向
部分硕士、博士学位论文

2016～2017 年环境社会学方向部分博士学位论文（共 11 篇）

作者	论文题目	指导教师	学校	答辩年份
范 文	预防型环境抗争的成功因素分析——以江苏启东 7·28 环境抗争事件为例	李路路	中国人民大学	2016
郭鹏飞	环境不公正的生产——新疆西牧区资源开发的实地研究	包智明	中央民族大学	2016
贺 璇	大气污染防治政策有效执行的影响因素与作用机理研究	王 冰	华中科技大学	2016
刘立波	从共生、制约到共赢——东北老工业区一个污染企业发展历程的社会学阐释	林 兵	吉林大学	2016
石腾飞	水权的社会建构——基于内蒙古清水区的实地研究	任国英	中央民族大学	2016
许增巍	农村生活垃圾集中处理农户合作行为研究	姚顺波	西北农林科技大学	2016
何劲玥	国有企业环境行为的影响因素：一项个案研究	洪大用	中国人民大学	2017
蒋 培	人与森林关系的演替——金川县嘉绒藏区的案例研究	陈阿江	河海大学	2017
刘红霞	社会嵌入与企业发展——对进驻蒙古国中国资源开发企业的实地研究	包智明	中央民族大学	2017
刘 敏	公地、公德与公共制度——南非鲍鱼偷猎的实地研究	包智明	中央民族大学	2017
吴柳芬	农村环境治理困境的社会学考察——以桂北杨柳村的垃圾治理为例	洪大用	中国人民大学	2017

2016～2017 年环境社会学方向部分硕士学位论文（共 51 篇）

作者	论文题目	指导教师	学校	答辩年份
包泽明	现代化背景下半农半牧区蒙古族村落环境问题及其应对——以内蒙古科尔沁右翼前旗茫哈嘎查为例	孟和乌力吉	内蒙古大学	2016
陈 茜	维度视角下我国环境群体性事件演化规律与应对策略研究——基于 18 个案例的分析	王 林	重庆大学	2016
葛安琪	农村居民的水环境意识与行为——基于浙江省长兴县的研究	郁建兴	浙江大学	2016
葛学良	陆化：沿海渔村的变迁——基于 L 村的个案调查	崔 凤	中国海洋大学	2016
郭蓬蓬	石化产业的社会建构——基于国内重大石化事件的社会学研究	王书明	中国海洋大学	2016
郭秋雁	辽宁省环境群体性事件及其协同治理机制研究	赵 闯	大连海事大学	2016
金 俭	从"农退捕进"到"捕退养进"——一个海岛渔村产业的社会变迁	崔 凤	中国海洋大学	2016
金巧巧	草根环保 NGO 的行动策略研究——以 W 市 T 镇环保协会为例	顾金土	河海大学	2016
罗 庚	成都市居民环境关心与环境行为关系研究——以低碳交通为例	马 跃	西南交通大学	2016
阮友群	风险型环境群体性事件化解策略研究——基于社会燃烧理论的分析	李汉卿	华东政法大学	2016
汤菲菲	W 市雾霾现象的环境社会学研究	张金俊	安徽师范大学	2016
王兰平	半开放式的政治机会结构研究——基于路易岛渔民环境抗争分析	陈 涛	中国海洋大学	2016
王晓璐	新媒体语境下雾霾议题的建构过程研究	刘 勇	安徽大学	2016
吴双金	上海市社区生活垃圾分类激励机制实效探索——以徐汇三个社区为例	石超艺	华东理工大学	2016
谢玉亮	渔村居民海洋环境认知研究——基于蓬莱 L 村的个案分析	赵宗金	中国海洋大学	2016
姚 娟	科学与常识差异视角下农民环境维权困境研究	顾金土	河海大学	2016
杨 悦	海洋溢油事件中底层群体的次生伤害研究——基于环渤海渔村的调查分析	陈 涛	中国海洋大学	2016
殷耀平	环境新闻生产中的政治因素——以番禺垃圾焚烧议题报道为例	周志家	厦门大学	2016
钟 谏	环境议题的新闻场域研究——对垃圾焚烧报道的内容分析	周志家	厦门大学	2016

作者	论文题目	指导教师	学校	答辩年份
朱慧欣	大都市城郊接合部环境治理研究——以上海市浦东新区三林镇为例	石超艺	华东理工大学	2016
高蓓	区域大气环境政府协同治理的困境和路径研究——以长三角地区为例	王芳	华东理工大学	2017
高超勇	我国环境话语变化研究——基于中央政府工作报告的分析	王振海	中国海洋大学	2017
高欣	公共危机视角下环境群体性事件治理研究——以PX事件为例	赵闯	大连海事大学	2017
贺楚	我国ENGO参与环境弱势群体社会支持的研究	张康之	南京大学	2017
洪锋	环境污染型项目引发社会失稳的内在逻辑——基于"王子造纸"事件的分析	施国庆	河海大学	2017
胡开	依关系抗争：差序格局下的环境抗争	柴玲	中央民族大学	2017
黄敏	环境事件的政治化建构研究——以天津8·12爆炸事件为例	王书明	中国海洋大学	2017
何琪	农村生态文明建设中女性环保参与研究——基于湖北农村地区的调查	郭琰	华中农业大学	2017
金晓华	湖与牧民关系变迁视角下牧区水环境问题的应对研究——以乌拉特前旗A嘎查为例	孟和乌力吉	内蒙古大学	2017
刘礼鹏	环境正义视角下机场噪声污染研究——以东部LK机场为例	顾金土	河海大学	2017
刘梦情	基于结构方程模型的我国居民环境行为影响因素分析	金钰	东北财经大学	2017
倪彦红	生态移民的次生贫困化问题研究——以W市C村为例	林兵	吉林大学	2017
秦翠萍	公众环境关心趋势及其影响因素分析——基于2003年-2013年CGSS数据的分析	赵宗金	中国海洋大学	2017
孙敏	母亲更环保吗？——母亲群体的环境行为及其影响因素研究	龚文娟	厦门大学	2017
孙美洁	社区环境教育的探索性研究	顾金土	河海大学	2017
孙涛	公众环境行为的影响因素及其作用机制研究——基于CGSS2010	陈璇	华中农业大学	2017
苏伊南	社会学视角下的预警原则研究——基于核电风险的思考	王书明	中国海洋大学	2017
石纨雯	生活者视角下农村内源污染问题的成因研究——以A村为例	范和生	安徽大学	2017

272

作者	论文题目	指导教师	学校	答辩年份
王辰光	新农村环境整治中镇政府与村民的关系研究——以Z镇为个案	唐国建	哈尔滨工程大学	2017
王园妮	温柔的"革命派"——民间环保志愿者的行动策略研究	张虎彪	河海大学	2017
谢家彪	立案登记制实施前后环保NGO的行动空间——基于三个环保NGO的比较研究	陈涛	中国海洋大学	2017
颜彦洋	环境意识、环保效能感和环境治理：个人环境行为的影响因素——基于CGSS2010数据的多层次分析	周志家	厦门大学	2017
杨媛	滨海沙滩与风景山区的地方依恋：一个比较研究	赵宗金	中国海洋大学	2017
张艺山	环境新闻中民众与NGO的话语表达——对《南方都市报》垃圾焚烧报道的分析	周志家	厦门大学	2017
张悦	新型城镇化背景下农村环境问题及治理路径研究——以安徽省怀远县为例	范和生	安徽大学	2017
张志坚	农户气候变化认知及行为适应——基于西北四省的调查数据	卢春天	西安交通大学	2017
赵诗翘	我国公众生态文明认知研究	艾志强	辽宁工业大学	2017
赵雅倩	海岛原住民生活方式变迁研究——基于鼓浪屿的实地调查（1949~2016）	崔凤	中国海洋大学	2017
郑玉珍	环境抗争中草根精英的正名化研究——基于大连7·16溢油事件的社会调查	陈涛	中国海洋大学	2017
朱明瑞	农民的环境风险认知研究——以安徽南部A村为例	张金俊	安徽师范大学	2017
朱莹	环境抗争中国家与社会的互动与整合——以两起环境事件为例	王书明	中国海洋大学	2017

图书在版编目（CIP）数据

中国环境社会学. 第四辑／边燕杰，卢春天主编
. -- 北京：社会科学文献出版社，2018.10
ISBN 978 - 7 - 5201 - 3441 - 5

Ⅰ.①中… Ⅱ.①边… ②卢… Ⅲ.①环境社会学 -
中国 - 文集 Ⅳ.①X2 - 53

中国版本图书馆 CIP 数据核字（2018）第 209121 号

中国环境社会学（第四辑）

主　　编／边燕杰　卢春天

出 版 人／谢寿光
项目统筹／佟英磊
责任编辑／张小菲　佟英磊

出　　版／社会科学文献出版社 · 社会学出版中心（010）59367159
　　　　　地址：北京市北三环中路甲 29 号院华龙大厦　邮编：100029
　　　　　网址：www. ssap. com. cn
发　　行／市场营销中心（010）59367081　59367018
印　　装／三河市龙林印务有限公司

规　　格／开　本：787mm × 1092mm　1/16
　　　　　印　张：17.5　字　数：291 千字
版　　次／2018 年 10 月第 1 版　2018 年 10 月第 1 次印刷
书　　号／ISBN 978 - 7 - 5201 - 3441 - 5
定　　价／89.00 元

本书如有印装质量问题，请与读者服务中心（010 - 59367028）联系